中国教育学会“十一五”科研规划课题
高等职业院校毕业生就业与职业生涯规划研究

U0789850

高职生就业指导与职业生涯规划

主　编　王武宁　程为民
副主编　（按姓氏笔画排序）
丁官元　祝　敏　桂剑萍
梅爱冰　黄煜煜　鲁葵蓉
参　编　向亚卿

黄河水利出版社

图书在版编目(CIP)数据

高职生就业指导与职业生涯规划/王武宁,程为民主编. —郑州:黄河水利出版社,2010.8

中国教育学会“十一五”科研规划课题 高等职业院校毕业生就业与职业生涯规划研究

ISBN 978-7-80734-862-7

Ⅰ.①高… Ⅱ.①王…②程… Ⅲ.①高等学校:技术学校-毕业生-职业选择-教材 Ⅳ.①G717.38

中国版本图书馆 CIP 数据核字(2010)第 148512 号

策划组稿:简群 电话:0371-66026749 E-mail:w_jq001@163.com

出 版 社:黄河水利出版社

地址:河南省郑州市顺河路黄委会综合楼 14 层 邮政编码:450003

发行单位:黄河水利出版社

发行部电话:0371-66026940、66020550、66028024、66022620(传真)

E-mail:hhslcbs@126.com

承印单位:黄河水利委员会印刷厂

开本:787 mm×1 092 mm 1/16

印张:13.75

字数:341 千字 印数:1—3 000

版次:2010 年 8 月第 1 版 印次:2010 年 8 月第 1 次印刷

定价:24.00 元

前　言

根据“以就业为导向,以服务为宗旨”的高职办学方针,高职院校已高度重视就业问题并积极开辟了多种就业渠道。

编写组通过深入企业调研,从用人单位反馈信息入手,发现高职生在就业过程中主要存在问题如下:①无职业生涯规划、就业方向盲目;②定位不准、高不成低不就;③缺乏诚信,随意毁约,跳槽过于频繁;④毕业生创新能力和开拓精神欠缺;⑤创业政策和程序了解不够。上述现象均不利于学生职业发展。

在目前严峻的就业形势下,把职业生涯规划与就业指导、创业教育贯穿于高职阶段的始终,将有益于学生顺利就业和职业发展。

本教材针对毕业生就业实践中出现的误区,借鉴和吸收了国内外大学生就业指导的成功经验和研究成果。全书共分“就业指导篇”、“职业生涯发展规划篇”、“自主创业篇”三大部分,分别阐述了高职的定位、就业前的准备、就业政策及相关法律问题、如何适应从学生到职业人的转换、职业生涯发展规划的设计与实施、自主创业所需素质能力和创业政策程序等,本教材结构体系完整、内容丰富。

本教材由湖北水利水电职业技术学院王武宁、程为民任主编。参与编写人员分工如下:王武宁编写第一章、附录,梅爱冰编写第二章,程为民编写第三章,丁官元编写第四章,桂剑萍编写第五章,祝敏编写第六章,黄煜煜编写第七章,鲁葵蓉编写第八章。

编写一本优秀的职业生涯规划教材,为广大学生职业发展及就业提供良好的指导及服务,是我们孜孜以求的目标。本教材的编写结合最新就业形势和政策,突出高职的特点,具有很强的实用性、针对性和可操作性,可作为同类高职院校学生的教材及职业生涯辅导书。

编写组

2010 年 6 月 3 日于洛珈山

目　录

自主创业篇

就业指导篇

第一章　高职生活与职业生涯发展

1　解析高等职业教育

高等职业教育究竟是什么呢？可以用三句话来概括：它是高等教育，它是职业教育，它是职业教育的高等阶段。高等职业教育是国民教育体系中高等教育的一种类型和层次，是和高等本科教育不同类型不同层次的高等教育。和本科教育强调学科性不同，它是按照职业分类，根据一定职业岗位（群）实际业务活动范围的要求，培养生产、建设、管理与社会服务第一线高素质技能型人才。这种教育更强调对职业的针对性和职业技能能力培养，是以社会人才市场需求为导向的就业教育。

1.1　高等职业教育与普通高等教育的关系

1.1.1　高等职业教育与普通高等教育的共同点

（1）共同遵循的基本原则。培养德、智、体全面发展的社会主义建设者和接班人。要依据我国高等教育的普遍要求，培养具有独立工作能力的高级专业技术人才和管理人才，同时还要遵循学生的身心发展规律施行教育。

（2）培养目标的共同性。都是培养社会主义建设者，培养德、智、体全面发展的专业人才。具体地讲，培养目标包括基本规格和专业业务规格两部分。培养目标中的基本规格是共同的，它包括：坚持四项基本原则，领会马列毛邓理论，健康的身心等，这些也称为综合素质。综合素质还包括一些现代科技的基本知识和基本能力，如常说的学习能力、外语水平、计算机知识及应用能力等。这些要求是由我国的教育目的和高等教育的性质决定的，是我国高等教育的基本要求。但在专业业务规格上二者是有明显区别的。

（3）管理上的共同性。从宏观的管理体制上讲，都在遵循着政策宏观调控与高校自主办学积极性相结合的原则，保证教育质量、保证培养的人才符合社会要求。这是各类学校管理的基本职能。

（4）衡量教育质量有一个共同标准。就是具备合格的高中毕业文化水平以后，接受一定的大学文化教育，达到一定的综合素质要求和专业业务规格。高等职业教育并不意味着降低了“大学水平”。国外的经验证明，高等职业教育不仅有专科层次，还可以有本科和研究生层次。所以，它与普通高等教育必然存在一部分内容交叉的一个共同质量标准。

1.1.2　高等职业教育与普通高等教育的区别

（1）教育类型上的区别。普通高等教育基本上是学科教育，按学科设专业，以该学科的理论体系为框架设置课程、组织教学，强调的是理论知识的系统性和完善性，要求培养学生须有“后劲”，对工作有较宽的适应性。高等职业教育则基本上是职业岗位教育，按社会职业岗位(或岗位群)设专业,以该岗位所必须具备的知识和能力为依据来设置课程。由于一个职业岗位的学习内容常常涉及几个学科,自然不可能全面掌握这些学科的理论体系,而是围绕以培养岗位能力为中心来决定取舍,强调所学知识的针对性、实用性。要求培养的学生具有直接适应某一岗位工作的能力,毕业后能马上顶岗工作。

(2)培养目标上的区别。普通大学要培养的是研究型、探索型人才以及设计型人才,但是,将工程图纸转化为实物的任务过去是由中等职业技术教育或劳动部门所培养的人才来承担的,随着高新技术的发展及产品技术含量的增大,上述的人才格局已经满足不了要求了。高等职业教育的出现,正好解决了这一问题。高等职业教育就是既具有大学程度的专业知识,又具有高级技艺、善于将工程图纸化为物质实体,并能在现场进行技术指导和管理的技术人才和管理人才。或者说,高等职业技术教育培养的是技艺型、操作型、具有大学文化层次的高级技术人才。学生毕业之后即能直接上岗,中间没有也不应该有一个所谓的过渡期或适应期。同普通高校的学生相比,他们出校门之时就有某种相当的技艺或技能。

(3)专业设置及课程设置上的区别。在课程的设计上,普通高校是根据学科知识结构的内部逻辑来展开的,据此将课程划分为基础课、专业基础课和专业课。强调基础要扎实宽厚,知识面要非常广,以便适应将来学科发展的需求以及就业后个体发展的需要。而高职院校的课程设计是以岗位、职业所需要的能力或能力要素为核心来展开的,或者说是以能力培养为中心来展开的。它通过对工作岗位的分析,确定所需的能力或者素质体系,根据这一能力体系再确定与之相对应的课程体系。在专业教学中,不再单纯地强调专业知识或专业理论的系列性、完整性,而是强调知识的针对性及实用性,岗位或职业技术需要什么知识与能力,就上什么课、进行什么技能训练。

(4)人才培养方式上的区别。普通高等教育以课堂教学为主,也有实验、实习等联系实际的环节,但联系实际的目的是为了更好地学习、掌握理论知识,着眼于理论知识的传授;高等职业教育则着眼于培养岗位工作能力,将技能强化训练放在极其重要的地位上,强调理论与实践并重,教育与训练结合,常常是边教边干、边干边学,教学与实践的比重往往达 1∶1左右。

(5)办学体制上的区别。高职更强调办学的开放性,办学体制上更加灵活,强调社会参与培养人才。教学计划由系和行业(企业)共同制定,确定高级技术型人才的"应知、应会"要求;教师和学生定时、定点到行业或企业实习,行业中有经验的工程技术人员定期到学院讲授,以实行"双向交流";在办学设备上,要尽量利用行业或企业的现有条件,建立学生的实习基地;在技能考核上要与行业、企业有实践经验的人员共同进行,实施由社会行业或企业公认的职业资格证书制度。

(6)师资队伍建设上的区别。高等职业教育的教师无论是在结构上,还是在业务要求上,都与普通大学的教师有显著的区别。主要表现在:在结构上,强调专任教师和兼职教师相结合,要求教师努力向"双师型"的方向发展,既有较高的专业理论知识,又有较强的技能,要求教师对企业有深入的了解,或有在企业工作的经历。同时,要引进一部分确有专长的高级工、技师来充当技能训练的教师。

相关链接

高职教育的特色

职业教育的特点:职业性,社会性,大众性。

高职特色:培养高素质技能型人才,培养和谐发展的人才。

高职培养目标:《面向21世纪教育振兴行动计划》指出:“高等职业教育必须面向地区经济建设和社会发展,适应就业市场的实际需要,培养生产、服务、管理第一线需要的实用人才。”

人才层次上定位:高等。

人才类别上定位:高素质技能型人才。

服务范围上定位:企业和地方经济。

服务层面上定位:本行业第一线与基层。

毕业生水平上定位:能运用本行业现有技术。

工作任务职责上定位:操作、运行、实施、改造。

特色上定位:除具有较强的操作能力外,还要在一两个方面具有较高的技术应用能力。

中国高职教育的发展现状和走向

1. 高职教育得到举国上下的高度重视

2004 年开始,全国范围内开展高职高专院校人才培养水平评估工作,增强了各级政府和社会各界对高等职业教育的关注和重视;2005 年下半年召开全国职业教育工作会议,温家宝总理作重要讲话,提出要大力发展职业教育,提高高等职业教育质量;2006 年下半年,教育部、财政部启动 100 所示范性职业院校建设计划,中央财政为此投入 20 亿元资金;2006 年教育部下发了关于提高高等职业教育质量的意见,对提高高职院校办学质量指明了方向。

2. 高职院校队伍不断壮大

截至 2005 年底,全国独立设置高职(专科)院校 1 091 所,是 1998 年的 2.5 倍,占普通高等学校总数的 60.9%。在学校数和招生人数不断壮大的同时,高职(专科)院校的校均规模也相应扩大,2002 年校均规模为 2 523 人,至 2005 年增加到 3 909 人。

3. 高职在校生规模不断扩大

招生情况:2005 年全国高职(专科)招生人数达 268.1 万人,是 1998 年的 5.6 倍。高职(专科)学生招生占全国普通高校本专科招生数的比例由 1998 年的 39.8% 提高到 2005 年的 53.1%,年均递增 1.9 个百分点。

在校生规模:2005 年全国高职(专科)在校生人数为 713 万人,占本、专科在校生总数的 45.7%,比 1998 年提高 11.3 个百分点.

4. 高职院校就业率不断提高

近年来,由于高职院校不断适应人才市场需要,提高人才培养质量,高职毕业生就业率不断攀升,1998 年高职毕业生就业率仅为 42%,2003 年上升到 55%,2004 年在全国增加 32 万高职毕业生的情况下,就业率较上年提高了 6 个百分点,达到 61%。2005 年高职毕业生达到160余万人，较上一年增加20余万人，而就业率又比上一年提高了1个百分点，达到62%。

5. 企业和社会对高职毕业生的认可度越来越高

随着高职院校教育教学改革的深入，高职院校培养的人才以其适应性、针对性强、扎根一线等优势，得到了社会和企业的广泛认可，就业优势明显，一些高校毕业生回头读高职，已经不是什么新闻。

1.2　高等职业教育与专科的关系

我国目前的高等职业教育一般仅限于专科学历层次，但就发展趋势看，高等职业教育应同普通高等教育一样根据不同的学习年限而有多个学历层次，至少应包括本科和专科两个层次在内，而不是仅仅局限于单一的专科层次，更不是比普通专科再低一层的补充学制。

1.3　高职的培养目标与人才培养模式

高职教育人才培养目标是国家、社会、学校对高职教育培养人才的要求，随着全球经济的发展，高职教育的培养目标必定产生相应的变化。高职教育与经济的关系紧密、相互影响迅速。社会的发展对高职人才素质提出新的要求，高职人才培养目标要充分联系建设中国特色社会主义市场经济的社会实际，充分考虑经济与社会的发展变化，明确高职人才培养目标的重要意义。

改革开放以来，我国高职教育事业的发展取得了重大进步，但依然存在着一系列不容忽视的问题，与发达国家相比还有很大差距。高职是科技进步、经济发展的产物，在当前全球发展的过程中，经济、社会发展对“全新”高职人才的培养提出了迫切的需求。

1.4　高职人才培养目标的基本理论

1.4.1　高职人才培养目标的含义

1996年全国职业教育会议提出：高职人才的培养目标是培养“实用型、技能型人才，优先满足第一线和农村地区对高等应用型人才的需要”。教育部〔2000〕2号文件《关于加强高等职业教育人才培养工作的意见》提出：高等职业教育要培养“拥护党的基本路线，适应生产、建设、管理、服务第一线需要的，德、智、体、美等方面全面发展的高等技术应用性专业人才。学生应在具有必备的基础知识和专业知识的基础上重点掌握从事本专业领域实际工作的基本能力和基本技能，具有良好的职业道德和敬业精神”。

1.4.2　高职人才培养目标的内容

1.4.2.1　培养方向

培养方向是由职业教育的性质和任务决定的。高职教育培养的人才是直接从事生产、建设、管理、服务第一线工作的应用型高等专门人才，必须比其他类型人才具有更宽的知识面，具备更强的技术转化与技术创新能力、群体合作能力与吃苦精神、社会交往与社会服务能力、组织管理能力。高职教育的培养方向就是由以上对人才类型、人才层次或者说人才结构的需求来确定的。

1.4.2.2　知识结构

知识结构就是人类知识内化到个体头脑中所形成的类别、数量、质量及相互联系。合理的知识结构应该满足现代社会对人才的需要，体现高职教育的特点。这个结构主要是由科学文化知识、专业技术知识合理结合而形成的。其中专业知识主要是指为适应某类职业岗位群的职业能力的要求而必须具备的专门知识。其职业针对性强，与专业服务方向密切相关。

知识扎实：当前很多人认为职业教育不必上文化课，要充分强调技术的培养，实现零距离上岗。实际上，对于高职人才来说，具备中高级专门人才必备的基础理论知识和专业知识也是非常重要的，这不仅是胜任当前技术密集型岗位的需要，也是实现知识迁移、进一步学习和将来岗位转换的需要。随着科学技术的进步和发展，不同领域的科技知识出现了更多的渗透与融合，社会上出现了许多跨学科的职业岗位，这就要求高职人才必须具备与专业相关的多学科基本理论知识和知识迁移能力，为将来转换岗位做准备。

1.4.2.3　能力结构

合理的能力结构是从事职业、适应社会、寻求发展的基本而关键的条件。因此，按照高职培养目标培养出来的合格学生应当具有与从事职业相匹配的专业能力、方法能力和社会能力。

能力全面：高职的人才培养模式不同于普通高等教育"以学科为中心"的培养模式，高职院校必须坚持"以能力为中心"培养学生，这里讲的"能力"不仅仅是操作技能（Ability），而是一种职业能力（Competence），它不仅包括动手操作能力，还包括任何行业都必需的基本能力——知识、技能、经验、情感、态度、价值观等完成职业任务所需的综合素质。

1.4.2.4　素质结构

素质结构一般包括科学文化素质、专业素质、思想品德素质和身心素质。

素质过硬：思想道德素质是所有素质中最重要的，首先必须加强诚信教育，使高职学生具有良好的职业道德和爱岗敬业精神，具有强烈的事业心和责任感；加强学生人文素质的培养，使其具有与他人合作的意识与合作能力，学会"做人"、学会合作；加强学生创新素质的培养；高职不能培养"工具化"的人，盲目追求工厂的"模具"效应，这样不仅压抑学生的创造性与智能发展，而且也将造成社会生机与活力的缺乏，经济活动竞争力的丧失。

1.4.3　高职人才培养目标的意义

高职能否紧跟时代的步伐，集中反映在所制订的培养目标是否准确、合理。高职培养目标及规格确立得正确与否，直接关系到人才培养的质量。若确定的高职培养目标偏颇、狭隘，脱离经济发展和社会进步的需要，也必然导致高职教育内容、途径、手段和方法的片面与失误。科学、明确、具体地确定符合社会需要的高职培养目标，是一件关系到高等职业技术教育方向、质量、效果的大事。

2 高职生活与职业发展

2.1 高职阶段是高职生职业生涯发展的准备期

从个人职业发展的角度来看,高职阶段往往是多数人进入职场前的最后阶段,其接受高职教育的直接出路就是求得职业、参加工作,因此我们说,高职阶段是高职生职业生涯发展的准备阶段。

从职业的发生角度我们应该承认,高职生并没有正式的职业身份,学习还是其本阶段的主要任务,经济上并不独立,还需要得到家庭资助。因此,高职阶段对于高职生来讲是导向职业发展的时期,是发现探索职业方向、发现职业目标和培养职业兴趣的阶段,也是为职业的发生积累资源和条件的阶段。在这样一个阶段里,对职业表现出不理解甚至抵触,对职业方向的选择摇摆不定或彷徨迷茫,甚至做出一些有害于职业发展的事情也均属正常。联系大学生的日常生活来看,一部分人在摆脱了升学压力之后,迫切地渴望休息放松,懒散放纵;一部分人在失去了家长和教师的督促以后,则显得盲目失措,生活杂乱无序;还有一部分人面对今后的出路会表现得消极义愤。正面分析,这些现象都是有原因和有道理的,需要借助教育疏导加以帮助;反面分析,这些观念和做法都是不良的,必须及时制止和防范其蔓延扩大。

如果一个学生从小就对未来的职业发展目标明确、态度端正、安排得当,那么还要教育和教师干什么?所以,这一阶段也往往是学生对于职业和其他人生问题充满困惑、犹豫不决和漏洞百出的时候。允许徘徊迷茫、允许犯错误是教育者和被教育者都应该具有的一个解决问题的基本共识。但是允许绝不是提倡和鼓励,相反,允许是在是非判断之后对现实情况的一种承认,也是寻求解决的前提。

既然是准备期,接下来要做的事情,首先是明确是非、确立目标。在无所事事或屡屡碰壁之后,明智的学生就会思考解决的办法,会通过了解、学习、改善来逐步走上正确的发展道路。因此,犯错误并不一定是坏事,有时它能激发人解决问题的主动性和欲望,反而促成了问题的解决。其次是要在知识上有所准备,了解自己的专业、了解自己今后可能从事的职业,了解学校、改善学习,这些都是逐渐的进步使然。随着准备的充分、问题认识的透彻,学习和生活的目的也会逐步明确,生活也会变得稳定规律,职业发展也就自然会被及时地提及和解决。从自然主义的角度来看,这也是一种发展模式。

相比而言,通过与职业发展相关课程的开设,通过个人对职业问题由困惑到探索的改变,通过自己对专业发展前途的分析与决策,职业发展问题和日常生活问题也能够得到解决。而这样一种解决,相比于前一种,耗时更短、效率更高,效果也自然更好。所以,在职业的准备期,利用一切有效的学习资源尽快为职业生涯的发展选定目标方向,才是重之又重的关键任务。

在这一时期,学习和生活有了明确的职业导向,对未来的职业发展必然会积累许多积极的条件,这也是大学生活价值体现的一个方面。

2.2　高职阶段是高职生职业生涯发展的起步期

人生是一个连续的过程，职业发展也一样是一个持续的流程，因此高职阶段对于高职生的职业生涯发展来讲完全可以看做是其起步期。

高职阶段所学习的专业是为今后的社会职业发展准备条件、奠定基础的。对于大多数人来讲，专业发展为今后的职业是必然的方向和明智的选择。高职阶段在专业学习的每一次提高，都是今后职业发展的有益资本。能够把高职期间的专业学习作为个人职业生涯发展的一部分来看待，也就意味着高职阶段的努力被有意识地和职业发展本身衔接了起来，成为了个人职业生涯发展的一个前期阶段和有机组成部分。这样做有利于自己对职业生涯的发展做出整体的安排，能够将个人聪明才智和主要精力投入到长期而重要的职业发展上来，不仅能够促成个人职业发展的业绩取得，而且能够从更加广阔的视角上来看待职业问题和职业发展的前景，对职业本身的发展也是大有好处的。

如果割裂二者的联系，单纯以学习的眼光看待大学生活，那么，一方面高职阶段的学习目标会游离于人的整个发展方向，成为“为学习而学习”，很难搞清楚学习的真正价值；另一方面也会使自己从学生过渡到从业者的时候再次面临角色的重大调整，调整的代价不只是心态的转换，更多的是要付出大量的时间和精力来适应这种变化。与其多次解决同一个问题。为什么不把几个问题放在一起一次性地解决掉呢？

把高职阶段作为自己职业生涯的起步阶段应该是可能的，不过这样做的同时，付出一些时间和精力了解一些目标职业的工作现状，也是高职阶段的一项必须完成的任务。

2.3　高职阶段是高职生职业生涯发展规划的黄金期

高职阶段还没有真正从事职业工作，作为准备期和职业起步期，高职阶段应该是着手制定个人的职业生涯发展规划的黄金期。

作为高职生，进入高职以后就会发现，个人日常学习的课业并不繁重，应该有足够的精力处理许多其他的事务，包括料理自己的日常生活和从事自己喜好的娱乐活动。这时候的学生年轻，充满朝气与活力，思维敏捷，对新鲜事物保持着浓厚的兴趣，有知识有文化，占有众多的学习资源。把这些优势集中用于解决个人职业生涯的发展规划问题，其明显的好处在于从容、个性鲜明而突出、富有创意，往往是已经从业的人所不具备的。同时，这样的规划还为规划者赢得了更多的发展时间和更多的发展机会。所以说，高职阶段是个人职业发展生涯规划的黄金期。

但是，这一阶段的学生所做出的个人职业生涯规划会有一个共性突出的问题，即对职业岗位的陌生所导致的认识偏差。这一缺陷是有可能弥补的。比如可以到一些职业的实际工作环境中去作一番实地考察，可以通过访谈、体验等形式进一步验证自己对职业的理解，甚至可以利用假期寻找一份临时的工作来实地检验一下自己的能力等，这些都有助于规划的科学合理。不做闭门造车式的规划，高职生所做的职业生涯发展规划还是能够基本符合社会实际的，也能够有针对性地指导自己的职业发展。

认识到高职阶段对个人职业生涯发展的重要性，能够积极主动地调动一切因素促成一份科学合理的个人职业生涯发展规划的诞生，这些努力，可谓价值连城。即使有所失误，也是瑕不掩瑜的。

第二章　就业前的准备

时下就业门坎的提高,并不代表着就业市场没有需求。虽然就业形势总体严峻,高职院校由于重视"走出去,引进来",招聘单位还是很多。从多年毕业生就业实践情况看,相当一部分毕业生的择业观与社会实际不相吻合,欠缺正确的求职方法和择业技巧是阻碍毕业生就业的内因所在。工欲善其事,必先利其器,时下的就业市场给毕业生提供了众多的发展机会,要充分地利用机会,必须平时练好素质能力,就业前掌握择业技巧,做好充分的就业准备。

1　就业前的心理准备——树立正确的就业观

毕业生择业的过程,是一个复杂的心理变化过程。面对严峻的就业形势,面对众多的竞争对手,要想获得择业的成功,没有充分的心理准备,没有良好的竞技状态是不行的。就业观是指学生对未来所从事的职业认识、意向及所持的主要观点。大学生通过在校几年的学习,在走向社会之前都已掌握了一定的专业知识,具有一定的技能技巧,为即将走向社会、从事某项专业工作打下了良好的基础。但是就业观和择业方向,不仅在学校这一特定环境中形成,而且深受来自社会、家庭各方面的影响。这些影响有积极的方面,也有消极的方面。毕业生要根据国家需要,结合个人具体情况加以选择与区分,排除干扰,把握选择的主动权,树立健康的就业认识和做好就业心理准备。

1.1　大学生就业观的特点

1.1.1　时代性

大学生择业观的形成和发展,与时代的变化是紧密相连的。不同发展时期的社会有着不同的阶段目标,不同时代的大学生就有不同的择业目标,可以说大学生择业观的变化是时代变化的晴雨表,在不同时期呈现出不同的特点。20 世纪 70 年代末 80 年代初的大学生虽然也有自己选择职业的意识,但毕业时必须服从国家分配。他们在就业时最看重的是"社会地位",追求的理想职业是"科学家"和"工程师"。20 世纪 80 年代的大学生择业标准,第一位是社会地位,第二位是社会意义,第三位是发挥个人才能和报酬。到了 80 年代末,"符合个人特长"成为他们择业的首要标准。90 年代前期,大学生就业时追求"第一职业求稳定,第二职业求发财"。90 年代中期以后,曾流行的"待遇决定职位选择"的模式已基本过时,"能否发挥专长"又成为大学生择业首要标准,许多大学生认为要在个人和社会两个价值之间找寻最佳结合点。由此可见,大学生择业观表现出强烈的时代气息。

1.1.2　主体性

从横向比较来看,大学生择业群体有自己鲜明的特征。有学者研究认为:大学生具有"五高峰、四最、三敢、两缺乏、一中心"的特点,即体力高峰、智力高峰、社会需求高峰、特殊行为高峰、成就高峰;最积极、最富有生气、最肯学习、最少保留思想;敢说、敢想、敢干;缺乏社会生活经验、缺乏政治斗争经验;常常以崇尚自我为中心。这些主导特征,构成了大学生择业群体,并制约着他们的择业观。主要体现在职业选择过程中,他们崇尚自我、以个人为中心、注重个人奋斗、强调自我价值的体现;在职业活动中只愿当主角,不愿当配角,总担心自己被埋没、被大材小用,等等。

1.1.3　差异性

大学生择业观因大学生分布的地域不同、学历层次不同、所学专业不同、男女性别不同、需求重点不同而呈现出明显的差异性。从地域分布来看,大学生就业去向有东部与西部、沿海与内地、本地与外地等差异;从学科专业来看,大学生学习有文、理、工、农、医、经、管、艺等众多领域的差异。这些差异性主要体现两个方面:一是升学与职业的选择上,二是选择职业的出发点上。比如,大学生在设计自己的成才之路时是多角度、全方位的:或考研专攻学业,或考"托福"以向外谋求发展空间,或从政以争取社会声望和社会地位,或经商以充实经济基础,或积极响应国家号召为国为民奉献热血青春等。

1.2　正确的就业观

就业观对毕业生择业具有导向和动力作用,正确的择业观能够指导毕业生对职业进行正确的评价、准确的定位、合理的选择,错误的择业观则会使毕业生错失一些就业良机。毕业生择业时应树立正确的择业观,更新择业观念,摆脱传统束缚,消除爱慕虚荣、自我封闭、消极怠慢等心理;同时应加强自身修养,客观认识社会转型时的诸多现实,达到个人、社会、国家利益的统一,在主客观限定范围内,寻找适合于自己的就业道路。

当代就业观认为,如果一个人能在既发挥自己能力与才干又能服务于社会的岗位(这一岗位可以是固定的,也可以是非固定的)上工作,就是就业。这是一种弹性而广泛的就业。学校和社会要引导大学毕业生转变"精英"意识,树立普通劳动者观念,大学生也是社会阶层的普通成员,要以普通劳动者的心态和定位选择工作。在当前新形势下,大学生应当树立以下几方面的择业新观念。

1.2.1　勇于面对竞争的观念

择业误区之一是失败后灰心,浪费就业时机。

有的毕业生面对就业较茫然,开始有招聘单位来校招聘时,很兴奋、新奇,都踌躇满志,跃跃欲试,一旦经过一两次面试失败,就产生了畏难、浮躁、依赖、忧虑等情绪。有单位来也不去面试了,怕面试不上掉面子,从而错过机会。

社会主义市场经济最显著的特点之一就是竞争。毕业生首先要有竞争意识,这是现代人必备素质之一,就业市场竞争激烈,应摆脱被动依赖、消极等待的状况,敢于竞争,树立"爱拼才会赢"的观念、竞争的思想准备和积极参与应聘的行为。其次要保持良好的竞争心态,有竞争就有风险,参与竞争就难免受到挫折。具体应做到:

(1)要树立强烈的人才竞争意识。市场上的供求关系总会存在这样或那样的一些不平衡之处,同一职业往往有较多的择业者期望获得,如果没有主动竞争的思想准备和积极参与应聘的行为,是难以顺利就业的。

(2)要培养雄厚的竞争实力。竞争实力是综合素质的体现,包括思想品德素质、专业素质、文化素质、身心素质等。竞争实力是在大学生活的过程中逐渐培养和塑造的结果。在公开、公正、公平的竞争原则下,竞争实力就是个人实现择业理想的资本。

(3)要坚持正确的竞争原则。大学生在就业竞争面前,要保持自己的人格尊严,诚实守信,凭自身的竞争实力并运用恰当的竞争技巧去赢得用人单位的青睐。

(4)要保持良好的竞争心态。有竞争就有风险,参与竞争就难免要受到挫折。对于就业竞争中的大学生来说,尤其要注意提高遭受挫折后的心理承受能力。把挫折看成是锻炼意志、增强能力的好机会。保持良好的竞争心态,主动摆脱受到挫折后的颓丧情绪,要认真分析失败的原因,调整自己的心态和择业目标,鼓足勇气,争取新的机会。绝不能因此而灰心丧气,一蹶不振,下一次可能就是你。

相关链接

如何保持积极的就业心态

一、学会客观、全面地进行自我认识和自我评价

毕业生们要学会进行自我分析、自我评价,正确地了解、认识自己,恰当地评价自己,善于确定符合自己实际情况的择业目标,既不妄自尊大做力不能及的事,也不妄自菲薄而放弃可能发展的机会。为了准确地确定自己在群体中的位置,要学会以总体的眼光与别人进行客观、全面的比较。这样才能做出正确的自我评价。

二、消除从众心理

择业中存在"往高处走"的从众心理是可以理解的。但问题是当"人往高处走"时,我们应该想想,这个众人所向往的"高处"是否就是真正"高处",是否一定适合自己的发展。在择业中不能一味顺应"从众心理",科学的择业方法应是选择社会需要的并能发挥个人特长的职业,以个人所长择社会所需。

三、培养较强的情绪控制能力

当前,由于多种因素的影响,在择业过程中,摆在毕业生面前的是希望与痛苦并存,失望与机遇同在。严重的消极情绪会导致心理失衡;稳定而良好的情绪会使人心情开朗、轻松、安定、精力充沛,对生活充满乐趣与信心,从而满怀希望地投入到就业大潮中。因此,学会对情绪的自我控制,是择业成功的基石。

四、克服"主见缺乏症",培养果断的决策能力

人无完人,工作单位也没有十全十美的。选择就业单位时,往往不可能达到各方面都如人愿。千万要克服"主见缺乏症",培养果断的决策能力。

(1)分析所有的单位中哪一个更适合自己,更有利于潜能的发挥或符合自己的实际情况、兴趣爱好、特长等。

(2)分析哪一个单位更有利于发展自己。

(3)分析哪一个单位需要你更迫切些。

(4)分析哪一个单位更有持久性,即能为自己所从事的工作创造更好的条件。

总的来说,毕业生在确定工作单位时,应对社会、对自己有正确充分的认识了解,综合各方面因素作出明智、果断的抉择。

http://changqing.lzcc.edu.cn/VocationalCounsel/ReadNews.asp?NewsID=1110

1.2.2 正确的自我评价与定位,做好职业生涯规划

择业误区之二是没主见,追热门,随大流。不少毕业生择业时易受社会上和同学间的一些舆论左右,盲目从众,追逐热门,而不考虑自身条件及职业特点和社会整体需求,结果既影响择业又压抑了自己的优势。

相关案例

盲目从众失机遇

一大型国企到某高职招聘工程类毕业生,同时招聘会计专业毕业生1名,且只让推荐3名优秀毕业生参加面试。毕业生夏某因成绩优秀且是学生会干部,有幸被列于推荐名单并成为唯一入选者,该单位表示次日即签就业协议。系部和老师纷纷为该生能获得此就业机会感到高兴,该生也深感幸运。但到了次日,用人单位带了工程类毕业生已签好就业协议书欲离开时,辅导员惊知夏某并未去签约。急找其问明原因,夏某表示非常想去这个单位,但告之同学后,同寝室同学这个说签太早,说不定后面还有好单位,那个说单位有点远去做什么,让他觉得舆论压力大就放弃了签约机会,并表示现在还是很愿意去此单位。老师问如果劝他不去的学生能被聘上这个单位会不会去,夏某认为肯定愿意去。明显有些同学是出于嫉妒。学校想补救,与招聘单位协商能否补签协议,招聘单位认为夏某随意毁约且无主见,断然拒绝再签。夏某后一直未找到合意的单位。

一般而言,影响毕业生自我定位有如下因素:其一是职业定位模糊。由于是初次择业,毕业生大都抱着"边走边瞧,边走边跳,走一步,算一步"的想法,没有认真想一想自己的职业定位问题,也没有一个职业生涯规划。其二是不能正确地评价自己。有的毕业生在择业过程中总是过高地估价自己,自我定位过高——工资看外企、职位看白领、单位看名气、环境看气派,因此总是找不到一个适合自己的就业岗位,到最后反而"嫁不出去"。其三是社会因素的干扰。一些毕业生往往受亲朋好友的影响较大,自己明明已看好某个职位,该职业也较符合自己的综合能力,可周围的亲友一有反对之声,自己就开始动摇了。现实生活中存在的社会职位竞争的不公平、操作的不规范现象,也常常使毕业生感到很迷茫,找不准位置,看不清方向。其四是心理素质不过硬。当前我国正处于深刻的社会变革时期,一些毕业生没有完全适应这种变革,在职业定位时往往为心理因素左右,因此很难做出理性的选择,在择业中或盲目从众,或消极逆反;不是过于自尊,就是过于自卑,凡此种种,都会对毕业生顺利就业形成巨大的障碍。

毕业生要认清自己的优点、缺点、长处、短处,扬长避短,避免从事自己很不感兴趣、特别不擅长的工作,否则对自己、对别人、对单位都会是莫大的损失。因此,选择职业时要充分考虑自己的特长,从有利于个人全面发展等因素考虑,这样走向工作岗位后才有可能热爱自己的工作,把工作当做一件愉快的事情去做。心态要平和,不要想一步登天。要知道万丈高楼平地起,尤其是应届毕业生。

毕业生要做好职业生涯规划,确定职业目标,选择最佳途径。如有的同学的职业理想是销售总监,他选择这个晋升轨迹:销售代表、业务员—销售主管—区域销售经理—销售部经理—销售总监,这个途径的每一个阶段都是为实现销售总监这个结果而服务的。但有些大学生在做了销售主管后,就没有向区域销售经理努力的意识和冲劲了,最终销售主

管就成了他追求的职业结果了,那他的销售总监梦就自然落空了。

小知识

良好的择业心态

良好的择业心态主要有哪些表现呢?一般来说应包括以下几个方面:

(1)选择适当的就业目标,一个人的择业目标应与本人所具备的实力相当或接近。

(2)避免理想主义,及时调整就业期望值,不刻意追求最满意的结果。

(3)避免从众心理,一切从自身的特点、能力和社会需要出发,不与同学攀比。

(4)克服自卑、胆怯的心理,树立自信心,树立敢于竞争的勇气。

(5)不怕挫折。遇到挫折,不消极退缩,采取积极的态度,勇于向挫折挑战。

1.2.3　树立先就业后择业的观念,把握就业机会

就业误区之三是过分强调职业的社会地位。随着我国公民素质的普遍提高和大学毕业生人数的不断增加,可能过去由中专生从事的职业将逐渐由大学毕业生来承担,这种“高才低就”的现象已见怪不怪了。这也是社会进步的表现。据有关媒体报道,目前美国的大学毕业生中有35%的人从事着不需要大学学历的工作,也没有人背后议论和鄙视。一些用人单位也从实践中认识到“实用就是人才”,“有学历不一定就是人才”,“能给企业创造价值的就是人才”。学历不再是决定人才的唯一标准了。如果思想观念不变,抱着“我有学历”的老皇历不放,没有平民意识和忧患意识,要想顺利就业必然碰壁。如有些学生表示,宁在办公室扫地,也不想去服务行业就业,认为服务行业不体面。

有的毕业生敢于竞争,但心理准备和技术准备不充分,求职意向不明确,处于等待观望之中,总想多选多等好的单位到来。这就要打破一步到位、从一而终的旧的就业观。毕业生不再强求找一固定的就业单位,而是毕业时将户口、档案托管在人才交流中心,哪里找到岗位就在哪里就业。因此,大学生要树立不断进取的职业流动观念,并学会在流动中发现机会、抓住机会、把握机会。有就业机会先把握,积累经验,有好的再选择时多了工作经验,不要等、挑,也不要这山望着那山高,脚踩几只船,在多个单位之间难以取舍,总希望找到更好的单位,左顾右盼,当断不断,认为工作不好不如不就业,必定错失良机;迟迟不签约、随意毁约令用人单位反感,认为应届毕业生不安心工作、流动性大,也是单位不愿意接受应届毕业生的原因之一。

不要盲目轻易地放弃就业机会。就业人数年年增加,越等就业越困难,不妨先就业再择业,积累实践经验,提高工作技能。

一开始工作不要频繁跳槽,只了解皮毛不利于学习积累,经济上也不合算,找到新单位才走,空一个月经济损失也大。

1.2.4　做好下基层、艰苦奋斗的思想准备

就业误区之四是图轻松,缺乏事业心。一些毕业生在择业时目光总盯着工作轻松、稳定、竞争不激烈的单位,在职业选择上有些学生虽然意识到基层艰苦行业需要人才,最能锻炼自己,却又怕基层条件差埋没了自己的才能。

还有的同学片面强调就业地区,大城市情结重,“宁要市区一张床,也不要市郊一间房”。大城市高校密集,就业竞争也更激烈;小地区却急需人才,反而更容易脱颖而出。

要做好面对困难的心理准备，在择业的路上充满荆棘和坎坷，要有面对困难的勇气和战胜困难的决心，还要在思想上准备好应对未来工作中的各种情况。在学校里，有老师指点，有同学帮助，100 分的知识学会六成也能及格过关；而在社会上，一项工作交给你独立完成，没有及格与不及格的标准，只能拼命干好。

1.2.5　树立发挥专业所长，但也注重综合素质的观念

就业误区之五是狭隘地理解专业。由于社会现实的种种限制，个人所学专业与社会需要并不能一一对接。如果求职学生片面追求"专业对口"，就会使择业范围和发展空间大大缩小，易导致挫败感和消极情绪。

专业对口当然更容易发挥专业所长，但一味强调专业对口并不现实，应考虑所掌握主体知识的适应性及所具专长的扩展面。有些用人单位主张聘用高校毕业生时并不单纯考虑毕业生的专业对口与否，而是更加注重毕业生的综合素质和能力。他们坚持这样的理念，只要给每位毕业生以同等的机会，他们都会尽力做得最好。毕业生应该善于把握这种机会。

相关链接

发挥个人素质优势的原则

一个人在选择职业岗位时，综合考虑自己的素质情况，根据自身的特长和优势选择职业岗位，以利于在职业岗位上能够顺利、出色地完成本职工作。发挥个人素质优势主要包括：

(1)发挥专业所长。大学生经过大学阶段的学习，不仅具有较为扎实的基础知识，而且具有一定的专业知识。因此，在选择职业岗位时，要从所学专业特点出发，做到专业基本对口。这样就可以在职业岗位上发挥所长，大显身手。

(2)发挥能力所长。同一专业的同届毕业生，由于个人的情况不同能力有所差异，根据不同的能力选择不同的职业岗位，是充分发挥个人素质优势的最佳体现。比如，有的人语言表达能力较强，适合搞教学、宣传工作；有的设计能力较强，适合从事设计工作；有的研究能力较强，适合搞科研；有的组织能力较强，适合领导或管理工作；还有的文字表达能力较强，适合从事文秘、编辑等工作。由此可见，根据自己的能力所长选择职业岗位，既是胜任工作的需要，也是发挥个人最大潜力、进行创造性劳动的需要；否则的话，事与愿违，功不成、业不就，就会贻误事业与前程。

(3)适当考虑性格特点。就性格本身来讲，并不能决定一个人的成才方向和成就的高低。同一性格的人，有的可能很有作为，有的则可能一事无成。性格相异的人也可能在同一领域、同一职业中成才。但是，在选择职业岗位时，适当考虑自己的性格特点，充分发挥性格所长则是十分必要的。比如在职业活动中，有的人是用理智去衡量一切并配合行动，这样的人就适合从事基础理论研究工作；有的人很有主见，并善于发现问题和解决问题，这样的人就较适合从事科学研究或领导工作。

http://www.szjo.com/bbs/dispbbs.asp? boardid = 6&id = 2600

1.2.6　树立自主创业和终身学习的观念

自主创业是指毕业生不参加传统意义上的就业，通过采取单干、合伙等方式创办公司

或其他企事业单位，从事经营活动来创造就业岗位，并依法获得劳动报酬的就业方式。这种就业方式有一定的风险，国家鼓励自主创业。自主创业给具有创造力和活力的大学生提供了就业及深造以外的“创新之路”。

随着知识经济和信息化社会的到来，大学毕业生必须不断学习新知识才能适应社会发展的需要，否则将会被职业无情地淘汰。大学教育固然重要，但毕竟只是终身教育中的一个阶段。大学毕业后的延伸学习和重新学习，对于选择及重新选择职业岗位和取得职业成就，无疑具有同样重要甚至更重要的意义。在求职择业乃至以后的职业生涯中，须牢固地确立终身学习的观念。

相关链接

就业准备

大学生就业不仅要做好长期的职业生涯规划，更要做好就业准备工作。

作为在校大学生，应该为就业做哪些准备？大学生就业前准备都包括哪些内容呢？通过总结大学生的成功就业经验，为在校大学生的就业准备提供了以下可操作的实用方法。

(1)要有就业意识。哪怕你只是大一的学生，也应该尝试找一份兼职工作，至少要写一份简历，去招聘会现场体会一下，只有亲历了那种场合，作为一个从小备受呵护的“80后”、“90后”，才能理解什么叫就业压力，才能真正不把大学当做学习的终点、游戏的开始，才能有决心在大学期间为工作做各方面的准备。

(2)尽早确定职业目标 。越早决定自己的职业目标，对大学生的就业准备越重要。

(3)除学好本专业外，还要为就业而学习。离开学校，大学生们会发现，自己再没那么多的时间学习了，知识是不会辜负人的，在大学期间，要利用宝贵的学习时间与学习资源，好好学习。除本专业外，还要为就业而学习，选修第二专业，技多不压身，多一个专业，也许就业的时候就有用。另外，还要结合自己的专业与职业兴趣，考几个对就业有帮助的证书，在面试时主动亮出与岗位相关的职业资格证书，是非常有利的。

(4)多交朋友。大学时期，是最好交朋友的时候，大家在一起没有那么多的利益冲突，最真诚、最单纯，这时候交朋友，很多会成为一生的知己，到就业的时候，多一个朋友多一条路，人脉是就业最好的帮手。

(5)在学习之外，培养一个特长或爱好。多参加集体活动，尤其是体育活动、文艺活动，培养业余爱好，如果能有一个特长就更好了。爱好与特长，对就业有意想不到的帮助。更有甚者，能够把爱好发展为事业，这也是最成功的就业或创业模式。例如，酷爱健身的人去当健身教练，把自己的爱好转化为事业，把自己从爱好中的受益传授给别人，让大家都受益。

(6)找机会实习。一定要在大学期间，参加社会实践与实习，这在大学生中已经成了共识，大学生的简历中，没有实践经验的已经很少了。这是非常明智的。因为，在找工作的时候，没有工作经验是大学生最大的硬伤，社会实践与实习是很好的提前获得工作经验的机会，一定要重视。凡事预则立，不预则废，机会总是给有准备的人，有职业规划的人生是精彩的人生！

2　就业前的素质能力准备——培养职业素质、提升就业能力

号称“中国白领必读的职场修炼小说”《杜拉拉升职记》一书中杜拉拉提出想要“自由自在的生活”——需要眼光和资格。“眼光”指选择好的职位，“资格”则指具备谋取好职位的素质和能力。

决定择业成功与否的因素有很多，但其中最重要的因素是大学生的知识与能力。近几年来，用人单位在挑选人才时，对大学生的科学文化水平和知识结构的要求越来越高。所以，大学生要想选择理想的职业，并有所作为，就必须把学习同今后的工作紧密地联系起来，建立起合理的知识结构，培养科学的思维方式，提高自己的实用技能，以适应以后工作岗位上的要求。

2.1　用人单位最看重的员工职业素质

2.1.1　什么是职业素质

素质指个体完成一定活动与任务所需具备的基本条件和基本特点，是行为的基础与根本因素，它对一个人的身心发展、工作潜力和工作成就的提高起着根本性的作用。

职业素质(Professional Quality)指劳动者在一定生理和心理条件的基础上，通过教育、劳动实践和自我修养等途径形成和发展起来的并在职业活动中发挥重要作用的内在基本品质，是对社会职业了解情况与适应能力的一种综合体现。它包括职业基础素质和职业技能两部分。

职业素质的特征有职业性、稳定性、内在性、整体性和可塑性。

职业素质的结构包括动机、品质、自我认知、角色定位和价值观、技能知识。

2.1.2　用人单位看重的职业素质

应届毕业生到底应具备怎样的素质才能受到企业的青睐，从激烈的求职竞争中脱颖而出呢?

2.1.2.1　道德品质

道德品质是一个老生常谈的话题，但一直未能引起毕业生足够的重视。人无信不立，企业无信不昌，如今许多知名企业把“道德品质”列在人才标准的首位，其实并不是冠冕堂皇的做法。华硕电脑中国业务群品牌总监郑威认为：企业开展校园招聘，有意要去培养、磨炼、打造一个人，因此可以接受一张没有工作经验的白纸，但道德品质却决定了这张白纸材质的优劣。

一个成熟的企业在招聘应届毕业生时，考虑更多的往往是道德品质方面的素质，尤其是诚信意识、奉献精神和责任感。一些外企在团队面试前都会要求应聘者签下保密协议或作出口头承诺，防止案例外泄，但尽管如此，还是会有一些毕业生将面试内容以“笔经”、“面经”等形式公布在网上，给公司的招聘工作带来损失。2007 年著名外企玛氏在第一轮面试后，发表了致参加者的一封信，表明会在充分调查的基础上对分享了面试题目的同学作出取消面试资格的处理，并表示：“无论事情是大是小，原则问题不可以马虎，希望我们都能从小事做起，一起为创造健康、公平的就业环境而努力!”

2.1.2.2　文化认同

目前越来越多的企业在笔试阶段引入性格测验或心理测验这一单元，凸显出企业对于毕业生性格和心理素质的重视，而这归根到底，都是企业衡量毕业生是否认同企业文化、能否顺利融入公司文化的标尺。企业所期待的员工，不仅要能力出众，更要认同企业文化。

北京高校毕业生就业指导中心有关专家提示：大学生求职前，要着重对所选择企业的企业文化有所了解，并看自己是否认同该企业文化。如果想加入该企业，就要使自己的价值观与企业倡导的价值观相吻合，以便进入企业后，自觉地把自己融入企业团队中，以企业文化来约束自己的行为，为企业尽职尽责。因而，了解企业文化，既是增加就业的砝码，也是对自己的职业发展负责。

2.1.2.3　敬业精神

优秀的企业，尤其是世界五百强企业非常注重实效、注重结果，因此敬业精神是不可或缺的。有了敬业精神，其他素质就相对容易培养。

中国人力资源开发网曾经发布过一份中国企业员工敬业指数调查报告，报告显示，与其他年龄段的人相比，20 世纪 80 年代后出生的年轻人尽管初入职场，但却表现得并不敬业。中国人力资源开发网培训发展部总监鲍某认为，随着企业经营环境的发展和人才市场供求结构的变化，具有更强的承受压力的能力，以及根据现实环境调整自己期望和心态的能力就显得尤为重要。而生于"80 后"的应届毕业生往往没怎么经历过挫折，面临竞争压力时，往往适应能力不足，容易对工作产生失落感和受挫感，因此会让人觉得他们不够敬业。

毕业生要想适应当今的职场环境，就必须具备明确的工作目标和强烈的责任心，带着激情去工作，踏实、有效率地完成自己的本职工作。工作态度很大程度上能够决定一个人的工作成果，有良好的态度才有可能塑造一个值得信赖的形象，获得同事、上司及客户的信任。

2.1.2.4　团队意识

团队意识即是让若干细丝拧成一根绳的意识！有"断一指容易，断十指难"的古训。如今优秀的企业都很注重团队协作精神，将之视为公司文化价值之一，希望员工能将个人努力与实现团队目标结合起来，成为可信任的团队成员。

许多刚走上职场的毕业生，往往满怀抱负，血气方刚，在团队中常常流露出个人英雄主义。在一些企业常常可以见到这样的员工：在市场上敢拼敢打，是一名虎将，而自恃学历层次高、工作能力强、销售业绩好，在同事和领导面前狂傲不已，作风散漫，不愿遵守劳动纪律，还经常在公开场合反对领导的意见。而这样的员工业绩再出色，能力再强，最终也会被企业淘汰。

北京用友软件股份有限公司董事长王文京认为，根据团队利益至上的原则，个人英雄主义必须永远服从于团队利益。但个人英雄主义往往是提高创造力与创新能力的动力，作为朝气蓬勃的年轻人，需要具备一些个人英雄主义色彩，但必须在维护团队利益的前提下，发扬个人英雄主义。

2.1.2.5　创新思想

企业需要那种具有创新能力的人。创新是赢得成功的一个重要保证,创新能力是我们每一个求职者都应该努力培养的素质。反映在面试中,企业招聘人员一般会问:“在以前的工作中,你有没有做成功过一件其他同事从来没做过或者根本没想过的事情?或者你是否对一些新鲜的事物感兴趣?”

李开复在给中国高校学生的一封信中也曾这样描述:“仅仅勤奋好学,在今天已经远远不够了。因为最好的企业需要的人才都是那些既掌握了丰富的知识,又具备独立思考和解决问题的能力,善于自学和自修,并可以将学到的知识灵活运用于生活和工作实践,时时不忘创新,以创新推动实践,以创新引导实践。只有这样,我们才能不断研发出卓越的产品。”

2.1.2.6　应变能力

企业需要那种具有高度灵活应变能力的人,听得认真、写得明白、看得仔细、说得清楚、叙述准确将具有无可估量的价值。另外,企业是一个处于不断发展之中的实体,在企业的发展过程中会遇到许多意想不到的新问题,这就需要员工具有应变能力,能灵活地适应各种环境的变化。

反映在面试中,最大的可能性就是考官给你一个模拟的场景,让你作出一些判断和决策,以考查应聘者的灵活应变能力。西门子(中国)有限公司人力资源部招聘顾问邹加认为:考官有时也会故意用一些很诡异的问题来刁难应聘者,这个时候,最重要的就是保持一颗平常心,不要慌乱,停顿五到十秒钟整理一下思路,然后大胆地说出自己的观点。对于压力面试题,答案是其次的,考官主要考查的还是应聘者的应变能力和逻辑思维能力。另外,在面试的过程中要注意面试官的神情和感受,注意自己的肢体语言以及与考官的眼神交流,让对方感觉得到了理解、受到了尊重。

2.1.2.7　学习能力

必须强调的是,这里的学习能力并不等同于毕业生在学校里所取得的专业成绩。“终身学习、成就终生”。只有不断吸收接受新的知识、新的技能,才能成为有潜力可挖、有发展前途的员工。

某网络通信股份有限公司的人力资源经理表示:“我们公司不苛求名校和专业对口,即使是比较冷僻的专业,只要学生综合素质好,学习能力强,遇到问题能及时看到症结所在,并能及时调动自己的能力和所学的知识,迅速释放出自己的潜能,制定出可操作的方案,同样会受到欢迎。”

2.1.2.8　工作经验

即便招聘的是应届毕业生,具备相关工作经验也是企业非常看重的素质,这里所指的工作经验包括实习经验、项目经验、兼职经验。企业一般会通过参考应聘者提供的相关工作经验,考核应聘者是否做过空缺职位的相关工作,并积累了相关的经验,是否熟悉该项业务流程的运作,能否以最快的速度投入到工作中去,并带来新的思路和方法。用人单位有权按照自己的标准去选择合适的人才,因此大学生更应该注重实践经验,有了实践经验,才能增加自己的“就业筹码”。

一般用人企业最看重员工的职业素质见图2-1。

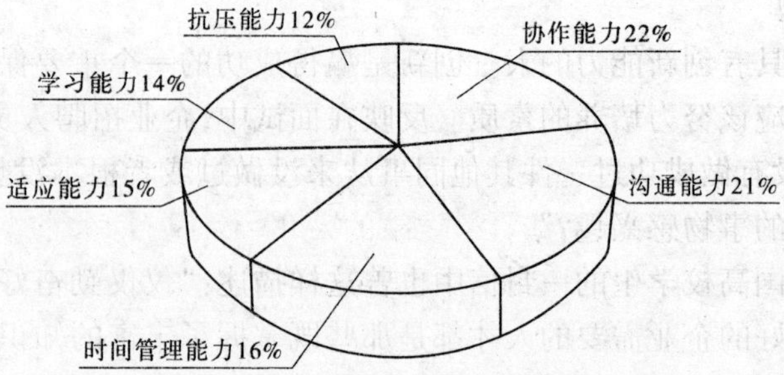

图 2-1　用人企业最看重员工的职业素质

2.1.3　职业素质的测评

了解自己职业素质的方法很多,归纳起来主要有以下几种:学校的考试、竞赛;他人的评价;接受职业指导;职业素质测评。

目前的素质测评主要集中在品德素质和能力的评价上。对品德的测评一般采用问卷法,主要工具有卡特尔十六种人格因素量表、艾森克个性问卷、明尼苏达多相个性调查表等。对能力的测验分为技能技巧测验和能力倾向测评。

卡特尔十六种人格因素量表(Cattell's Sixteen Personality Factor)主要针对个体的十六种独立个性因素进行评估,该量表共有 187 个自我陈述题目,这些题目采用按序列轮流排的方法,共能测出乐群性(A)、聪慧性(B)、稳定性(C)、持强性(E)、兴奋性(F)、有恒性(G)、敢为性(H)、敏感性(I)、怀疑性(L)、幻想性(M)、世故性(N)、忧虑性(O)、实验性(Q1)、独立性(Q2)、自律性(Q3)和紧张性(Q4)等 16 种因素的特征。

明尼苏达多相个性调查表(MMPI)是一种自我评定的人格量表,广泛用于精神病学、心理学和人类学等领域。该量表在心理咨询中心、心身医学门诊、人才市场、职业介绍所、大中学校等部门都有广泛的运用,对人才心理素质、个人心理健康水平、心理障碍程度都有较高的使用价值。

2.2　职业素质和能力的养成

2.2.1　建立合理的知识结构

用人单位对于文化知识的要求主要集中在两个方面:渊博的知识和合理的知识结构。专业知识是从事岗位工作最直接的知识。随着科学技术进步,知识在不断更新,应加倍学习;注意本专业学科发展脉搏,及时了解和努力掌握最新动态,使所学专业知识保持在学科专业的前沿。大学生应有合理的知识结构。知识结构是衡量人才质量的尺度之一,是人才创造能力发挥的基础。大学生在学好本专业知识的同时,完全可以再跨系、跨学科学习,如参加辅修、选修课程,自觉阅读现代科技书籍,了解世界科技新动态等。

大学学业,一刻也不可放松。有一种说法,认为在学校学的知识过时了,工作用不上,没有必要花费精力,工作后边干边学就行。这种思想害人不浅,没有知识的沉积,没有良好的学习方法和自学习惯,就算在工作中边干边学,也是在修筑空中楼阁。多少次在招聘会上,看见那些苛刻的人事主管们,把求职者词藻华丽的自荐信搁置一边,直奔主题寻找英语等级证书、奖学金证明,你再抱怨用人单位过于看重分数又有何意义?知识储备还要抓紧时间。

人才成长离不开教育,教育是成材的基础,也是建立现代知识结构的重要途径。合理的知识结构是担任现代社会职业岗位的必要条件,是人才成长的基础。现代社会的职业岗位,所需要的是知识结构合理,能根据当今社会发展和职业的具体要求,将自己所学到的各类知识科学地组合起来的,适应社会要求的人才。因此,大学生应充分认识知识结构在求职择业中的作用,根据现代社会的发展需要,塑造自己,发展自己,建立科学的知识结构,使之适应现代社会就业的要求。

2.2.2　培养勤于动手的实践能力

走出校门的大学毕业生,虽然有了一定的知识积累,但并不等于有了各类岗位所需要的应用能力。知识不能和适应能力完全划等号,所以大学生在完成学习任务的情况下,应争取更多地培养一些适应社会需要的实际应用能力。从某种意义上讲,这些能力比知识更重要。能力是逐渐培养出来的,上大学这几年,抓紧时间学知识之外,还要有目的、有针对性地多参加一些社会实践活动,培养锻炼自己与人沟通、待人接物、团结协作等方面的能力,以尽早适应未来的工作。大学生活,转瞬即逝。择业路上,愚者等待施舍,智者则提早准备。就业形势严峻,只能主动出击。

(1)表达能力。是指运用语言阐明自己观点、意见或抒发思想的能力。包括口头表达能力、文字数字表达能力、图文表达能力等几种形式。

(2)社交能力。就是人际交往能力,与他人相处的能力。社会上的人际关系远不如学校中的同学、师生关系那么简单。能否正确、有效地处理、协调好职业生活中人与人的各种关系,影响一个人对环境的适应状况,影响工作的效能、心理健康、生活的愉快和事业的成败。积极参加社会活动,是提高社交能力的基本途径。

(3)实际操作能力。操作能力是专业工作者必须具备的一种实践能力。在一切社会活动中,尤其是教学、科研、生产第一线,没有熟练的操作能力是难以胜任工作的。大学生为了提高自己的操作能力,应该多看、多想、多练。看的多,接触的多,才能提高自己动手操作的技巧和能力。

(4)组织管理能力。尽管不是每个学生毕业后都会从事管理工作,但每个人在将来的工作中都程度不同地需要组织管理才能。现代社会实践表明,组织管理能力不仅领导干部、管理人员应当具备,其他人员都应该具备。

(5)创造能力。创造能力是指在多种能力发展的基础上,利用已知信息,创造新颖独特具有社会价值的新理论、新思维、新产品的能力。它是一种综合性的、高层次的思维能力和行动能力。大学生要自觉培养这种能力,为走上工作岗位后创造性地工作打下基础。

2.2.3　增强适应变化的自我发展能力

工作中总有不尽如人意的地方,很多学生不适应,要面对现实生活中的消极现象,主动、积极地适应社会,而不是消极地等待和对困难的屈服。现在社会复杂多变,要善于根据客观情况的变化及时反馈、随机应变地进行调节。

2.2.4　做好特殊技能的准备

随着社会主义经济体制和政治体制改革的全面展开,毕业生的就业制度也发生了深刻的变化。用人单位在对毕业生的挑选上和以往有了明显的不同,对有一技之长的毕业生格外青睐。许多大学生在一入学时,就着重加强了这些方面素质的培养,比如很多大学生在毕业时都已取得国家外语考试等级证书、国家计算机考试等级证书、公务员资格证、会计师资格证等。这对毕业生择业有着积极的作用。

求职择业的过程是对大学生综合素质的检验,大学生只有全面提高自己的综合素质,拥有真才实学,才能获得理想的职业,在激烈的竞争中取得成功。

2.3 提高就业能力,打造就业竞争力

职业能力包括基础技能、专门技能和其他相关技能。基础技能也被称为基本技能,比如,外语能力、计算机基本运用能力、职业汉语能力、获取信息能力等。专门技能就是特定行业或职业所要求具备的操作能力。

2.3.1 加强职业技能训练

职业技能是从事某专业工作所需要的各种知识和能力。包括工作技能、对环境适应的能力等。工作技能的培养,应该从学校就开始做起。

一是要充分利用机会深入实际锻炼自己。如参加社会调查、学校集体组织的各项实践活动。二是要虚心向有经验的人学习。三是在实践中培养分析问题、解决问题的能力。

通过以上三个方面的实践锻炼,找到自己的不足之处,抓紧在校期间进行弥补。

2.3.2 练习人际交往技巧

人际交往技能是社会基本技能之一。人际交往能力的培养最主要的是要处理好以下几个方面的问题:

虚心求教,克服嫉妒心理;

养成待人宽宏大度的品质,人际交往中要求大同存小异,待人宽厚,能谅解他人的难处,原谅他人的缺点;

增强自信心,克服"社交恐惧症"。

大学生毕业后,经济活动、语言交谈都少不了要接触各方面的人,如不能做到谈吐自然、恰当交往,将影响个人的人际关系。所以,恰如其份地与人交往的能力是每个大学生都应努力具备的。

2.3.3 提高生活自理能力

生活技能指自理生活的能力、独立解决生活中困难的能力。生活技能的高低直接影响一个人的成就大小。年轻的大学生应该在培养生活技能的过程中显示立世、立身、立业的本领。

总之,社会技能的培养应该在正确思想指导下完成,要立足于祖国的未来,把个人成才立业与祖国的建设、发展融为一体,这样,才能掌握社会所需要的社会技能。

相关链接

为 22 ~ 26 岁的人解释一下什么叫工作

当时公司招了大批应届本科和研究生毕业的新新人类。平均年龄 25 岁。那个新的助理,是经过多次面试后,我亲自招回来的一个女孩。名牌大学本科毕业,聪明,性格活泼。私下里我得承认,我招她的一个很重要的原因,除她在大学里优秀的表现外,还因为

她写了一手漂亮的字。女孩能写一手好字的不多,尤其像她,看起来长发飘飘,多么女性化的一个姑娘,一手字却写的铿锵倜傥,让我对她不由多了很多好感。

手把手地教。从工作流程到待人接物。她也学得快。很多工作一教就上手。一上手就熟练。跟各位同事也相处颇融洽。我开始慢慢地给她一些协调的工作,各部门之间以及各分公司之间的业务联系和沟通让她尝试着去处理。

开始经常出错。她很紧张,来找我谈。我告诉她:错了没关系,你且放心按照你的想法去做。遇到问题了,来问我,我会告诉你该怎么办。仍然错。又来找我,这次谈得比较深入,她的困惑是,为什么总是让她做这些琐碎的事情?我当时问她:什么叫做不琐碎的工作呢?

她答不上来,想了半天,跟我说:我总觉得,我的能力不仅仅能做这些,我还能做一些更加重要的事情。那次谈话,进行了1小时。我知道,我说的话,她没听进去多少。后来我说,先把手头的工作做好,先避免常识性错误的发生,然后循序渐进吧。

半年以后,她来找我,第一次提出辞职。我推掉了约会,跟她谈辞职的问题。问起辞职的原因,她跟我直言:本科四年,功课优秀,没想到毕业后找到了工作,却每天处理的都是些琐碎的事情,没有成就感。我又问她:你觉得,在你现在所有的工作中,最没有意义的最浪费你的时间精力的工作,是什么?她马上答我:帮您贴发票,然后报销,然后到财务去走流程,然后把现金拿回来给您。

我笑着问她:你帮我贴发票报销有半年了吧?通过这件事儿,你总结出了一些什么信息?她呆了半天,答:贴发票就是贴发票,只要财务上不出错,不就行了呗,能有什么信息?

我说当年我的做法吧:1998年的时候,我从财务被调到了总经理办公室,担任总经理助理的工作。其中有一项工作,就是跟你现在做的一样,帮总经理报销他所有的票据。本来这个工作就像你刚才说的,把票据贴好,然后完成财务上的流程,就可以了。

其实票据是一种数据记录,它记录了和总经理乃至整个公司营运有关的费用情况。看起来没有意义的一堆数据,其实它涉及了公司各方面的经营和运作。于是我建立了一个表格,将所有总经理在我这里报销的数据按照时间、数额、消费场所、联系人、电话等等记录下来。

我起初建立这个表格的目的很简单,我是想在财务上有据可循,同时万一我的上司有情况来询问我的时候,我会把准确的数据告诉他。通过这样的一份数据统计,渐渐地我发现了一些上级在商务活动中的规律,比如,哪一类的商务活动,经常在什么样的场合,费用预算大概是多少,总经理的公共关系常规和非常规的处理方式,等等。

当我的上级发现,他布置工作给我的时候,我会处理得很妥贴。有一些信息是他根本没有告诉我的,我也能及时准确处理。他问我为什么,我告诉了他我的工作方法和信息来源。渐渐地,他基于这种良性积累,越来越多地交待更加重要的工作。再渐渐地,一种信任和默契就此产生,我升职的时候,他说我是他用过的最好用的助理。

你最大的问题,是你没有用心。在看似简单不动脑子就能完成的工作里,你没有把你的心沉下去,所以,半年了,你觉得自己没有进步。她不出声地收回了辞职报告。又坚持了3个月,她还是辞职了。这次我没有留她。让她走了。后来她一年内换了三份工作。每一次都坚持不了多久。每一次她都说新的工作不是她想要的工作。

所谓的职业生涯，其实你很难预测到你将来真正要从事什么工作，将来所要从事的工作，是否跟你在大学里学的专业有关。大多数人，很有可能将来所做的工作，跟他当初所学的专业一点关系都没有。从22岁大学毕业到26岁之间这四年，重要的不是你做了什么，重要的是你在工作中养成了怎么样的良好的工作习惯。这个良好的工作习惯，指的是：认真、踏实的工作作风，以及是否学会了如何用最快的时间接受新的事物，发现新事物的内在规律，比别人更短时间内掌握这些规律并且处理好它们。具备了以上的要素，你就成长为一个被人信任的工作的人。人都有惰性，也都愿意用那些用起来顺手的人。当你具备了被人信任的基础，并且在日常的工作中逐渐表现出你的踏实、聪明和细致的时候，越来越多的工作机会就会提供到你面前。原因很简单，用一句话就能交待清楚并且能被你顺利完成的工作，谁愿意说三句话甚至半小时交待一个怎么都不明白的人呢？沟通也是一种成本，沟通的时间越少，内耗越少，这是作为管理者最清楚的一件事。

当你有比别人更多的工作机会去接触那些你没有接触过的工作的时候，你就有了比别人多的学习机会，人人都喜欢聪明勤奋的人，作为管理者，大概更是如此。

一个新手，大多数新手，在这四年里，是看不出太大的差距的。但是这四年的经历，为以后职业生涯的发展奠定的基础是至关重要的。很多人不在乎年轻时走弯路，很多人觉得日常的工作人人都能做好没什么了不起。然而就是这些简单的工作，循序渐进地、隐约地，成为今后发展的分水岭。

漫不经心地对待基层工作的最大损失，就是将看似简单的事物性处理方式，分解成为长远发展的能力问题。聪明的人，总是不认为自己的能力有问题。时间长了，他会抱怨自己运气不好，抱怨那些看起来资质普通的人，总能走运。抱怨她容貌比自己好，或者他更会讨领导欢心，等等等等，慢慢地影响心态。所谓的怀才不遇，有时是这种情况。

工作需要一个聪明人，工作其实更需要一个踏实的人。在聪明和踏实之间，我更愿意选择后者。而踏实，是人人都能做到的，和先天条件没有太大关系。

http://www.docin.com/p-41818280.h

3 就业前的资料准备——简历制作与求职技巧

3.1 收集和使用求职信息

3.1.1 就业信息的内容

择业决策的过程实质上就是一个与择业有关的信息收集、处理和转换的过程。在择业过程中，无论是职业目标的确定、求职计划的设计还是决策方案的选择，就业信息的收集和处理都是基础。就业信息的内容十分广泛，作为初次择业的大学毕业生应主要了解以下几个方面的信息：

(1)用人单位的信息。一些毕业生在选择单位时对用人单位情况不甚了解，在择业时带有很大的随意性和盲目性，如只挑选大城市而不问用人单位的性质、业务范围；有的只图单位名称好听就盲目拍板等。要避免这些现象，做到对用人单位有个比较客观的评价，关键在于掌握用人单位的信息。

(2)职业情况。了解产业的分类与结构,以及随着社会的发展,产业结构的调整和变化趋势;了解职业的分类与结构,以及该职业发展的趋势,使自己总揽全局,以便更好地把握自己,在国家建设的大背景下找到自己的正确位置。

(3)当年毕业生总的供求形势。如全国当年毕业生的总人数,同类高校、同类专业的毕业生的情况,哪些专业紧俏,哪些专业供大于求等。

(4)本专业培养目标、发展方向、适用范围、对口单位的情况。

(5)同自己专业直接对口或相关的行业、部门和单位的现状与发展趋势。

3.1.2　掌握信息的来源和渠道

现在获得就业信息的途径很多,尤其是网络上的资源十分丰富,但是每个人的时间和精力有限,不可能关注到所有的就业信息,获得就业信息应把握两个原则,一是便捷,二是权威。根据目前毕业生就业市场的现状和上述两个原则,推荐以下几种途径:

(1)学校毕业生就业主管部门。学校毕业生就业主管部门的就业信息具有准确、可靠、多样、具体的特点,是毕业生获取就业信息的最直接、最有效、最主要的来源。学校的就业信息的主要来源是:各用人单位、各地方人事部门发来的就业信息;各类供需见面会的就业信息;直接到学校招聘毕业生的用人单位的就业信息。就业主管部门一般会在学校就业网站上和宣传栏中对这些信息进行发布。

(2)各种类型的“双向选择、供需见面”会。每年一些地区的人才服务中心或就业指导中心都会举办规模不等的毕业生供需见面会,这些供需见面会可能是分行业举办,也可能是分地区举办,在供需见面会上毕业生可以掌握较多的信息。参加供需见面会要特别注意主办单位是什么单位,以往主办的类似的供需见面会效果如何,通常由政府主管部门所属的人才交流机构主办的供需见面会效果相对较好。

(3)各类媒体。如网络、报刊、杂志、广播、电视等,在使用这些媒体时同样要注意权威性和专业性,例如中央电视台经济部《绝对挑战》节目、《中国大学生就业》(全国高校毕业生就业指导中心主办)、中华英才网、《中国贸易报　前程周刊》等资源都能为毕业生提供专业性和权威性的信息。

(4)实习、社会实践、社交等活动。毕业生在实习、社会实践中可以直接与用人单位接触,可以更清楚地了解有关需求情况,让用人单位更多地了解自己。

(5)亲朋好友。通过家长、亲戚、朋友、老师、同学等渠道来获取就业信息,有时会起到事半功倍的效果。

3.1.3　求职信息的筛选处理

最后,要做好求职信息的利用。毕业生通过上述渠道所收集到的原始就业信息可能比较杂乱,毕业生应根据自己的实际情况和需求,对信息进行去粗取精,去伪存真,有目的、有针对性地加以筛选处理,使获得的信息具有准确性、全面性和有效性的特点,使之更好地为自己的求职服务。在处理这些信息时应把握以下原则:

(1)掌握重点。将收集到的所有就业信息进行比较、初步筛选之后,把重点信息选出、标明并注意保存,一般信息则仅做参考。

(2)适合自己。每个人的情况不一样,毕业生应选择适合自己的信息,例如,如果想在福州就业,就应经常关注海峡人才报、中国海峡人才网等媒体;如果想去广州就业,就应经常关注南方人才网、中山大学就业指导网等。

(3)注意信息的时效性。人才市场瞬息万变,用人单位发布需求信息后,随时都会收到毕业生的求职信息,及时与用人单位联系能体现出你积极的态度,为求职成功增加砝码。因此,收集到就业信息后,应及时使用,以免过期。

3.2 制作电子和文本简历

3.2.1 简历的内容

求职就是推销自己的过程,如何把自己成功地推销出去,需要一定的技巧。首先得有一张有吸引力的名片——即一份能充分展示你特点的简历。简历的内容由求职信、毕业生推荐表和证书复印件三部分组成。

3.2.1.1 求职信

求职信在某种程度上来说,其实比面试还重要,原因是如果求职信没被看中,便会连面试的机会都没有。而且,求职信是和雇主双方沟通的第一道桥梁,如果第一个印象都不太好的话,那么名落孙山的机会也特别高。所以,一封求职信的好与坏绝对影响能否得到面试的机会。

求职信结构一般分为以下几部分:

(1)开头。交代清楚身份、写信目的或对公司的了解程度。在身份部分,用以下一句话简单介绍一下自己:"我是××学校大三的学生,在7月毕业,专业是××等。"只要把最重要也是与未来雇主最有关的信息写清楚就可以了。在写信目的部分,写清楚谋求的职位或职业目标,对此企业了解的情况,可以说:"在Rhode岛设计学校的职业发展部办公室看到你们招聘一个纺织设计员的广告。"或者说:"在《时代》杂志上我读到了你们东扩的计划,很感兴趣,想加入你们的企业中。"

(2)自我推销。一个典型的开头可以这样写:"我的专业是XX,在XX实习过,我获得过以下证书,具有以下的技能。"

(3)客套话。对企业赞赏一番,可以提一提企业的名声、销售成绩、公司文化、管理宗旨或任何其他他们感到骄傲的东西。雇主们通常想知道为什么此企业是你的目标,而不是你一下发了许多求职信中的公司中的普通一个。对每一个企业,你要用不同的客套话,以表达你对他们的公司有所了解。

(4)进一步行动的要求。一些人认为此部分是求职信的结尾部分,其实不然。结尾部分不仅仅只是对你的雇主花时间读你的信表示感谢,这里是开启另一扇门的地方,这里你可以建议如何进一步联络,或打电话或发E-mail。最重要的事是你以积极肯定的语气结束,并主动采取行动。

要为每份工作都写下求职信,千万不要千篇一律,用一篇全世界通用的求职信来应征只会反映出对这份工作毫无诚意。写求职信重点介绍跟申请工作有关的长处和优点,切忌使用浮夸的字眼去形容专长,用字应谦虚有礼。千万不要使用影印本。如果连你的签名都是影印的话,就可以反映你的诚意是如何不足了。因此,求职信内的签名最好要亲笔签名,以示专注和诚意,一封庄重的求职信才可以为你带来面试的机会。

求职信的长度不要过长,最好以一页为限,不要超过一页。

3.2.1.2　毕业生推荐表

毕业生推荐表是指学校发给毕业生填写的并附有学校书面意见的推荐表。其中该表的综合评定及推荐意见部分是由最了解毕业生全面情况的辅导员填写,并且是以组织负责任的形式向用人单位推荐,对用人单位具有较大的权威性和可靠性,所以大部分用人单位把该表作为其他书面资料的证明,用人单位历来把该表作为接收毕业生的主要依据。

毕业生推荐表是由学校统一印制的表格,毕业生不能用计算机打印代替手工写,也不能用漂亮的版面设计吸引别人的注意。书法的优劣易成为招聘者的第一印象,清晰、整洁、工整的字迹会让招聘者联想到有责任心、工作能力强、严谨认真的工作态度等印象,错别字或文法错误则会令人怀疑你的能力。

毕业生推荐表的栏目因各个学校侧重不同而有所区别,随着毕业生就业工作改革的深入及“双向选择”的日趋成熟,每年毕业生推荐表中的栏目也有所改进,但一般包括个人基本资料、学历、获奖情况、担任社会工作、个人兴趣特长及自我评价等。

3.2.1.3　证书复印件

在毕业生推荐表、自荐书和简历后,还应附有成绩单及各式证书、已发表的文章复印件、取得的成果证明等。如果本专业是比较特殊的话,还应附一份本专业介绍。

3.2.2　简历制作的原则

3.2.2.1　清晰原则

清晰的目的就是要便于阅读。就像是制作一份平面广告作品一样,简历排版时需要综合考虑字体大小、行和段的间距、重点内容的突出等因素。尽量简洁,条理清楚。外观要清晰、干净整洁。要知道这是你的名片,它的好坏直接影响别人对你的判断,尤其是有这方面要求的工作。如会计、服务行业的工作。

3.2.2.2　针对性原则

如果A公司要求你具备相关行业经验和良好的销售业绩,你在简历中清楚地陈述了有关的经历和事实并且把它们放在比较突出的位置,这就是针对性;如果B公司要求你具备良好的英语口语能力,你在简历中描述了自己做过业余涉外商务翻译的经历,这就是针对性;如果C公司明确要求应聘者具备某市城区户口,你在简历中说明自己是某市城区居民,这就是针对性。

3.2.2.3　客观性原则

“我是个工作严谨而且认真负责的人,在学习之余的工作经历中,我有着十分出色的工作表现”。在许多人的简历中常常可以看到类似的句子。其实,这都是不太客观的表述。简历是一种很淳朴的东西,表述要客观实在,要让招聘者一眼就能探索到关键词。在所学课程的表述上,一些看似冠冕堂皇的学科名称简单罗列,远远不如写明你到底学了哪些知识、掌握了哪些技能的效果好,突出“我会什么”往往比较讨巧。

3.2.2.4　真实性原则

不要试图编造工作经历或者业绩,谎言不会让你走得太远。多数的谎言在面试过程中就会被识破,更何况许多大公司(特别是外企)会根据简历和相关资料进行背景调查。

3.2.2.5　打破常规

如果你要继续从事有实际经验的职业,就可以把职业名称写在名字的下面,也就是简历的上端,这个方法比“求职目标”更有力。职业名称告诉别人“这就是我的职位”,而求职目标的意思是“这是我想得到的职位”。如果你有足够的经验给自己一个职业名称,那会是一个更有力的介绍自己的方式。重点突出。若是应届毕业生重点应放在与专业有关、与求职意向有关的技能特长上,其他可一笔带过。人品、责任感,也是用人单位关心的,实习、实践经历要与求职单位需求有联系。社会实践可以写,如做过家教、促销员、服务员等,但不代表能力。相对专注的事情,分散的实践事件难在一领域专一发展;要么是在所做的事情中没有去培养核心能力的意识。没有方向盲目去做许多社会实践并不能形成你的能力。

3.3 应聘礼仪与技巧

3.3.1 求职礼仪

3.3.1.1 求职礼仪的重要性

求职礼仪是求职者的个人修养在求职过程中礼节礼貌方面的体现。

两点提示:

求职礼仪体现了我们在社会生活中长期以来形成的交际交往习惯、思维定势和行为定势,所谓的求职礼仪并非另有一套专门的礼仪,而是个人礼仪在求职过程中的具体体现。所以,求职礼仪不是两三天的“突击补习”可以“及格”的。

求职礼仪体现在我们生活中最细微的举手投足之间,招聘者总是于最细微处观察和认定我们的礼仪层次,进而推断我们的修养。我们必须从平时做起,注意一言一行,长期的修养积淀能使我们在关键时刻每一个细节都自然流露,因而显得礼貌和优美。

3.3.1.2 扣响职场大门的礼仪

1)语言

首先,内容准确、简洁是语言的基本礼仪。

其次,语音清晰准确,语速适中是说者的修养。

再次,自然和谐的语言是优雅的礼仪。

2)听与说的艺术

第一,善于听,是对说者最大的尊重。认真倾听,准确领会对方意图是最礼貌的。面试中认真倾听还为我们赢得时间,更准确把握对方意图,自然减少作答时间,减少失误的可能。

第二,听不明白的要敢于礼貌发问,这不仅表现我们在意对方说,而且在认真思考对方的话。

第三,要在听的过程中展示礼仪。在听的过程中我们应该直立或端坐,目光柔和注视对方,诚恳地点头或者明确地说“我明白了”。

第四,不要打断对方的话,当你的讲话被对方打断时,也许就是主考官在刻意考察你的个人修养,你应该耐心听他讲完,然后说“我接着刚才的话题继续回答?”

3)电话礼仪

第一,要注意礼貌用语。“您好”、“对不起,可以向您咨询几个问题吗?”、“占用您两分钟可以吗?”、“谢谢您的答复”等都是比较合适的言辞。

第二,如果接听电话的人可以回答我们要咨询的问题,不要坚持找某某负责人。打通电话的时候,尽管联系电话上留的是某某负责人的电话,我们还是可以先讲明自己是咨询的,希望有关人员听电话(提前预约的情况例外),这样既是对听者的尊重也便于对方判断由谁回答我们的问题比较合适,效果会更好。

第三,电话咨询时间不宜太长,三五分钟即可。因此,我们必须事先设定咨询的内容。

第四,电话里不一定说明自己是谁,尤其不要强烈要求招聘方记下我们的姓名等信息。可以根据自己对招聘单位的取舍或者留下有关信息,或者委婉表示不考虑应聘。

4)服饰礼仪

服饰礼仪在应聘、面试中的重要性有时甚至超过实力的作用。干净、整洁、合适得体、不宜浮华、不宜暴露。不同的工作要有不同的职业装束。

男士应短发、清洁、整齐,不要太新潮;白色或单色衬衫,领口、袖口无污迹;领带紧贴领口,系得美观大方;西装平整、清洁;西装口袋不放物品;短指甲,保持清洁;皮鞋光亮,深色袜子;全身3种颜色以内。

女士最好发型文雅、庄重,梳理整齐,长发要用发夹夹好,不能染鲜艳的颜色;化淡妆,面带微笑;着正规套装,大方、得体;指甲不宜过长,并保持清洁。涂指甲油时须自然色;裙子长度适宜;肤色丝袜,无破洞;鞋子光亮、清洁;全身3种颜色以内。

5)举止

表情自信、举止优雅有助于缩小应届毕业生同有工作经验者的差距。主要注意事项:敲门时轻扣慢关,表情郑重但是不要僵硬,说话时或者听时不要目光游弋不定,控制小动作,不要为了掩饰紧张情绪而表现出无所谓、玩世不恭的样子。

人与人相识,第一印象往往是在前几秒钟形成的,而要改变它,却需付出很长时间的努力。良好的第一印象来源于人的仪表谈吐,但更重要的是取决于他的表情。微笑则是表情中最能赋予人好感、增加友善和沟通、愉悦心情的表现方式。也是人与人之间最好的一种沟通方式。一个对你微笑的人,必能体现出他的热情、修养和魅力,从而得到人的信任和尊重。

3.3.2 面试

3.3.2.1 准备工作

准备好面试时可能会用到的一切东西。身份证、学历证书、推荐表、成绩单、各种技能证书、个人详细资料等。另外,还要准备一个记录本和笔,以便需要时记录。

深入了解招聘单位、应聘职位,做到知己知彼。如公司历史、公司规模、公司产品、经营状况、岗位职责等。了解越详细应聘时候越心中有数,应聘成功的概率就越大。

做好面试的心理准备。设想考官可能会问到的一些基本问题,事先设定一些精辟的答案,当然可以根据现场情况灵活作答。另外,可以先进行一下情景模拟,以便改进面试技巧工作。

3.3.2.2 面试中的注意事项

不能迟到;

学会倾听;

注意用眼神、表情同主考官沟通(多人同时面试时尤其重要);

控制语调、语速；

注意细节；

根据情况适当发问。根据成功的概率进行发问，不要涉及过多个人利益的问题。

3.3.2.3　面试应答

注意条理，宜简则简，宜繁则繁，沉着应对，控制情绪（尤指面对主考官强硬的甚至是有轻蔑性的、压迫式的问题）。

3.3.2.4　面试礼仪

走进房间的时候，自己的名字被喊到，就有力地答一声“是”，然后再进门。如果门关着的话，就要以里面听得见的力度敲门，听到回复后再进去。开门关门尽量要轻，向招聘方各位行过礼之后，清楚地说出自己的名字。

坐姿。在没有听到“请坐”之前，绝对不可以坐下，面试官还没有开口，就顺势把自己挂在椅子上的人，已经扣掉了一半分数了，从门口走进来的时候，也要挺起胸膛堂堂正正的走。坐下时也不要在椅沿上轻坐，要舒服地坐进去，并拢双膝。

使用敬语。使用过分夸张的敬语是一件令双方都很尴尬的事。所以，这一点在平时待人接物上下工夫，如习惯于对长辈说敬语等。

视线处理。说话时不要低头，要看着对方的眼睛或眉间，不要回避视线。不要一味直勾勾地盯着对方的眼睛也会觉得突兀。做出具体答复前，可以把视线投在对方背景上，如墙上两三秒钟做思考，不宜过长，开口回答问题时，应该把视线收回来。

要集中注意力。无论谈话投机与否，或者对方有其他的活动，如暂时处理一下文件，接个电话等，你都不要因此分散注意力。不要四处看，显出似听非听的样子。如果你对对方的提问漫不经心，言论空洞，或是随便解释某种现象，轻率下断语，借以表现自己的高明；或是连珠炮似地发问，让对方觉得你过分热心和要求太高，以至于难以对付，这都容易破坏交谈，是不好的交谈习惯。

知之为知之，不知为不知。在面试场上，常会遇到一些不熟悉，曾经熟悉现在竟忘记或根本不懂的问题。面临这种情况，默不作声、回避问题是失策；牵强附会、“强不知为知之”更是拙劣，坦率承认为上策。

面试前五分钟，最后检查一下仪表。需不需要补一下妆，看看发型有没有乱，口红及齿间有没有食物等，用小镜子照一下。在感觉一切准备就绪的状态下，才能从容地接受公司的面试。

检索简单常识。人们往往一紧张，就连平时挂在嘴边的话都想不起来，把一些常用词汇，时事用语、经济术语整理一下，面试前随手翻阅。所整理的词汇可根据具体应聘职务而有所不同。

面试几点提示：

注意你在面试前的举动，因为面试官可能就在你附近。

面试入场前用冷水洗手，保持手掌干燥。

多点微笑，它会给人良好的印象，更加给你自己信心。

回答问题前先思考一下，面试官不会因为你的反应速度来决定录用还是淘汰你。

与旁人唠叨是禁忌。在接待室恰巧遇到朋友或熟人，就旁若无人地大声说话或笑闹，对刚才面试的过程大肆渲染,往往会有这种情况出现。别忘了关于这些,面试官的视线是不会饶过你的。

嚼口香糖、吸烟要三思。走进公司的时候,口香糖和香烟最好都收起来,因为大多数的面试官都无法忍受你边面试边嚼口香糖或吸烟。

要注意面试官可不止一人。有些应聘者对面试官彬彬有礼,走出门却对普通员工或其他工作人员傲慢无礼。不要忘记,进入公司的瞬间,就要接受所有人的面试,公司里的每个人都是你的面试官。

还要注意的是,许多求职者只留意应聘面试时的礼仪,而忽略了应聘后的善后工作,而这些步骤亦能加深别人对你的印象。面试结束并不意味着求职过程就完了,也不意味着求职者就可以袖手以待聘用通知的到来。为了加深招聘人员对你的印象,增加求职成功的可能性,面试后两天内,你最好给招聘人员打个电话或写封信表示谢意。感谢电话要简短,最好不要超过 5 分钟。

不要过早打听面试结果。在一般情况下,考官司组每天面试结束后,都要进行讨论和投票,然后送人事部门汇总,最后确定录用人选,可能要等 3 ~ 5 天。求职者在这段时间内一定要耐心等候消息,不要过早打听面试结果。

收拾心情。面试回来后,你已经完成一次面试,但这只是完成一个阶段。如果你向几家公司求职,则必须收拾心情,全身心投入应付第二家的面试。因为,未有聘书之前,仍未算成功,你不应放弃其他机会。

第三章　就业政策及相关法律问题

1　现行就业政策与制度

1.1　就业方针政策

1.1.1　就业政策

（1）国家鼓励和支持高校毕业生到农村基层参与支教、支农、支医、扶贫等工作方针。从2003年开始，国家按照公开招募、自愿报名、组织选拔、集中派遣的方式，每年招募一定数量的普通高等学校应届毕业生，到西部贫困县的乡镇从事为期1~2年的教育、卫生、农技、扶贫以及青年中心建设和管理等方面的志愿服务。服务期满后，鼓励其扎根基层，或者自主择业和流动就业。参加"三支一扶"的志愿者享受如下待遇：服务期间享受一定的补贴（600元/月）和保险（人身意外险、住院医疗险、基本医疗险）；计算工龄；服务满经考核合格可以应届生的身份报考公务员，同等条件下优先录用，报考西部地区的笔试总分加5分；鼓励大学生到基层就业、创业；选拔大学生到农村当村官（从2008年开始用5年时间选聘10万名大学生到村任职，要求专科以上学历，党员或预备党员）。

（2）鼓励和支持高校毕业生到西部地区和欠发达地区工作的方针。中央、地方、高校出台多项政策，内容涉及户口迁移、工资标准、生活补贴、转正定级、研究生招生等各方面；中央有关部门组织实施了"大学生志愿服务西部计划"、"三支一扶计划"、"农村教育硕士计划"等，多个省份实施基层就业地方项目。

（3）鼓励人才合理流动的政策和落实企业用人自主权的政策。

（4）鼓励和支持毕业生到非公有制单位就业和自主创业、灵活就业的政策。各省市出台政策为大学生创业者提供广阔空间，主要方式有：减免行政事业性收费、提供人事代理服务，有条件的地区为毕业生提供小额贷款和担保、发放创业补贴等。

（5）整顿和规范毕业生就业市场秩序的政策。规定应届毕业生就业招聘会应在学校举办，要采取措施实现高校毕业生就业市场、人才市场和劳动力市场的相互贯通，实现网上信息资源共享。如教育部与中国高校毕业生就业信息网、各省级高校毕业生就业网站及人才网站联合多次举办了"全国高校毕业生就业网站联合招聘会"，为毕业生求职提供信息平台。

（6）完善未就业高校毕业生的有关政策。户籍和档案管理根据个人意愿转至入学前户籍所在地或两年内继续保管在学校；超过两年仍未落实工作单位的毕业生，学校和档案管理机构应将其户口及档案迁回其入学前的户籍所在地。

（7）建立毕业生失业登记政策。毕业生在9月1日前未能就业的高校毕业生，可持学校证明到入学前户籍所在城市或县劳动保障部门办理失业登记。当地劳动保障机构为失业登记学生提供免费服务,有条件的城市、社区可组织其参加临时性的社会工作、社会公益活动,或到用人单位见习,给予一定的报酬,对于因病等短期内无法工作且无生活来源的,有民政部门参照当地城市低保标准予以临时救济。

1.1.2 现行毕业生就业制度

(1)聘用制度。聘用制度是我国国有企业、事业单位人员选拔、聘任聘用的一系列规章制度的总称。其核心内容是以公开、平等、竞争、择优为导向,建立有利于优秀人才脱颖而出、充分施展其才能的选人用人机制。

(2)人事代理制度。它是政府人事部门所属的人才交流服务机构,依据国家有关规定,接受用人单位或个人的委托,对其人事业务事宜实行集中、规范、统一的社会化管理和服务的一种人事管理制度。其主要职责是:为企业接收高校毕业生接转、托管人事档案、考核档案,办理就业、转正定级;为委托代理人员计算工龄、调整档案工资;办理流动人员的人事转接手续及因私出境的政审;代办专业技术职称申报评审手续;党团组织关系的接转及管理;办理集体户口落户手续等。

(3)就业准入制度。这是根据我国职业资格证书制度的要求,依据《职业教育法》和《劳动法》规定,对从事技术复杂、通用性广,涉及国家财产、人民生命安全的职业劳动者,要求必须经过培训并取得资格证书后方可上岗就业的制度。

1.1.3 就业法规

(1)《就业促进法》。该法于2007年8月30日第十届全国人民代表大会常务委员会第二十九次会议通过,2008年1月1日正式实施。本法律规定了立法宗旨及就业指导方针、基本原则,政府在促进就业中的责任、主要制度、主要政策、法律责任等方面的内容。其中的主要制度有:加强对就业工作的组织领导的政府责任制度;加强对劳动者工作的公共就业服务和就业援助制度;加强对市场行为规范的人力资源市场管理制度;加强对人力资源素质提升的职业能力开发制度;失业保险和预防制度。其中的主要政策有:经济发展政策;财政保证政策;税收优惠政策;金融支持政策;城乡统筹政策;区域统筹政策;群体统筹政策;灵活就业的劳动和社会保险政策;援助困难群体的政策;失业保险政策。

(2)《劳动合同法》。该法于2007年6月29日由第十届全国人民代表大会常务委员会第二十八次会议通过,2008年1月1日起实施。其主要内容包括立法宗旨、调整范围、用人制度、劳动关系的建立和劳动合同的订立、劳动合同期限、试用期的相关规定、劳动合同的履行和变更、劳动合同的解除和终止、特别规定、监督检查、法律责任等。

在法律责任中规定,用人单位自用工之日起超过一个月但不满一年未与劳动者签订书面劳动合同的,应当向劳动者每月支付两倍的工资;用人单位自用工之日起满一年不与劳动者订立劳动合同的,视为用人单位与劳动者已订立无固定期限的劳动合同,每月按两倍的工资支付。

1.2 就业报到手续的办理程序

1.2.1 毕业生首次办理报到证办理程序

(1)学校集中办理。毕业生在毕业离校前已与用人单位签订就业协议的,或申请将户口档案转回原籍或户档托管机构需办理"报到证"的,由学校根据就业协议书或户档托管申请表等有关材料统一上报就业方案数据,集中办理"报到证"。"报到证"的通知书联(白色联)由学校归入学生档案,"报到证"联(有色联)待学生毕业离校之前发放给本人交与用人单位办理报到手续。

(2)个人办理。条件要求是未办理过报到证,且在两年择业期内。

(3)办理程序。

①材料准备:

"个人办理报到证申请表"(由学校提供并填写)。

与用人单位签订的"就业协议书"或"接收函"(需市县毕业生就业主管部门、省直及中央单位人事部门出具);或与户口档案托管部门签订的托管协议;或证明毕业生原籍的有效证件复印件,如身份证、户口本、户口迁移证等。

毕业证复印件(毕业时未取得毕业证,后在当年内取得了毕业资格并申请办理报到证,需准备此材料)。

②学校通过办公信息系统上报派遣数据,生成报到证号,并确认打印。

③携带上述材料到省就业指导中心高校窗口领取"报到证"。

④毕业生将办理好的"报到证"联(有色联)交用人单位办理报到和落户手续,通知书联(白色联)送档案所在部门,归入档案。

1.2.2 毕业生调整报到去向(改派)手续办理程序

(1)条件要求:已办理过报到证;与原用人单位解除关系;已落实新的用人单位;在两年择业期内。

(2)办理程序。

①材料准备:

"个人办理报到证申请表"(由学校提供并填写,学校集中办理时此表可略)。

与原用人单位解除关系的证明原件(若无就业单位需派回原籍的,此材料可略)。

与用人单位签订的"就业协议书"或"接收函"(需市县毕业生就业主管部门、省直及中央单位人事部门出具);或与户口档案托管部门签订的托管协议;或证明毕业生原籍的有效证件复印件,如身份证、户口本、户口迁移证等。

原"报到证"有色联原件。

②学校通过办公信息系统上报改派数据。

③携带上述材料到省就业指导中心高校窗口审核办理并领取"报到证"。毕业生将办理好的"报到证"联(有色联)交用人单位办理报到和落户手续,通知书联(白色联)送档案所在部门,归入档案。

1.2.3 就业报到证遗失补办手续办理程序

(1)材料准备。

两年择业期内:

①"个人办理报到证申请表"(由学校提供并填写)。

②公开发行的报纸上刊登遗失声明(个人原因遗失需准备,遗失声明上应注明姓名、性别、毕业时间、毕业学校及专业、就业报到证开往单位及报到证号)。

③单位出具的遗失证明原件(用人单位遗失需准备,需注明遗失原因)。

超过两年择业期:

①个人原因遗失不予补办。

②单位原因遗失:单位出具遗失证明原件(需注明遗失原因),需学校毕业生就业部门签属核实意见并盖章;学校毕业生就业部门盖章的毕业生派遣名册复印件;学校毕业生就业部门盖章的招生录取名册复印件。

(2)携带上述材料到省就业指导中心高校窗口领取《报到证》(两年内)或办理遗失证明(超过两年)。

1.2.4 就业报到办理程序

根据报到证按时到单位报到,乃至户口、档案的迁移、转递是关系到大学毕业生切身利益的事情,十分重要。毕业生在离校时,学校会发给毕业生《全国普通高等学校本专科毕业生就业报到证》、户口迁移证(武汉市实行网上迁移,学生只发户口底页)、毕业证等材料,由毕业生自己负责落户;毕业生档案由学生本人到系部(或学校相关部门)领取。毕业生离校后就业报到手续的办理程序如下:

(1)报到证直接派遣到单位。毕业生到单位报到以后,将《全国普通高等学校本专科毕业生就业报到证》、户口迁移证(户口底页)、毕业证等材料交给单位人力资源部,由单位集中办理毕业生的落户事宜。到省市州属单位就业的毕业生,须先到市州级毕业生就业主管部门(毕办)报到,办理报到证及户口档案转签手续。

特别提醒:“户口迁移证”上的“迁移地址”一般只写到“××省××市”,没有具体填写到单位落户的派出所。

(2)办理了人事代理的(指报到证开至“××省(市、区)人才”或“××人才”(人才市场)的)。办理了人事代理的毕业生,应将《全国普通高等学校本专科毕业生就业报到证》、户口迁移证(户口底页)、毕业证和照片(按照各人事代理机构的要求提供)等材料交给人事代理机构,由人事代理机构集中办理落户。签约单位在上海,需办理上海市居住证的毕业生,应要求人事代理机构出具户籍证明材料,并携带毕业证和户籍证明材料到单位报到。

由单位集中在人事代理机构办理了人事代理的,到单位报到后,将《全国普通高等学校本专科毕业生就业报到证》、户口迁移证(户口底页)、毕业证等材料交给单位,由单位到人事代理机构办理落户手续。

(3)办理了户档托管手续的(指报到证开至“××人才中心”)。办理了户档托管手续的毕业生,应将《全国普通高等学校本专科毕业生就业报到证》与托管机构所需的材料备齐,直接到对应托管机构办理报到手续。

(4)派回原籍的(指报到证开至原籍毕业生就业主管部门的)。派回原籍的毕业生不需要到当地毕业生就业主管部门报到,凭派回原籍的报到证、户口迁移证(武汉市生源发户口底页)到迁出地公安部门办理落户手续,本市生源毕业生可以到当地公安分局或迁出地派出所落户。未就业、派回原籍毕业生的档案由学生带往当地毕业生就业主管部门(同报到证上的派遣单位名称)。

2 防范就业陷阱

近年来,就业形势趋于严峻,很多高校毕业生在就业过程中急于求成,而忽略了一些细节,少了一分防备。因此,某些用人单位和不法分子为了自身利益,不遵守相关法规,利用毕业生求职心切的弱点,设下圈套进行欺骗,导致毕业生在求职过程中遭遇困难和权益受损。

为了维护毕业生的利益,给将要求职的毕业生提供借鉴,我们特意整合一些常见的求职陷阱,以为警示,提醒大学生在找工作时要谨慎,防止上当受骗。

2.1 防范网络招聘陷阱

每年的3、4月份,被大家俗称为"金三银四"的求职招聘高峰期,现场招聘会、校园招聘会、网络招聘成为求职者的主要求职渠道。其中相当一部分求职者避免去拥挤的招聘会现场转而青睐于网络求职。现在的网络招聘非常方便,可以让你迅速准确地投递简历,省下大量的时间,有更大的选择空间。

但是,网络求职在给求职者带来了便利的同时,也给一些黑中介和骗子公司带来了可趁之机。如何能够既享受网络求职的便利,又能规避网络求职带来的风险呢？这里提供几点建议,为求职者支招,希望能为您扫清网络求职之中的障碍。

2.1.1 选择正规的招聘网站

正规的招聘网站都会仔细验证招聘单位的真实性,要求招聘方提供单位营业执照、办理职员的身份证件以及加盖公章的单位证明等,以防止虚假信息的发布。求职者一定要登录正规招聘网站,这样才能从根源上防止网络诈骗。

求职者在登记电子简历时,虽然要保证资料的真实性,但要注意对某些资料的保密,家庭电话与手机不能同时添加至简历中。不要随意将自己的生活照、艺术照发到网上,照片最好选用标准证件照。

2.1.2 核实招聘公司信息

当你收到企业的面试通知时,你第一步要做的就是查询企业的真实性,问清公司的名称、网站、地址、电话等信息,然后再查证是否属实。

骗子公司多用商贸公司、贸易公司、化妆品公司、房地产经纪公司等名义,一般没有独立的网站。求职者可拨打114查询电话查询该公司是否有电信注册,还可以登录当地的工商局网站查询企业的注册情况。

2.1.3 私人卡/账号勿泄露

不会有哪个正规的招聘公司会需要你的社会保险账号、信用卡号及银行账号等这些信息,在任何情况下,都不要向任何公司透露自己的这些信息。如果对方向你索要这些信息,你就该高度警觉,不要轻易提供,以免上当。

2.2 防范试用期陷阱

由于毕业生就业市场属买方市场,因而众多单位利用与毕业生就业信息不对称的特点,设置试用期陷阱。其表现主要有以下几种情况。

(1)以实习、试用为名,白白榨取劳动力。如毕业生江某,应聘到一家 IT 公司做文员,签了 1 年的劳动合同,试用期 6 个月。在试用期间内,每月工资 200 元,低于本市最低工资。干到第 6 个月初,就被老板找借口炒了鱿鱼。

(2)以保证公司利益为名,收取各种形式的"风险抵押金"、"保证金"。如毕业生李某经职介所介绍,应聘到一家化妆品代理公司做业务主管。经过初试、复试后,公司负责人称要试用 3 个月,工作是推销公司代理的化妆品,并要交 150 元信誉保证金。接下来的日子,李某发现这些产品根本无法推销。后证实,这家公司就是采用这种"招聘"办法,变相地向求职者出售化妆品。

(3)以招聘销售人员、市场营销人员为名,先上岗工作,工资待遇看以后表现再定等,毕业生试用期满,不仅工资分文未得,连交纳的押金也以各种名义被扣留。面试合格后,这些单位往往规定试用期为 3 ~6 个月,工资低甚至不发工资,承诺转正后给予优厚待遇,但试用期满之后仍转不了正或直接被炒掉。遇到此类求职陷阱,毕业生要有防范准备。

第一,从招聘渠道上防患于未然。正确识别就业信息,从正规渠道获取有用信息。

第二,签订劳动合同时,要注意保护自己的权益。各种事项应在合同中明确约定,不要因为找工作心切而接受不平等合同。

第三,毕业生为保护自己的劳动不被白白剥削,应擦亮眼睛,多向有经验的老师及已毕业的师哥师姐请教。

第四,发生争议与纠纷后,要敢于与用人单位力争,必要的时候寻求法律途径解决。

2.3　防范传销陷阱

近年来,某些地区非法传销组织活动猖獗,并向高校渗透发展,媒体频频传出大学生误陷非法传销组织的报道。2003 年,重庆市"欧利曼"非法传销案涉及全国 13 所高校约 200 名学生;2003 年 10 月 31 日,海南海口市龙昆北派出所捣毁一传销窝点,该窝点的 13 名传销人员均为在校大学生;2004 年 5 月 29 日,江苏徐州市公安局鼓楼分局王场派出所对 8 个传销窝点进行突击检查,解救出中国医科大学、江南大学等高校的 3 名大学生……

在此提醒广大毕业生,当你遇到以下情况时,请保持高度警惕。

(1)有人主动提出为你找工作或邀请你到某地游玩。

(2)有事没事给你打电话,向你炫耀他的工作如何轻松、快乐、赚钱。

(3)向你询问大量别人的电话号码或让你给他介绍人过去工作。

(4)给你留的联系方式一般是别人手机或小灵通,但你拨打时一般又不能找到他本人。

(5)有时候与其通话中途突然有陌生人抢电话跟你聊,借口给你介绍朋友或工作。

(6)一般对方在给你打电话时都有一定的兴奋度。

(7)若你对其介绍的工作动心后,对方会要求你独身前往,并要你辞掉目前的工作。

(8)若你问及工作的具体情况,对方一般都尽量掩盖,并且告诉你公司里有他某个亲戚后台或十分关心自己的老总。

(9)一般对方拒绝跟你上网联系。

(10)工作的地点大都在珠江三角洲地带等。为避免误入传销陷阱,大学生要注意以下几点：

一是树立正确的求职心态，相信通过自己的努力和学校的帮劝，一定会找到一份工作；

二是不要过分相信他人的甜言蜜语和夸大的不实之词，要坚信天上不会掉下馅饼，只有通过诚实劳动才能致富；

三是要通过正常渠道和正当途径获取就业信息，拒绝道听途说和网络上帖子的信息；

四是误入传销陷阱后，想办法尽量摆脱，必要时向学校和警方求助。

2.4　防范中介陷阱

现在市场上从事职业介绍的中介机构很多，良莠不齐，有些"三无"中介机构和用人单位相互勾结，设下陷阱，榨取毕业生的钱财，主要表现为以下几个方面。

(1)中介机构的名头一般很大，如"中国××人才市场"、"南方××人才市场"、"长三角××人才市场"等等，实则是无资金、无固定办公场所、无营业执照的"三无"公司。

(2)发布信息手段比较简单，如小广告或在招聘现场放一张桌子、一把椅子和一堆不真实的材料，追求的是小投入大产出。

(3)要求求职人员交纳所谓的报名费、体检费等费用。

(4)规定3个月以上的试用期，且制定较为苛刻的试用条件。

(5)不出3个月，便会以各种理由辞退毕业生，有些甚至在收取费用后马上就逃之夭夭。

案例1

伍同学是长沙某大学应届毕业生，春节后接到某猎头公司的面试邀约。该猎头公司几张办公桌加几台电脑、电话的环境，让伍同学起了疑心，但急于找工作的他还是和该猎头公司签订了协议，交了服务费300元。此后，伍同学再也没有收到该猎头公司的任何音讯。

2.4.1　黑心中介种种黑招

黑招一：逐步收费，让应聘者欲罢不能。通常这些中介都要求职者先交50元的查验各种证件的费用，过两天，再要求职者交上200元或者更多的中介费用，并明确表明这些费用是不退的。为了骗取求职者信任，他们会当着求职者的面联系落实单位，其实电话那头不过是另一个骗子而已。

黑招二：结成网络，联合骗钱，各取其利。求职者按照中介提供的地点一次次找过去，会发现对方都是要求交少量的钱，然后要求职者回去等消息，结果一般都没有什么好消息。实际上，这些所谓的单位也是中介。他们和前面的中介一样，做着同样的事，骗取求职者的钱。时间长了，求职者没有耐心了，有的就会放弃，甚至自认倒霉。

黑招三：骗足钱后，人间蒸发。这些中介往往是骗两三个月后，就从人间蒸发。这样做一是因为担心找不到工作的人多了，过来闹事惹麻烦；二是周围环境熟了，不利于继续行骗。

2.4.2　防范措施

(1)打电话询问当地工商行政管理部门、人事部门和劳动管理部门，证实该中介机构是否真实。

(2)在信息未核实前,不可贸然只身前往。

(3)工作没有确定前,不要随意缴纳报名费、保证金、中介服务费用。

2.5　合同陷阱

常见的合同陷阱有以下几种。

2.5.1　口头合同

一些用人单位与求职者就责、权、利达成口头约定,并不签订书面正式文本。一些涉世未深的大学毕业生极易相信冠冕堂皇的许诺,以为对方许诺的东西就是真能得到的东西。可是,这种口头合同往往是最靠不住的。

签协议一定要慎重,必须把双方的约定以文字形式写下来,然后签字、盖章,"君子协议"、"口头协议"都是空头支票,没有任何法律效力,一旦发生纠纷,毕业生的利益无法得到保障。一般来说,毕业生最好是亲自前往单位签约;如果一定要将协议书寄去签,应该要求对方先出具书面接收函,以确保万无一失。

2.5.2　格式合同

一些用人单位按国家有关法律和劳动部门制定的合同示范文本事先印好聘用合同,表面看起来,这种合同似乎无可挑剔,可是具体条款却表述含糊,甚至可以有几种解释。一旦发生纠纷,招聘方总会振振有词地拿出这种所谓规范式的合同来为自己辩护,最后吃亏的还是应聘者。

案例2

在毕业前的一次人才招聘会上,小张将自己的简历投给了一家房地产公司。公司一位副总经理与他交谈后表示对他很满意,希望能当场签下合同。当时他满心高兴,因为对方许诺去了后有住房,而且月薪3 000元以上。他没有丝毫犹豫,就同意当场签约,生怕过了这个村就没这个店,想早早把这个好机会攥在手里。对方出具的是一份早已打印好的合同。他草草地浏览了一下合同,合同格式很规范,合同条文也都很专业,双方的权利义务似乎也规定得很清楚。他几乎是怀着一种兴奋的心情在上面签下了自己的名字。

他的职位是公司销售部销售员。进了公司他才知道,所谓的月工资3 000元以上完全是一个子虚乌有的数字。因为销售人员的工资实行的是上不封顶下不保底的规定,但与销售额直接挂钩。销售部有十几名销售员,只有一位业绩突出的销售员曾拿到过3 000多元的月工资。对方许诺的住房其实是一间破旧的仓库,不到30平方米,挤住着8个人。这一切与对方的许诺相距甚远。他愤愤不平地找到了那位公司副总要跟他理论。对方阴沉着脸说:"那是口头上说的,并没有写进合同。再说,你如果好好干,月工资肯定不会低于3 000元。至于住房嘛,不就是条件差点儿吗。"

他找出当初与对方签订的合同,在工资条款里只写着"工资待遇高",在住房条款里用词更是模糊——"由公司提供住处"。看到这里,他大呼上当,可是再往下看,却看出了一身冷汗。合同规定,聘用期为3年,应聘方如违约,需按违约时间交纳违约金,违约金为每年5 000元。也就是说,如果他要求解除合同,必须向公司交纳1.5万元违约金。

这种故意在合同里使用概念模糊的语言偷偷埋下“炸弹”的手段，侵害的是应聘者的权益。所以，求职者在签订合同时一定要对合同斟字酌句、仔细推敲，谨防合同陷阱，更要谨防对方在合同中埋“炸弹”。

2.5.3　单方合同

一些企业利用应聘者求职心切的心理，只约定应聘方有哪些义务，如遵守企业的各项规章制度，若有违反要承担怎样的责任；违约要交纳违约金等，而合同上关于应聘者的权利几乎一字不提。这是最典型的不平等合同。如果接受这样的合同，无疑是将自己送上砧板，任人宰割。

案例3

毕业生小赵是一位性格较内向的女孩子，在求职过程中曾多次碰壁。终于有一天，某单位表示同意录用她，这令她兴奋不已。不过，该单位要求先试用3个月再签约，小赵欣然同意。转眼试用期就结束了，小赵与该单位如期签订就业协议书，但该单位首先在协议书上备注了以下条款：①试用期6个月；②服务期5年，若5年内提出调动、考研等要求的，需向本单位缴纳每年2 000元的违约金；③其他未尽事宜按本单位有关规定执行。小赵当时一心只想赶紧把单位定下来，根本没有仔细推敲，想当然地认为该单位是一家国有单位，肯定会按正规程序办事，应该不会有问题的。所以，她毫不犹豫地在协议书上“毕业生本人应聘意见”一栏签上了“同意”二字。正式报到之后，小赵方知试用期要从她报到之日算起，且试用期只拿基本工资。据说这是该单位对所有新录用毕业生的统一规定，原先3个月是非正式的试用，属于实习考察性质。小赵心里虽然觉得很不合理，但碍于协议书上并未注明试用起始日期，自己又不想得罪用人单位，更不愿失去这份工作，故只能怪自己“经验不足”。工作了1年多时间，小赵觉得自己越来越不适应在该单位工作，尤其是复杂的人际关系以及该单位某些僵化的管理模式令她敢怒而不敢言。她暗暗开始准备考研。又过了大约1年时间，她自我感觉准备得差不多了，此时报考，待正式录取大约还需半年时间，那时服务期就剩两年，大不了交两年的违约金罢了。然而事情并非她所想像那么简单。当她正式提交报告，请求单位人事部门出具证明同意她报考研究生时，单位领导首先表现得很不高兴，说这事要研究研究。等研究了一段时间后，小赵被告知必须在办理了未满服务期违约手续（即缴纳1万元违约金）后方可出具同意报考的证明。小赵这时再也忍不住了，与人事部门争执了起来，认为自己已经服务了两年半，最多只需交剩下的两年半的违约金。而单位人事部门领导却振振有词：“当初签订就业协议时，不是白纸黑字写明了：5年内提出调动、考研要求，需交纳每年2 000元的违约金嘛，你自己还签了‘同意’二字呢！”小赵无言以对，想想自己的档案还“卡”在单位手上，如果一定要“撕破脸皮”，对簿公堂，时间和精力实在耗不起，况且到头来很有可能是得不偿失，为了不影响自己考研，只好哑巴吃黄连，自认倒霉算了。

小赵“吃亏”的主要原因在于当初签约时过于单纯幼稚，一厢情愿地相信用人单位，以至于对用人单位提出的要求未能及时提出异议，这就为日后的不顺埋下了隐患。如果小赵当初“精明”一点，这些“破绽”是很容易发现的。比如试用期，既然已经试用过了，怎么又来了一个试用期呢？而且既没有起始时间，也没有说明原先已试用的3个月是否包含在内。再比如服务期未满违约如何交违约金的问题，常理之下应该是差多少年就交多少年违约金，这也是小赵的理解。原协议此条款模棱两可，而小赵对此并未同用人单位讨论清楚，双方各执一词是情理之中的事情。至于第三条“其他未尽事宜按本单位有关规定执行”则更是一句简单笼统的话，不便操作。毕业生最起码应了解“有关规定”的具体内容，最好能以劳动合同的形式明确下来。如果当初发现了这些“破绽”，及时跟用人单位协商，争取修改补充后再正式签字，恐怕就不是这一结局了。

因此，毕业生在签订就业协议时，应该注意协议有关条款是否明确，是否完整，是否模棱两可、含糊不清或过于简单笼统等，对关系到自己切身利益的工资待遇、工作期限（包括试用期或见习期）、发展前途、社会保障、违约责任等方面的条款更不能含糊，应逐字逐句仔细推敲、斟酌，以免日后产生歧义。

2.5.4　生死合同

一些危险性行业的用人单位为逃避责任，常常在签订合同时，要求应聘方接受合同中的“生死协议”，即一旦发生意外事故，企业不承担任何责任。有的求职者为了得到工作，违心地签了合同，却不知这样做的结果也许会使用人单位更无视劳动者的权益。

2.5.5　两张皮合同

有些用人单位慑于劳动主管部门的监督，往往与应聘方签订两份合同。一份合同用来应付劳动部门的检查，另一份合同才是双方真正履行的合同。用来应付检查的合同常常是用人单位一手炮制的，连签名也是假冒的，应聘者不但见不到这份合同，甚至不知道有这份合同的存在。而双方真正履行的那份合同，是不能暴露在阳光下的，因为那份真合同一定是只利于用人单位的不平等合同。合同是维护自己权利的武器，失去了这个武器，不但会失去自己的尊严，同时也会失去本应该得到的利益。签合同时，一定要睁大眼睛。

以上几种就业陷阱在大学生求职中碰到得比较多。毕业生在求职过程中要想顺利地找到一份称心的工作，就必须用专业有效的方法保护自己。在职场防“陷阱”要忌“三心”。第一是贪心，看到“高薪”字眼，首先要掂量一下自己，然后再摸清对方的背景；第二就是心急，急于找工作的心理让一些人找到了借机骗财的机会，这些人以报名费、服装费、培训费、证件费等各种名义收取应聘者的费用后便人去楼空；第三是糊涂心，看待事物不够清楚透彻，而是糊里糊涂，人云亦云。眼下工作虽然难找，但并不等于“拾到篮里都是菜”。求职者要对自己的职业生涯发展脉络有个清楚的构想，如果仔细研究，还是能看清招聘中的大多数猫腻。希望毕业生树立防范意识，避免跌入“陷阱”，成为求职陷阱的受害者。

3　就业过程中权益的保护

3.1　求职过程中常见的侵权及违法行为

3.1.1　当代大学生面临的就业困境

3.1.1.1　大学生处于明显的弱势地位

从法律上说，劳动者和用人单位之间本来是平等互利的关系，但是就我国目前的实际情况来看，两者之间并没有达到平等的状态，在一般的劳动关系中，用人单位处于优势地位，就业者具有明显的从属性。

这种现状与我国就业市场存在的结构性矛盾有关。随着高等院校招生规模的不断扩大，大学毕业生人数快速增长，加之就业结构性矛盾的影响，致使人才市场中大学生处于供大于求的状况，就业形势愈发严峻，市场竞争愈加激烈，就业压力愈加沉重。从对用人单位一方的分析来看，除紧缺专业和尖端领域知识的稀缺人才外，他们对一般人才的选择有着很大的活动空间，其招聘压力要远远小于大学生的就业压力。这种供求严重失衡现状使一些不法用人单位乘机利用优势地位，针对大学生频频设置就业陷阱，进一步加重了大学毕业生在就业中的弱势地位，侵犯大学生合法权益的情况时有发生。所以，加强对大学生就业指导与服务，进一步明确大学毕业生在就业中的合法权益，使其掌握相关法律知识，依法维护自身权益，是高等职业院校就业指导部门一项紧迫的任务。

3.1.1.2　存在的各种就业歧视

就业歧视是指"基于种族、肤色、性别、宗教、政治见解、民族血统或社会出身等原因，具有取消或损害就业或职业机会均等或待遇平等作用的任何区别、排斥或优惠"。

由于经济、政治、法律、历史以及文化等各种因素的影响，形式多样的就业歧视已成为一种具有普遍性的社会现象，严重损害了求职者的权利和尊严，破坏了社会公平，阻碍了劳动力的合理流动和劳动力市场的优化配置，成为就业难的一个重要因素。市场中存在的对求职者的歧视表现为以下几种。

(1)户籍歧视。户籍歧视是我国大城市存在的最为突出的就业歧视。有些用人单位把外地人看成"另类"，以非本地人口不像本地人那样具有相应的社会关系，不熟悉当地方言和习惯，不利于公司财务安全为由，排斥和歧视外地人，使他们在就业中遭受着不平等的待遇，有才能的人无法进入更能发挥自己才能的行业。

(2)年龄歧视。目前在剧烈市场竞争中，就业者年龄成为不少单位招聘人才的"硬指标"，大龄求职者在就业市场上变得不那么受欢迎，虽然这个限制在大学生就业过程中表现的作用不是很明显，但对通过自考等途径获得国家认可学历的社会人员的就业造成了一定的困难。

(3)性别歧视。在现实中就业的性别歧视仍然比较严重，许多用人单位明确声明"女的免谈"。其借口是，女的得怀孕休产假，会对企业造成一定的经济负担。此外，生了孩子后女性肯定会将精力转移到照顾孩子以及家庭上，影响企业效益。有的即使聘用了，女性还要受"单身条款"、"禁孕条款"、"禁假条款"、"同工不同酬"等歧视性条件的限制。

(4)学历(文凭)歧视。在人才市场大学生供过于求的形势下，不少用人单位对应聘者的学历"挑三拣四"，非原始学历不可，非名牌学校不要，非本科生或研究生不要，还有的单位公开拒绝自学考试和其他国家认可的学历。这种高标准的学历门槛使一些能力强、学历低的真正人才无法才尽其用，造成了人才的严重浪费。

(5)专业(经验)歧视。许多用人单位在招聘时对应聘者所学专业很是挑剔，特别标明非某专业人才不用，造成不少人才求职无门。这种过分强调专业的做法难以避开歧视的嫌疑，也不符合现代社会对综合性人才的需要。另外，一些招聘单位经常招聘具有一定工作经验的员工，其借口是他们可以快速上手，创造更多的经济效益，而且单位还节省了培训成本，这使得应届大学生就业以及人才流动遭遇尴尬。

（6）人身歧视。近年来身高、容貌、视力、体型和体检标准等身体条件越来越频繁地成为用人单位的参考因素，甚至一些公司招聘员工好似选美比赛，对于面貌上有明显缺陷的应聘者，基本上会在筛选简历时就会将其淘汰，完全不看是否有真才实学，使“不拘一格降人才”成为一句空话。

3.1.2　就业当中常见侵权行为

（1）规避劳动合同。我国《劳动法》规定：建立劳动关系应当订立劳动合同，劳动合同应当以书面形式订立。但是不少用人单位为了降低用工成本、规避对劳动者的义务，往往拒绝签订劳动合同，甚至不承认与劳动者的事实劳动关系。在这种情况下，双方一旦发生争议，劳动者的合法权益就容易受到侵害。

（2）合同条款格式化。由于就业者与用人单位间地位的不平等性，在劳动合同订立时，许多大型的用人单位为免除自身责任，往往会利用其优势地位，使用预先拟定好、有利于自己而不利于就业者的格式劳动合同书，大学生求职者只能选择签或不签。对于用人单位提供的格式条款的劳动合同，大学生一定要仔细阅读条款的内容，对于不认同的条款积极进行协商，对于不清晰的条款也进一步明确化，否则一旦签订这样的合同，以后发生纠纷、自身合法权益受到侵害时就很难得到维护。

（3）滥用试用期。试用期是指用人单位和劳动者双方相互了解、确定对方是否符合自己的招聘条件或求职条件而约定的考察期。根据我国劳动法的规定，劳动合同对试用期的规定最长不得超过 6 个月。试用期可以避免用人单位遭受不必要的损失，也可以维护新招收职工的利益。在用工过程中，滥用试用期侵犯劳动者权益的现象比较普遍，用人单位以实习期、见习期为由规避试用期规定，利用试用期随意解除劳动合同，有的用人单位往往不止一次与劳动者约定试用期，甚至是恶意拉长试用期榨取劳动力。这加重了劳动关系的不平等性，增加了劳动者的职业不确定性和经济负担。

（4）合同短期化。所谓劳动合同短期化是指用人单位只与劳动者签订短期劳动合同，通常是一年一签，有的甚至是一年四签。这严重影响了劳动者的权益，极大地影响了他们的职业稳定性、安全感和社会归属感，在就业以后仍然承受着巨大的心理压力和精神负担，合同到期被解聘后面临年龄偏大、经验局限等就业障碍。这对社会也是一个不和谐因素。

（5）招聘信息虚假化。一些用人单位在招聘信息中写出优厚的待遇、高额的薪水和广阔的发展前景来吸引高技术人才，这其实是公司常用的一种装点公司门面、美化公司形象、提升公司层次的虚假对外宣传手段。如果求职者受此诱惑立刻签订合同，就有可能陷入求职陷阱而难以自拔。

（6）传销陷阱。近年来，传销现象在国内各地有愈演愈烈的趋势，而且矛头也开始指向大学毕业生。一些不法分子打着“就业服务”的幌子，以“加盟连锁”、“动力营销”等名义，以“介绍工作拿高薪”为诱饵大肆招摇撞骗，使不少大学毕业生认为非法的传销是一条快速致富的门路，在不知情的情况下参与其中。

（7）考核形式化。有些用人单位的空缺职位其实早就已经有了内定人选，他们之所以还要到市场上招人，然后对求职者进行考核，是为了遮人耳目，体现公司在用人上的公平性。这样的考核只会成为表演，不仅浪费了求职者的时间和精力，而且还使求职者失去了应聘其他职位的机会。

3.2　掌握权益保护的方法与途径

在毕业生就业过程中还存在信息独用、不公平录用等侵犯毕业生权利的情况。在对毕业生进行就业指导过程中亦经常有毕业生担心自己在就业中的合法权益能否得到维护,担忧自己因权益受到侵害而在就业竞争中处于不利地位,以下就毕业生权益及其保护作些介绍。

3.2.1　毕业生就业权益

毕业生作为毕业生就业的一个重要主体,在就业过程中享有多方面的权益,根据目前就业规范的有关规定,毕业生主要享有以下几方面的权益。

3.2.1.1　获取信息权

就业信息是毕业生择业成功的前提和关键,只有在充分占有信息的基础上,才能结合自身情况选择适合自身发展的用人单位。毕业生获取信息权,应包括以下三方面的含义:

(1)信息公开。即所有用人信息向全体毕业生公开。例如,上海市已建立高校毕业生需求信息登记制度,凡需录用高校毕业生的用人单位,须到上海市高校毕业生就业指导中心和有关高校办理信息登记,由市高校毕业生就业指导中心通过高校向毕业生发布用人需求信息,任何单位和个人不得隐瞒、截留需求信息。

(2)信息及时。也就是毕业生获取的信息必须及时、有效,而不能将过时无利用价值的信息传递给毕业生。

(3)信息全面。毕业生有权获得准确、全面的就业信息,以便对用人单位有全面的了解,从而作出符合自身要求的选择,而不是盲目的。

3.2.1.2　接受就业指导权

学生有权从学校接受就业指导,学校应成立专门机构,安排专门人员对毕业生进行就业指导,包括向毕业生宣传国家关于毕业生就业的有关方针、政策;对毕业生进行择业技巧的指导;引导毕业生根据国家、社会需要,结合个人实际情况进行择业,使毕业生通过接受就业指导,准确定位,合理择业。

当然,随着毕业生就业真正市场化,毕业生也将由从学校接受就业指导而转为主动到市场接受就业指导,这种市场指导可以是有偿的。

3.2.1.3　被推荐权

高等学校在就业工作中的一个重要职责就是向用人单位推荐毕业生。历年工作经验证明,学校的推荐往往在较大程度上影响到用人单位对毕业生的取舍。毕业生享有的被推荐权包含以下几方面内容。

(1)如实推荐。即高校在对毕业生进行推荐时,应实事求是,根据毕业生本人的实际情况向用人单位进行介绍、推荐,不能故意贬低或随意捧高对毕业生在校表现的评价。

(2)公正推荐。学校对毕业生进行推荐应做到公平、公正,应给每一位毕业生以就业推荐的机会,不能厚此薄彼。公正推荐是学校的基本责任,也是毕业生享有的最基本的权益。

(3)择优推荐。学校根据毕业生的在校表现,在公正、公开的基础上,还应择优推荐,用人单位在录用毕业生时也应坚持择优标准。真正体现优生优分、学以致用、人尽其才，这样才能调动广大毕业生和在校生学习的积极性。毕业生在就业过程中只能凭自身综合素质的提高来取胜。

3.2.1.4 选择权

根据国家有关规定，实行招生并轨改革的高校毕业生。在国家就业方针、政策指导下自主择业。毕业生只要符合国家的就业方针、政策，可以自主地选择用人单位，学校、其他单位和个人均不得干涉。任何将个人意志强加给毕业生、强令毕业生到某单位的行为是侵犯毕业生选择权。毕业生可结合自身情况自主与用人单位协商，要求学校予以推荐，直至签订就业协议。

3.2.1.5 公平待遇权

用人单位录用毕业生的过程中，也应公平、公正，一视同仁。但在当前，毕业生的公平受录用权受到很大的冲击，也最为毕业生所担忧。由于各项配套措施滞后，完全开放公平的就业市场尚未真正形成，用人单位录用毕业生还不同程度地存在不公平、不公正的现象，如女生就业难仍然是困扰女性毕业生就业的一大问题。公平受录用权是毕业生最为迫切需要得到维护的权益。

3.2.1.6 违约及求偿权

毕业生、用人单位、学校三方签订协议后，任何一方不得擅自毁约。如用人单位无故要求解约，毕业生有权要求对方严格履行就业协议，否则用人单位应对毕业生承担违约责任，支付违约金，毕业生有权利要求用人单位进行补偿。

3.2.2 毕业生权益保护

毕业生享有上述权益，但在就业过程中往往会出现一些侵害毕业生权益的行为，毕业生可通过以下途径对自身权益实施保护。

3.2.2.1 毕业生就业主管部门的保护

毕业生就业主管部门可通过制定相应的规范来确定毕业生的权益，并对侵犯毕业生权益的行为以抵制或处理。例如，《上海市高校毕业生就业信息登记制度具体实施办法》规定：对不履行就业信息公开登记手续，侵犯毕业生获取信息权的，市高校毕业生就业办公室不予审批非上海生源高校毕业生进沪就业；不予审批就业计划和打印就业派遣报到证；同时对这种情况给予通报批评，严重者将取消其录用毕业生的资格。

3.2.2.2 学校的保护

学校对毕业生权益的保护最为直接。学校可通过制定各项措施来规范毕业生就业指导和就业推荐，对于用人单位在录用毕业生过程中的不公平、不公正行为，学校有权予以抵制以维护毕业生公平受录用权。对于用人单位与毕业生签订不符合有关规定的就业协议，学校有权不予同意，未经学校同意的就业协议不发生法律效力，不能作为编制就业计划的依据。

3.2.2.3 毕业生自我保护

毕业生权益保护的一个重要方面就是毕业生自我保护，毕业生自我保护体现在三个方面：

（1）毕业生应了解目前国家关于毕业生就业的有关方针、政策和规范以及它们之间的关系，熟悉毕业生在就业过程中的权利和义务，这是毕业生权益自我保护的前提。如果在就业过程中因为所谓的公司规定或部门规定与国家政策法规有抵触，侵犯了自己的权益，则可以依据法规办事，维护自己的合法权益。

(2)毕业生应自觉遵循有关就业规范，接受其制约，保证自己的就业行为不违反就业规范，不侵犯其他毕业生的合法权益。毕业生如有下列情形之一，由学校报地方主管毕业生调配部门批准，不再负责其就业。在其向学校缴纳全部培养费和奖助学金后，由学校将其户粮关系和档案转至家庭所在地，按社会待业人员处理：①不顾国家需要，坚持个人无理要求，经多方教育仍拒不改正；②自派遣之日起，无正当理由超过3个月不去就业单位报到的；③报到后拒不服从安排或无理要求被用人单位退回的；④其他违反毕业生就业规定的。

在用人单位接收毕业生的过程中，毕业生也应对自身权益进行自我保护。如：按照国家规定毕业生在报到后应享受正常的福利待遇如养老金、公积金等；对某些工作岗位的特殊体质要求，用人单位应在与毕业生双向选择时就明确，否则不得以单位体检不合格为由（如仅仅是肝功能表面抗原阳性等）将学生退回学校；另外，正常的人才流动也应根据国家和当地的有关人才流动规定，不应受到限制；报到后毕业生发生疾病不能坚持正常工作的，则按单位在职人员有关规定处理，不能退回学校，毕业生应对自己的权利有正确认识。

(3)毕业生应学会运用法律手段维护自身的合法权益。针对侵犯自身就业权益的行为，毕业生有权向用人单位上级主管部门和学校进行申诉并听取他们的处理意见，同时也可提交给当地的劳动争议仲裁机构进行调解和仲裁，也可以直接向人民法院提起诉讼。

3.2.3 大学生就业维权重在预防

虽然求职者在权益受侵犯后可以通过协商、调节、申请劳动仲裁等方式保护自己，可是事后的补救都会有其弊端，保护好大学生就业权益重在预防。这不仅需要政府、社会、学校和用人单位的共同努力，更主要的还是大学生自身要强化自我就业维权能力。

3.2.3.1 为在事先，防患于未然

大学生在学好本专业的同时，还应利用课余时间多接受学校提供的就业指导与服务方面的知识，多了解有关自身就业权益的相关法律法规知识，如关于劳动合同的内容条款，尤其是2008年1月1日开始施行的《劳动合同法》、《就业促进法》和《就业服务与就业管理规定》。懂得越多越有利于自我保护，在一定程度上避免合法权益受到侵犯。

增强对虚假信息的辨别能力。由于招聘渠道的多样性和招聘信息的复杂性，难免会出现真假信息混杂的情况，这就需要大学毕业生增强甄别真假的能力。一般来说，学校提供的就业信息更可靠一些，但也不能省去对信息进行必要的分析。相比较而言，网上招聘信息的虚假成分会较大一些，大学生在选择时要睁大眼睛，尤其不要轻易相信那些非常具有诱惑力的招聘职位介绍。

在前往用人单位面试前，应对单位的合法性、社会信誉度、工作权益能否得到保障等具体情况进行全方位的了解。了解的方法包括实地考察、咨询负责招聘的人员、询问自己认识的公司工作人员，或从网上了解社会对此公司的评价信息等。

端正就业态度。求职者应认识到自己与用人单位之间是地位平等的主体，应聘时不应低三下四，不应对用人单位的侮辱行为忍气吞声，更不应任人摆布，而应该保持自信、积

极主动的形象参加应聘。

权益受到侵犯时要主动自我救济,自救的途径包括:

(1)依法举报。大学生不能对用人单位存在的违法违纪行为视而不见,抱有“多一事不如少一事”的心态,也不能害怕受到打击报复而不敢予以举报,也不能当自身权益受到侵害时不敢要求得到经济赔偿。

(2)依靠组织力量,寻求校方支持。学校具有帮助毕业生充分有效就业的责任,当大学生就业权益受到侵害时,学校以组织的形式积极与用人单位进行沟通协调,可以在一定程度上克服毕业生的弱势地位,又可直接对供需见面和就业选择中的不公平、不公正的行为进行抵制。

(3)借助媒体舆论。新闻媒体对社会组织有着很强的舆论监督作用,对组织的违法乱纪行为有着很强的震慑力,使它们不敢轻易胡作非为。

(4)采用司法途径。发生劳动争议,先与用人单位协商,或找用人单位的劳动争议调解委员会进行调解,无法与单位协商解决的,可以向单位所在地劳动争议仲裁委员会申请仲裁。需要注意的是,申请仲裁的时效是从纠纷发生之日起60天内提出,如果错过了时效,仲裁将不被受理。对仲裁裁决不服的,除本法另有规定的外,可以向单位所在地人民法院提起诉讼。没有申请仲裁的争议,人民法院是不受理的。

总之,大学毕业生在就业过程中自身合法权益受到侵犯时,要积极主动采取各种方法进行自我救济。

3.2.3.2　处理好订立合同时的法律权益保障问题

毕业生在与用人单位订立劳动合同时要注意确认以下几方面的内容:

(1)用人单位必须具备合法的资格。用人单位必须是依法成立的企业、个体经济组织和国家机关、社会团体、事业组织。只有与这些单位订立的用人合同才受到劳动法的保护。

(2)合同内容必须合法。劳动合同的各项条款都不得违反国家法律、法规的有关规定,不得损害国家、社会、集体和他人的合法权益,否则为无效合同,没有法律约束力。

(3)防止签订两张皮的合同。这种合同是指用人单位一张合同是应付劳动部门检查的,还有一张合同才是与就业者正式签订的合同。这样的合同往往只会提到用人一方的权利或只提到劳动者的义务,容易侵犯就业者的权益,不利于就业者维权。

(4)合同中必须具有的内容。对劳动合同的条款了解得越多越好。了解得越多,签订劳动合同时出现片面性的可能就越小。根据《劳动合同法》规定,劳动合同必须具备以下条款:

①用人单位的名称、住所和法定代表人或者主要负责人;

②劳动者的姓名、住址和居民身份证或者其他有效身份证件号码;

③劳动合同期限;

④工作内容和工作地点;

⑤工作时间和休息休假;

⑥劳动报酬;

⑦社会保险;

⑧劳动纪律；

⑨劳动保护、劳动条件和职业危害防护；

⑩劳动合同终止的条件；

⑪法律、法规规定应当纳入劳动合同的其他事项。

劳动合同除以上规定的必备条款外，用人单位与劳动者可以约定试用期、培训费用的承担；补充保险和福利待遇；合同的变更和解除；知识产权的归属；商业秘密的保护等其他事项。

(5)不要签订口头的劳动合同。我国劳动部门规定，在订立劳动合同时，不但要求必须以书面形式，而且要求劳动合同订立以后，企业应当向当地劳动行政主管部门备案。而口头形式的合同在发生纠纷时难以取证，不利于保护自己的合法权益。只有处理好以上订立合同时的法律权益保障问题，才能在就业前和工作中更好地进行就业权益的维护工作。

3.3 就业权益保护相关法律规定

3.3.1 按照法律规定由录用单位予以实现的权利

按照有关法律规定，用人单位必须履行以下义务，以切实保障毕业生劳动就业的权利：

(1)履行协议，并接收毕业生的义务。就业协议是明确毕业生、用人单位和学校毕业生就业工作中权利和义务的书面表现形式，是编制毕业生就业计划和对将来可能发生的违约情况进行是非判断的依据。用人单位必须依照签订的协议接收毕业生，并妥善安排毕业生的工作。

(2)按照我国《劳动合同法》的规定，提供毕业生各种劳动保障义务。《劳动合同法》规定劳动者享有以下基本权利：

劳动权。《劳动合同法》规定，国家通过各种途径，创造劳动就业条件，加强劳动保护，改善劳动条件；劳动者享有平等就业和选择职业的权利。

劳动保护权和劳动保障权。《劳动合同法》规定，用人单位必须建立、健全劳动安全卫生制度，严格执行国家安全卫生规程和标准，防止劳动过程中的事故。

劳动报酬权。其内容包括：用人单位支付给劳动者的工资不得低于当地最低工资；用人单位不得克扣或者无故拖欠工资；劳动者在法定节假日和婚丧假期间，用人单位应当依法支付工资。

社会保险、福利权。《劳动合同法》规定：国家发展社会福利事业，兴建公共福利设施，为劳动者休息、修养和疗养提供条件。

职业培训权。《劳动合同法》规定：用人单位应当建立职业培训制度，按照国家规定和使用职业培训费用，根据本单位实际，有计划地对劳动者进行职业培训。

3.3.2 就业协议书与劳动合同的区别

就业协议书和劳动合同是用人单位录用毕业生时所签订的书面协议，但两者又是有区别的。具体表现如下：

(1)协议是毕业生在校时，与用人单位、学校协商签订的，学校是协议的鉴证方。劳动合同是毕业生与用人单位明确劳动关系中权利和义务的协议，学校不是劳动合同的主体,也不是劳动合同的鉴证方。

(2)一般来说,就业协议签订在前,劳动合同订立在后。就业协议的效力开始于签订之日,而劳动合同一般是毕业生到用人单位报到后才签订并生效的。

(3)毕业生就业协议的内容主要是毕业生如实介绍自身情况,并表示愿意到用人单位就业,用人单位表示愿意接收毕业生,学校同意推荐毕业生并列入就业计划进行派遣。劳动合同的内容包括工作内容、劳动保护、劳动报酬、劳动纪律、合同终止的条件等,其内容更为具体,劳动权利和义务更为明确。

3.3.3　签订就业协议应注意的问题

(1)查明用人单位的主体资格。签订就业协议的用人单位必须具有从事各项经营或管理活动的能力,有录用毕业生的自主权,对于那些鱼目混珠、没有招聘毕业生资格的企业,毕业生要具备一定的鉴别力和判断力。

(2)明确有关条款的内容。就业协议一般由主管部门事先拟定,如当事人双方确有必要对有关条款进行变更或增加,变更或增加的内容须明确,不要产生歧义,如果没有附加条款,应当将协议书中的空白部分划去,注明以下空白;否则发生争议后,不利于大学生自身合法权益的保护。

(3)就业协议的解除条件约定。就业协议一经订立,就对用人单位和毕业生双方产生法律上的约束力,任何一方不得随意解除,否则应承担违约责任。毕业生考虑到以后的职业道路,如考研、出国等,为防止自己违约的产生,避免承担违约责任,可与用人单位在就业协议中就解除条件作出明确的约定。

(4)签订就业协议的规定程序。一般而言,毕业生与用人单位签约后,向学校申领就业协议书,学院、学校在就业协议书上签意见,毕业生与用人单位签订协议后,再将协议书送交学校,最后学校统一到省大中专毕业生就业中心签证把关,以更好地维护学生的合法权益。

(5)就业协议内容与劳动合同的一致性。毕业生在就业的过程中应将劳动合同中与用人单位达成一致的主要条款,如劳动报酬、劳动保障、工作内容等提前写进就业协议中,以避免在日后订立劳动合同时产生纠纷。

总之,大学毕业生在参加工作前,要签好就业协议,尽量使方方面面都清楚无误,为日后的维权工作铺平道路。

3.3.4　大学生就业违约与违约责任

3.3.4.1　造成大学生就业违约的几种状况

(1)草率签约。由于就业市场的激烈竞争,许多大学生为了不放过任何一个机遇,当有用人单位对其表示录用时,非常兴奋,便匆忙与有关用人单位签订了协议。但是,实际工作后,才发现自己并不适合这项工作,或产生纠纷后,才发现双方的权利和义务不明确,无奈之下只好选择违约。

(2)先后与多家单位签约。有的大学毕业生为了增加就业概率,掌握更多的选择权,会与多家用人单位签约,最后在其中选择一家待遇最好、最适合自己的单位,从而对其余的用人单位产生违约行为。

(3)过早签约。在就业过程中,有的大学生觉得某项工作自己还能接受,就与用人单位签订了就业协议,但是他们并不会就此满足,感觉后面还会有好的就业机会,于是仍然关注了解人才市场的需求信息,一旦发现更称心的单位,就会产生违约行为。

(4)用人单位欺诈。有的用人单位为吸引优秀的大学毕业生,往往会作出诱人的口头承诺,但是不会以书面形式写进就业协议中,大学生签约、正式工作后才知道这些口头承诺只是美丽的泡影,虽感到气愤不已,但又拿不出证据要求单位兑现承诺,一气之下就会选择违约。

(5)其他原因。如果就业者未对用人单位在就业协议中就解除条件作出明确的约定,当自己遇到特殊情况时就会致使所签协议不能履行,构成违约。

3.3.4.2　常见的违约责任承担方式

(1)强制履行。一方违约、不履行合同时,守约方可请求法院强制违约方继续履行合同规定的责任,而不允许其以金钱或其他方法代替履行,但有下列情形之一的除外:法律上或者事实上不能履行;债务的标的不适于强制履行或者履行费用过高;债权人在合理期限内未要求履行。

(2)支付违约金。支付违约金是指当事人可以在合同中约定违约金,不履行或者不完全履行合同义务的违约方按照合同约定,支付给非违约方一定数量的金钱。未约定则不产生违约金责任,且违约金的约定不应过高或者过低。

(3)采取补救措施。指违约方为了减少因质量不符合合同约定的要求带来的损失,而采取必要的措施为恢复合同的履行而完成必要的工作。另外,受损害方在要求违约方采取合理的补救措施后,若仍有其他损失,还有权要求违约方赔偿损失。

(4)赔偿损失。赔偿损失是一种较普遍的违约补救方式,它是指违约人补偿、赔偿守约人因违约行为所造成的损失的责任承担方式。赔偿损失也不是无限的,《合同法》第一百一十三条规定:当事人一方不履行合同义务或者履行合同义务不符合约定的,给对方造成的损失,损失损害赔偿额应当相当于违约所造成的损失,包括履行合同后可以获得的利益,但不得超过违反合同一方在订立合同时预见到或可能预见到的因违反合同而给对方造成的损失。

3.4　劳动与社会保障制度

3.4.1　劳动合同的有关知识

3.4.1.1　国家保障劳动者通过劳动获得劳动报酬的合法权益

我国的有关法律规定:

(1)劳动者享有平等就业和选择职业的权利、取得劳动报酬的权利、休息休假的权利、获得劳动安全卫生保护的权利、接受职业技能培训的权利、享受社会保险和福利的权利、提请劳动争议处理的权利以及法律规定的其他劳动权利。劳动者应当完成劳动任务,提高职业技能,执行劳动安全卫生规程,遵守劳动纪律和职业道德。

(2)用人单位应当依法建立和完善规章制度,保障劳动者享有劳动权利和履行劳动义务。

(3)国家采取各种措施,促进劳动就业,发展职业教育,制定劳动标准,调节社会收入,完善社会保险,协调劳动关系,逐步提高劳动者的生活水平。

(4)劳动者有权依法参加和组织工会。工会代表和维护劳动者的合法权益,依法独立自主地开展活动。

(5)劳动者依照法律规定,通过职工大会、职工代表大会或者其他形式,参与民主管理或者就保护劳动者合法权益与用人单位进行平等协商。

3.4.1.2　劳动合同的定义

劳动合同是劳动者与用人单位确立劳动关系、明确双方权利和义务的协议。建立劳动关系应当订立劳动合同。

3.4.1.3　劳动合同的基本内容

(1)劳动合同的订立和变更:建立劳动关系,应当订立书面劳动合同。订立劳动合同,应当遵循合法、公平、平等自愿、协商一致、诚实信用的原则。劳动合同由用人单位与劳动者协商一致,并经用人单位与劳动者在劳动合同文本上签字或者盖章生效。依法订立的劳动合同具有约束力,用人单位与劳动者应当履行劳动合同约定的义务。已建立劳动关系,未同时订立书面劳动合同的,应当自用工之日起一个月内订立书面劳动合同。用人单位与劳动者在用工前订立劳动合同的,劳动关系自用工之日起建立。

(2)属于下列情形的劳动合同,属于无效或者部分无效的劳动合同:①以欺诈、胁迫的手段或者乘人之危,使对方在违背真实意思的情况下订立或者变更劳动合同的;②用人单位免除自己的法定责任、排除劳动者权利的;③违反法律、行政法规强制性规定的。劳动合同部分无效,不影响其他部分效力的,其他部分仍然有效。劳动合同被确认无效,劳动者已付出劳动的,用人单位应当向劳动者支付劳动报酬。对劳动合同的无效或者部分无效有争议的,由劳动争议仲裁机构或者人民法院确认。

于2008年1月1日施行的《劳动合同法》规定,劳动合同应当以书面形式订立,并具备以下条款:用人单位的名称、住所和法定代表人或者主要负责人;劳动者的姓名、住址和居民身份证或者其他有效身份证件号码;劳动合同期限;工作内容和工作地点;工作时间和休息休假;劳动报酬;社会保险;劳动保护、劳动条件和职业危害防护;法律、法规规定应当纳入劳动合同的其他事项。劳动合同除前款规定的必备条款外,用人单位与劳动者可以约定试用期、培训、保守秘密、补充保险和福利待遇等其他事项。

(3)劳动合同的期限和终止。劳动合同分为固定期限劳动合同、无固定期限劳动合同和以完成一定工作任务为期限的劳动合同。劳动者在同一用人单位连续工作满10年以上,当事人双方同意续延劳动合同的,如果劳动者提出订立无固定期限的劳动合同,应当订立无固定期限的劳动合同。劳动合同期限三个月以上不满一年的,试用期不得超过一个月;劳动合同期限一年以上不满三年的,试用期不得超过两个月;三年以上固定期限和无固定期限的劳动合同,试用期不得超过六个月。同一用人单位与同一劳动者只能约定一次试用期。以完成一定工作任务为期限的劳动合同或者劳动合同期限不满三个月的,不得约定试用期。试用期包含在劳动合同期限内。劳动合同仅约定试用期的,试用期不成立,该期限为劳动合同期限。

有下列情形之一的,劳动合同终止:①劳动合同期满的;②劳动者开始依法享受基本养老保险待遇的;③劳动者死亡,或者被人民法院宣告死亡或者宣告失踪的;④用人单位被依法宣告破产的;⑤用人单位被吊销营业执照、责令关闭、撤销或者用人单位决定提前解散的;⑥法律、行政法规规定的其他情形。

(4)劳动合同的法律责任。用人单位直接涉及劳动者切身利益的规章制度违反法律、法规规定的,由劳动行政部门责令改正,给予警告;给劳动者造成损害的,应当承担赔偿责任。劳动者违反法律、法规规定解除劳动合同,或者违反劳动合同中约定的保密义务或者竞业限制,给用人单位造成损失的,应当承担赔偿责任。

3.4.2 劳动争议的有关知识

(1)劳动争议的定义。制定《中华人民共和国企业劳动争议处理条例》的目的是为了妥善处理企业劳动争议,保障企业和职工的合法权益。劳动者可以运用该条例维护自己的权益。条例适用于中华人民共和国境内的企业与职工之间的下列劳动争议:因企业开除、除名、辞退职工和职工辞职、自动离职发生的争议;因执行国家有关工资、保险、福利、培训、劳动保护的规定发生的争议;因履行劳动合同发生的争议;法律、法规规定应当依照本条例处理的其他劳动争议。

(2)劳动争议的解决途径。劳动者与用人单位之间发生劳动争议后,当事人应当协商解决;不愿协商或者协商不成。可以向本企业劳动争议调解委员会申请调解;调解不成的,可以向劳动争议仲裁委员会申请仲裁。当事人也可以直接向劳动争议仲裁委员会申请仲裁,对仲裁裁决结果不服的,可以向人民法院起诉。

3.4.3 社会保险的有关知识

(1)社会保险的概念。国家发展社会保险事业,建立社会保险制度,设立社会保险基金,使劳动者在年老、患病、工伤、失业、生育等情况下获得帮助和补偿。社会保险水平应当与社会经济发展水平和社会承受能力相适应。社会保险基金按照保险类型确定资金来源,逐步实行社会统筹。用人单位和劳动者必须依法参加社会保险,缴纳社会保险费。劳动者在下列情形下,依法享受社会保险待遇:退休;患病、负伤;因工伤残或者患职业病;失业;生育。

劳动者死亡后,其遗属依法享受遗属津贴。劳动者享受社会保险待遇的条件和标准由法律、法规规定。劳动者享受的社会保险金必须按时足额支付。

社会保险基金经办机构依照法律规定收支、管理和运营社会保险基金,并负有使社会保险基金保值增值的责任。社会保险基金监督机构依照法律规定,对社会保险基金的收支、管理和运营实施监督。社会保险基金经办机构和社会保险基金监督机构的设立和职能由法律规定。任何组织和个人不得挪用社会保险基金。

国家鼓励用人单位根据本单位实际情况为劳动者建立补充保险。国家提倡劳动者个人进行储蓄性保险。

(2)社会保险的种类和缴纳方法。社会保险是由国家通过立法、多渠道筹集资金,对劳动者在因年老、失业、生病、工伤、生育而减少劳动收入时给予的经济补偿,使劳动者能够享有基本生活保障的一项社会保障制度,主要包括养老保险、失业保险、医疗保险、工伤保障和生育保险等项目,具有强制性。按照国家规定,“三险一金”由用人单位和个人共同支付,定期上缴,存入以个人身份开设的保险账户或公积金账户,由相关社会职能部门统一管理。

第四章 适应从学生到职业人的转换

1 尽快实现角色转换

高职毕业生从学生角色到职业角色的转换,必然伴随着角色冲突、角色学习和角色协调等一系列过程。因此,高职学生在开始自己的职业生涯之前,应该学习一些相关的知识,对自我,尤其是对社会,对即将从事的职业进行深入细致的了解和调查分析,找出自身的不足,提高心理承受力,加强角色认知,做好上岗前的各项准备,顺利地实现角色转换。

1.1 珍惜就业机会,适应身份改变

1.1.1 现在大多数企业为什么"不想要"应届毕业生

据专家分析,从目前到2020年期间,大学生就业仍面临最严峻的考验,大学生就业市场寒流暗涌,就业形式不容乐观。而近年来,在各类人才招聘会上,以及各网站上挂着的招聘信息里,近80%的职位要求有经验者,求职者中却有60%是应届大学毕业生;有的用人单位旗帜鲜明地打出"应届毕业生免谈!"这是为什么?应届大学毕业生多数不理解。"不识庐山真面目,只缘身在此山中。"《我为什么不要应届毕业生》一书,通过11位老板、CEO、人事干部口述实录,点评了大量大学生就业失败的个案,揭示了用人单位"我为什么不要应届毕业生"这一社会热点现象的原因,提供的是一个内省的视角和一个全景的瞭望塔。大学生从中看到自己在他人心目中的就业印象,无论是出于客观还是主观都有充足的理由。如何改变大学生就业困境,必须从完善大学生自身就业形象做起。尤其在大学生就业市场中,用人单位仍是买方市场,大学生属于卖方弱势的形势下,从大学生到职业人的角色转换过程中还要花大力气。

大学生就业之所以成为热点是因为存在社会矛盾,矛盾的焦点就是理想与现实、理论与实践的冲突。如果每个大学生都清楚地知道自己具备哪些能力,未来从事的工作岗位需要什么样的素质,并有意识地进行自我培养,就能真正提升自己的能力与素质,自觉地进行从大学生到职业人的迅速转换。不同的心态决定就业准备的得失,同时决定就业实践的成败。

大学生都经历了十多年寒窗,智力上并不缺乏;而走向社会后对一些现实问题需要用身心去理解。关键性的问题是大学生该以什么样的心态过渡成为职业人?有一些大学生没有解决好这个问题,给自己乃至给别人的未来发展设置了障碍。对于应届大学毕业生,用人单位心存畏忌,不愿意冒险去"趟它"。

不少学生自以为在大学时期接受了精英教育,大学毕业生"理所应当"有一份好工作相配,刚刚走上社会的大学生一般成功欲望很强,其中就会有一些不切实际的期望。不肯

改变自己的就业趋向,不肯降低自己的身价,这是大学生就业的最大障碍。

现实情况则是应届大学毕业生没有经历社会生活的磨炼,就业心态浮躁,往往陷入相互攀比,一味强调单位应给予他什么,而很少考虑自己能为单位创造什么,对物质和生活待遇的要求超出企业愿意支付的标准。他们动手能力差,眼高手低,大事做不了,小事不愿做。在人才市场上来来往往的洪流中,有一些大学生抱着"骑驴找马"的心态,随时准备跳槽,让众多的用人单位"很受伤"。

据统计,大学生在新单位呆满一年的不超过20%。现在企业最大的不满是应届大学生的"成活率"太低。单位把学生从学院招进来,从没有任何工作经验到教会他各种工作技能,花费了一定的人力和物力,可大学生却把单位当做了实习基地和跳板,说走就走了。用人单位抱怨说:"好人才越来越难找,很多大学生连基本的就职能力、职业素养都缺乏,花钱与时间来培训他们,成本太高,得不偿失,这让我们难以接受。"

受新经济时代知识更新速度不断加快的影响,书本理论知识往往与现实工作需要技能严重脱节;而大部分应届大学毕业生文凭高,对知识的自负也高,在现实面前无法调整心态、虚心学习、从头再来,结果不辞而别,一走了之,给用人单位留下了很坏的印象,从而为下一届毕业生的就业留下很大的隐患。

综上所述,现在大多数企业"不想要"应届毕业生的原因主要表现在一些毕业生仍然有不切实际的期望,如在薪水、地域、个人发展机会、职位要求、行业要求、假期要求和要求专业对口等方面期望过高且不肯改变自己的要求与想法;就业心态浮澡、喜欢相互攀比,动手能力差,眼高手低,不少小事不愿做,频繁跳槽等。因此,毕业生要想成功就业和成为成功的职业人,挽回社会对毕业生的畏忌或误解,还需要学生自身做出努力,因此毕业生应尽早了解角色转换及其相关内容。

1.1.2 角色转换及其意义

学生角色,是指按照国家规定的培养目标接受教育,掌握本领,逐步完善自己,把自己培养成为合格人才的受教育者角色,其中心任务是在社会教育环境的保证和家庭经济的资助下,学习知识,培养能力,全面提高自身素质,努力使自己成长为社会需要的合格人才。它的主要特点是接受教育、储备知识、培养能力。

职业角色,是指用自己掌握的知识和本领在职业活动和岗位工作中,承担职业义务、履行岗位职责,并取得相应报酬的岗位工作者角色。其主要特点是具有自己的社会职位和相应的职业规范,在某一职位上以特定的身份按照一定的规范开展职业活动,在履行职业义务、承担职业责任的过程中为社会做出贡献,同时取得相应的报酬。

高职学生毕业后,面临着如何从学生角色到职业角色的转换问题,这是人生的一种重要的角色转换。学校与社会是两种不同的环境,学生和职业人是不同的角色,对社会承担着不同的义务。高职学生走向工作岗位后,应尽快地完成角色转换。顺利完成学生角色向职业角色的转换,注意克服可能出现的种种思想和心理矛盾,加强心理调适,培养良好的职业心理,以求实的工作态度和踏实的工作作风走进职业生活,对于尽快适应社会、做好岗位工作具有重要意义。如果对角色转换认识不清,思想准备不足,往往会导致一些毕业生在岗位工作中对职业角色的不适应,甚至影响职业岗位的工作。

1.1.3　角色转换的几个重要阶段

1.1.3.1　毕业前夕的角色转换

大学生从年前11月份左右找工作直至第二年6月份毕业离校，这一阶段的时间跨度很大。可以说，这一时期是毕业生转换角色的重要阶段，学生与用人单位签约的同时，就预示着开始迈开由学生角色向职业角色转换的第一步。一般来说，这个时候学生大部分的课程已经学完，学校的教学计划主要是毕业生的顶岗实习和撰写顶岗实习报告，学生自主支配的时间相对较多。许多毕业生难免出现这样的心态：大学几年的努力在签就业协议的那一瞬间尘埃落定，不用上班，不用上课，人生突然失去了目标，感觉很空虚。一些人难免把这段时间当成"最后的疯狂"，完全放松，甚至放纵。其实，在校学习期间的学习环境、学习条件以及学习技能的训练都是最为理想的。因此，毕业生应该从就业协议书签订到毕业离校这段时间，有针对性地学习知识、培养能力，提前奠定良好的心理基础和知识技能基础。

(1)重视顶岗实习，学习与未来工作岗位有密切联系的专业知识和专业技能。大学的课程设置总体上偏重于基础知识的学习和基本技能的培养，而不一定涉及特定岗位上所需要的专业知识和技能。顶岗实习是高职毕业生步入职场的一个必要的过渡阶段。对即将毕业的高职学生来说，通过顶岗实习，可以将自己所掌握的理论知识运用于实际，这不仅有利于加深对书本知识的理解和巩固，还能够发现不足，对自己的知识结构进行必要的补充和调整，提高观察、分析和解决问题的实际工作能力。

(2)进行非智力因素技能的训练，提升多方面的能力。高职毕业生智力上的相差并不太大，而非智力方面的技能却是影响毕业生择业、就业的重要因素。毕业生要敢于表现自己，充满自信，在公众面前有形象有气质，往往会给人留下良好印象；加强书面表达能力和口头表达能力的培养，善于表现自己，往往会使毕业生在工作中脱颖而出。在与人交往的过程中要诚恳而不谦卑，自尊而不倨傲，在与他人的竞争中做到"争而不伤团结、赛而不失风格，获胜不忘形，失败不失态"等等，往往更能赢得单位及同事的信任和赞誉。

1.1.3.2　试用期内的角色转换

毕业生参加工作后需要经过一段时间的试用期，考核合格之后才能转为正式人员。在校园期间，大学生学习和生活条件比较优越，空闲时间和自由支配时间比较多，节奏也比较缓和，压力较小；而参加工作后，特别是在试用期内，毕业生往往被安排到条件艰苦的基层去锻炼，而且工作繁忙，经常需要加班加点，属于自己的时间越来越少。在这种情况下，往往会加剧角色冲突，为此，高职毕业生应该加强试用期内的学习和认识，使角色转换顺利实现。

(1)重视岗前培训这个重要环节。岗前培训对于刚刚走上工作岗位大学生的角色转换是非常重要和必要的。它不仅仅是让新员工了解单位的基本情况，熟悉规章制度和工作程序，更重要的是通过岗前培训来树立集体主义观念，培养人际协调能力和奉献精神。从某种意义上讲，岗前培训可以直接反映出新员工的素质高低，因此单位都非常重视，并以此择优录用、分配岗位。毕业生一定要以认真的态度把握好这样一次充实自己、表现自己和提升自己的良机。事实证明，很多毕业生就是因为在岗前培训期间显露才华、表现出色而被委以重任的。

(2)要善于展现自己的知识。高职毕业生因为具有新知识而受到同事的青睐和尊敬,但为此也容易与同事产生一定的距离。因此,大学生在同事面前一定要表现得谦虚、随和,在尊重同事丰富经验的同时,适时适度地展现自己的知识。例如,可以利用工作机会,特别是当同事在工作中遇到麻烦时,以谦虚、诚恳的态度从理论上提出自己的见解,共同商讨,共同解决问题,也可以利用业余娱乐机会发挥自己的知识优势。在交流中让同事了解你的为人和性格,表明自己的世界观、人生观和价值观,缩小与同事间的距离,成为大家的朋友。要切忌以文凭自倨自傲,那样只能使得同事对你产生反感,使得自己越来越脱离群众,变得孤立无助。

(3)要树立工作的责任意识。大学生对未来都有美好的期望,都想在事业上大干一场,建功立业。但是多数人在走上工作岗位之初,一般不会被委以重任,而是先从最简单的辅助性工作做起,这也符合人才成长的基本规律。但是,有不少人凭着对工作的新鲜感和学识上的优越感,认为自己被大材小用了,对一些工作不愿意干,甚至开始闹情绪。其实,这是缺乏责任意识的表现,干任何一项工作,都要有足够的热情,更要有丰富的经验和随机应变的能力。这种经验和能力的获得并非一朝一夕之功,它需要在平时的工作中来积累和训练。显然,凭借热情和情绪只能是对工作的不负责任。因此,不管工作的大小、分工的高低,大学生都要以满腔的热情、高度的事业心和责任感认真对待,圆满完成。

(4)要培养实事求是的工作作风。大学毕业生具有较强的自尊心和自立意识,在工作上总想独挡一面,取得成就。尽管很多人对待工作的态度是认真谨慎的,但在很多时候,工作中还是难免出现失误。工作失误并不可怕,可怕的是不能正确地认识失误,不能实事求是地去承认失误。工作中一旦出现了失误,就要认真地分析原因,总结经验教训,找准失误点;同时要敢于向领导和同事承认,并勇于承担责任,以获得领导和同事的理解;另外,要虚心学习、请教,总结经验教训,防止避免类似失误再次发生。

1.1.4　角色转换的主要内容

1.1.4.1　从"要"到"给"的转变,从"获取"到"贡献"的转变

从大学生到职业人其核心是从"要"到"给"的转变,是"获取"到"贡献"的转变。

学生时代因为父母的付出,可以从家里"要"到宠爱与照顾;因为老师的付出,学校里"要"到知识与技能;因为社会的付出、国家的付出,可在社会中"要"到社会的资助与培养。不需要考虑贡献,大可以尽管去"获取"。

大学生在学校里,考试成绩不好不会给班级和学院造成经济损失,会有补考的机会;如果和同学不能相处融洽,仍然可以保持自己的个性,孤芳自赏;如果你不喜欢哪位老师,你可以不去听他的课,可以期盼着下学期换另一个老师;如果迟到、旷课只是耽误你自己的学习,与其他同学没有多大的关系。总之,校园里的大学生是"娇子",是全社会培养的对象,享受着各种优惠的待遇。

然而,大学毕业生从校园走上社会成为职业人,如果工作失误,会造成重大的经济损失,没有挽回的机会;如果与同事关系不好,会被组织认为没有团队合作精神,将成为出局的人;如果迟到、旷工,耽误的是整个团队的业绩,你随时有被开除的可能;作为职业人,在单位里你必须成为社会、企业或老板财富的创造者。

大学生要转换成职业人,必须先"给",否则你什么也"要"不到。将"获取"的心态变

成"贡献"的心态,是成为职业人的关键。从企业的角度来说,企业对人的判断有两个要求,一个叫做潜力,看你未来成长的空间;一个叫做贡献,你的加入对这个团队能够产生什么样的价值。作为职业人,应考虑我能为单位带来什么?我能为企业创造什么?而不应首先去想单位、企业或老板应该给我什么样的回报?只有既能为企业或老板带来实际的贡献,又能有可持续的发展,这样的员工才是最受欢迎的。

1.1.4.2　"不再轻易犯错"理念的树立

在试用期出错,特别是一些影响较大的差错,等于宣判了职位的死刑。在工作中要千方百计地避免出错,做事一定要克服马马虎虎的习惯,谨小慎微,遇事多想,仔细认真,反复检查;提前做些准备,以免措手不及。对一些拿不准的事情,一定要请示领导或请教同事。要督促自己、观察别人,只要是交办自己的事情就要踏踏实实地做好,做得好对工作、对自己都有益。做错事要主动承担责任,想办法弥补。事情做不好没关系,但只要勇于承担责任,公司都可以原谅,会对你更加信任;相反,我们经常会碰到一些新人用"没经验"作为逃避责任的托辞,其实这是公司比较反感、最不能容忍的地方,也是一些公司不愿意用新人的一个原因。作为职业人,在单位里你必须成为社会、企业或老板财富的创造者,不能轻易犯错。

1.1.5　大学生与职业人的区别

(1)社会责任不同。学生角色的主要社会责任是学好科学文化知识,掌握为人民服务的本领,使自己德、智、体全面发展。整个角色过程是一个受教育、储备知识、锻炼能力的过程。职业角色的责任,是以特定的身份去履行自己的职责,依靠自己的本领或技能去为社会和他人服务,完成某项工作的过程,它是通过对工作对象的履行情况来体现的。

(2)社会规范不同。职业角色与学生角色不仅是在规范的内容上不同,而且规范所产生的约束力也不一样。社会对学生角色的规范内容,主要反映在国家制定的《大学生行为准则》和各学校制定的《大学生手册》之中,告诉学生怎样做人、如何发展等。因为学生是受教育者,在违反角色规范时,主要还是以教育帮助为主。从事工作后,就变成了成年人,社会对职业角色的规范因职业的不同而不同,但肯定是更严格,违背了就要承担一定的责任,甚至法律责任。

(3)社会权利不同。学生角色的权利主要是依法接受教育,并取得经济生活的保证或资助。职业角色则是依法行使职权、开展工作,并在履行义务的同时取得报酬。

(4)活动方式的不同。学生角色是在接受外界的给予,即接受和输入,主要是要求理解;而职业人员角色则是运用自己的知识和能力,向外界提供自己的劳动,即运用和输出,要求结合实际创造性地发挥水平。

1.1.6　角色转换的途径

许多毕业生走上岗位以后,产生对新环境的诸多不适应,主要表现在心理上、生活上、工作上、人际关系上和工作技能上。任何人对环境都有一个适应过程,怎样尽快适应新环境呢?

1.1.6.1　要有良好的心态和承受力

社会与学院相比,生活环境、工作条件、人际关系都有着很大的变化,难免使那些心存幻想、踌躇满志的毕业生产生心理反差和强烈的冲突。大学生血气方刚,热情奔放,希望自己处处显色,却总是无法引起周围的认可,不受重用,甚至遭排斥,备感失落、郁闷。这时,具备良好心态和心理承受能力是第一位的,要抱着谦虚好学的态度,从基础做起逐步争取领导和同事的认可,才是成功的开始。

1.1.6.2 增强独立生活能力

过去经济上靠父母资助,生活上有学校管理,学业上有老师指导;参加工作后,往往要自己处理衣、食、住、行等全部事务,一切靠自理、自立,这是毕业生无法回避的一种能力训练。要学会主动调节生活节奏,养成良好的生活习惯,合理安排自己的业余生活,才能适应新环境。

1.1.6.3 建立良好的人际关系

走上工作岗位后,人际交往能力的发挥是适应环境的关键。应放下架子去和周围的同事、领导交流思想感情,热心地去和他们交朋友。不善于与人交往,难以沟通,难免将自己封闭起来,以致带来诸多烦恼与痛苦。

1.1.6.4 培养应对挫折能力

受挫折者胜,逆境成才者大有人在。不要怕受挫折甚至讥笑。很多时候都是自己同自己过不去,画地为牢,缚住手脚。"水至清则无鱼,人至察则无友。"也许上级领导并非你所想象的那样难处,把别人的"严厉"、"难处"当成催化剂,不要偏激地当成一种刁难,或许领导和同事都默默地在关注着你,期待着你的成功。

受了挫折怎么办?怨天尤人没有用,自暴自弃只会雪上加霜。最好的办法莫过于静下心来反思,我们从挫折中吸取经验和教训,使今后少走弯路。所谓"吃一堑,长一智",改换视角,收到"触类旁通"之效,对付挫折的高招往往在你不断应对和总结中产生。

1.1.6.5 增强角色意识

社会好比一个大舞台,每个人都有自己的角色位置。毕业生进入新单位后,首先应认清自己在工作环境中所承担的工作角色以及这个角色的性质、职责范围,弄清楚工作关系中上级赋予自己的职权和自己承担的义务。如果角色意识淡漠,一意孤行,我行我素,该请示的擅作主张,该自己处理的事情不敢作主或推给上司、同事,势必与新环境格格不入。

1.1.6.6 努力成为"复合型人才"

刚步入社会的职业人,一般要经历新鲜兴奋—观察思考—协调发展这样一个变化过程。学校培养的是专门人才,而实际工作中碰到的问题往往是综合性的,涉及多学科、多领域的知识。社会需要的是"复合型人才",因此要使自己胜任工作、适应环境,只有随时调整自己的知识、能力结构和思想行为方式,才能不因工作中出现困难而止步不前。因为社会不仅看学历和文凭,更看重的是能力。

相关链接

顶岗实习

顶岗实习是高职生完成学业中的重要一环,是开始职业生涯的前奏。实习的好坏直接影响着学业成绩的评定与就业经验的积累,所以走好这一步尤为重要。高职生进入实习阶段扮演的是双重角色,既是学校派出去学习的学生,又是顶岗实习单位的工作人员。

1. 多看、多听、多做

文秘专业的小李在一企业实习时，每天都提前半小时到办公室打扫卫生，把办公室整理得井井有条。办公室领导看在眼里，非常喜欢小李，实习结束后被单位留用。

无论在学校学习的是什么专业，在课堂上所学的理论知识与实际工作都存在着一定的差距，当你第一次走进企业实习的时候，你会感觉到惊奇、新鲜，因为有优雅的环境、高大的厂房、先进的设备，还有严谨的工作流程，这些都是你始料未及的。因此，首先要多看，看工作流程，看师傅们的工作顺序及指导教师的演示；其次就是要多听，听是获取知识的重要途径，要听清、听懂老师的讲解；最后是要多做，要抓住机会多动手，因为做是顶岗实习的目的，在还没轮到自己操作时，可多做些服务性的工作，这样可以获得更多的锻炼机会。

2. 多问、多想

学建筑的小张和他的几个同学到一建筑工地实习，工长带着他们去工地放线。建筑是个半圆形的，先一天的定点，有几个被建筑工人弄丢了，线无法放下去，想问工长又怕丢面子，因为这个问题好像太简单。不问，线放不下去，凭感觉去做又感责任重大。最后，只得打电话求助学校老师。问题是解决了，但令小张头疼。

高职生在顶岗实习的过程中会遇到许多意想不到的问题，理论和实际在结合的过程中需要人指点。其实，小张不必要把问题想得那么复杂，你是来实习的，不懂就要问，不能碍面子。无论是在机关，还是在工厂、酒店……不要怕说“我不懂”。遇到难题，多动脑筋，细想得出的结论终身不忘。

3. 讲究形象，忠于职守

师范生小宋在一中学实习，课堂上一学生突然昏倒，她丢下课本，背上学生，打车赶往医院，没想到医院电梯坏了，小王背着学生一口气爬到七楼急诊室，结果自己晕倒了。等她醒来，看到的是含泪坐在自己身边的学生家长和学校领导，这是一种了不起的精神。

在机关，你是国家公务员；在工厂，你是工人；在学校，你是老师；在医院，你是医生、护士……你的形象不仅代表了你自己，更重要的是代表了学校和工作单位。工作中要以职员的标准严格要求自己，严格遵守单位的规章制度，时时刻刻想着自己是单位的一员。

4. 立足本职，吃苦耐劳

建筑施工、机电安装、酒店管理的实习是十分艰苦的。建筑中的水、暖、电，机电中的焊、钳、维修等对实习生来说不光是学习、锻炼，更是毅力的考验。没有立足本职的思想，没有吃苦耐劳的精神是不行的。

在行地集团实习的汽车专业学生要和工人们一起同吃、同劳动60天。但有个别学生干了不到20天便开了小差。既然选定了这个专业，就应该用正式职员的岗位职责来要求自己，克服“适应期”中的困难。没有付出，难有回报。成功路上多坎坷，只有坚持才能胜利。

1.2　基层定位，从小事做起

高职院校的培养目标是坚持培养面向生产、建设、管理、服务第一线需要的“下得去、留得住、用得上，实践能力强，具有良好职业道德的高技能人才”。就业后所从事的大都是平凡的岗位。有的同学认为，在最基层的平凡工作做不出伟大事业，这种认识是错误的。社会需要各种类型、各种层次的劳动分工，社会的发展离不开各种普通、平凡的工作岗位。一个人能不能够有所成就,不完全在于他所从事的是何种职业,而是在于他能不能够很好地将个人的条件和职业岗位的需求统一起来,看看在这个岗位上自己能否干得了、干得好。如果干不了、也干不好,再好的岗位也无济于事。同时,在思想上应当明确,在任何职业岗位上,只要努力工作都会有作为、有前途并为社会做出贡献。

高职生要想成就一番事业必须从基层做起,踏踏实实地做好每一件事。只有把基层的事做好了,做成功了,才有可能发展自己的事业。基层的事做不了、做不好,何以能成就大业呢？在现实生活中,很多用人单位挑选应聘者往往也是这样看的。因此,“勿以事小而不为”。大凡成功的从业者都有个共同的特点,即从细小之处做起,从最基层做起,最终成就了大业。高职生要实现自己的职业目标和人生追求,应重视从最基层、最小的目标开始。首先要确立一个小目标,将其解决后再集中全力向更大的目标挑战。取得成功后,再进一步确立更大的目标,这样苦苦奋斗下去,就会从山脚下一步一步坚实而稳定地向高处攀登,最终实现总目标,从而实现人生价值。

职场新人在自己部门可以业余时间打扫一下卫生、帮老同事倒杯水,给人留下勤快的印象,又易于融入同事圈中,和同事们相处和谐,得到大家的帮助支持。

不但要完成好属于自己的每一项工作,还要做自己不愿做的事情。能否做好那些自己不愿意做的事情是一个人是否成熟的标志,也是一个人能否取得人生成功的主要因素。这世界不是为你准备的,这职位也不是为你设立的。为了一种对自己、对别人、对集体、对事业的责任,你必须认真地对待那些你不愿意做的事情,而且你要想方设法把它们做好,不要总认为自己是人才,而进入公司做做事务性的工作就屈才了,终日认为大学生的学历与“小儿科”的事情不匹配。是你要去适应环境和社会,而不是要求环境和社会去适应你。需要逐步提炼自己的职业含金量和竞争优势,如果能化被动为主动,那么工作与成长的意义就真正体现出来了。“硬着头皮、咬着牙”,把你不愿意做的事情做得像样,将会比你做好你擅长的事情有大得多的收获。

常言说得好,“合抱之木,生于毫末”。在即将开始的基层第一任职实践中,你只要立足本职,从点滴学起、做起、干起,在实践中不断提高自己的综合能力,胜任本职工作只是时间长短而已。千万不要采取消极的态度,要么不去做,要么推诿、拖拉,要么敷衍了事,无论哪一种情况都会对工作带来损失。

相关案例

汪金权:清贫之中自有内心富足

汪金权出生于1963年,在蕲春县狮子镇郝子堡村山区长大,自幼家中十分贫穷,靠乡亲们的资助才完成学业。

1987年,汪金权从华中师范大学中文系毕业,分配到有名的黄冈中学。在到蕲春四中看望老师时,当时看到四中很需要老师,为了支持山区教育,义无反顾地调到最偏远的学校——蕲春四中。四中在该县北部山区,与安徽交界。这里地处大山深处,交通闭塞,条件艰苦。

22年来,汪老师几乎把所有工资都用于资助贫困学生。汪老师来四中后不久,就开始当班主任。1989年春季开学,汪老师发现有些学生因家贫没来。他一家家去劝家长:

“让伢们去上学，学费我先垫着。”

以后，这些孩子们的学费从他工资里扣，有时因垫付得太多，到月底时工资都快扣没了，财务人员只好一次少扣点，有时一直要扣到年底。而这些垫付的钱，数目到底有多少，学生还了或是没还，汪老师从不介意。

有的学生没钱吃饭了，汪老师也几十上百元的给。20 世纪 90 年代初，他月工资仅百余元，因帮助学生，常常需要借钱吃饭。22 年来，汪老师每年都要帮一二十名学生垫学费或生活费，至今累计数百人。后来，一些学生考上大学了，甚至就读研究生，他仍然继续资助，有时一月要寄上千元，总数累计超过 10 万元。

汪老师是该校中老年教师中唯一没有房子的人，多年来租住在学校宿舍。他的七旬老母、患有精神病的妻子以及弱智的小儿子，至今还住在大山深处的老屋中。

汪老师对学生的好是出了名的。无论谁遇上困难了，谁没有钱了，不管是不是他班级的，只要找来了，汪老师每回都是有求必应。不仅如此，他还把一些贫困学生安排在自己的宿舍里，“全方位”帮扶学习和生活。2002 年以前，汪老师还是住在学校的出租平房内时，条件非常艰苦，房间窄小的只能摆下一张短小的木床，即使在这样的条件下，汪老师的房间内依然有几口学生用的木箱。2002 年，汪老师搬进了集资楼，于是在汪老师的宿舍内，简陋的房间内更多地摆满了学生们的高低床和学习书籍。多年来，学生与汪老师同吃同住已成为四中一景。最多一次，他安排了 8 名学生住进了自己宿舍。他把自己的全部空间和时间，都毫无保留地奉献给了山区的孩子们。

在他的言传身教下，陈卓彬等 20 多名学生作文竞赛在国家和省级比赛中获奖，100 余名学生的千余篇诗文习作在《语文报》、《中国校园文学》等报刊上发表。

22 年来，汪老师亲手培养了 1 000 多名孩子考上了大学。如今，学生们分布于全国各地，很多人成为单位的骨干。他们中的很多人家庭都十分贫穷，而他们的成长，不仅改变了自己的命运，也改变了很多贫寒家庭的命运。

汪老师的事迹感动了中国，由此也证明，基层更需要我们大学毕业生，基层也是我们施展才华的大舞台，高职生在基层更有用武之地。

相关链接

月薪 800 元、愿干基层　高职生就业走“双低”

据腾讯教育报道，身处竞争激烈的求职大军中，不少高职生选择了“双低策略”来吸引用人单位，理想月薪 800 元、愿从最基层工作做起……在招聘会上，与高校本科生、研究生追求高薪和光鲜行业相比，高职生求职显得更加实在。

面试避谈薪水

“第一年我对工资没什么要求，每月 800 元就足够了”。毕业班学生小刘结束完与一家企业的面谈，现场来的几家单位都挺“对味”的，如果被录用能让自己有更大的发展空间。至于收入上的要求，小张摇摇头表示没考虑太多，“第一年能养活自己就行了”。

笔者在招聘会现场采访时发现，大多数高职生对于收入都“不大关心”，和用人单位面谈时对于薪资甚至避而不谈。毕业班学生小张坦言，这是因为大多数同学都比较有自知之明，“说实话，对于找工作的人来说，薪资当然很重要，但是和名牌大学的本科生、研究生相比，我们更愿意先找一些相对低收入的工作”。

愿从最基层开始做

高职生不仅对收入“不关心”，对于岗位品种也大多抱着“不计较”的心态。笔者在现场看到，一些在本科生招聘会上被冷落的销售员、技术员等工种，都成了高职生们投递简历的热门，一些企业招聘摊位前还一度排起长队。

“找工作前我给自己的定位就是基层，苦点累点也无所谓”。物流管理专业的小蔡已经考出了很多“红头证书”，不过她表示，如果有企业招聘一线的单证操作员，她也愿意应聘。毕业班学生小顾则认为基层技能性的工作更对高职生的胃口，她告诉笔者，在学校学得最多的就是技能，在一线工作更能使自己有所发挥。小顾还很乐观地表示，基层工作被很多名牌大学学生所忽视，这样反倒给高职生一个很大的就业空间，“我找工作的策略就是：和本科生、研究生们错开来！”

用人单位：高职生定位更实在

据了解，招聘会上不少用人单位表示，之所以愿意招聘高职学生，就是冲着高职生的“双低心态”来的。“和本科高校的大学生比起来，高职生更实在”。某IT公司的招聘人员吴先生表示，心态好和技能强是高职生的两大优势。他告诉笔者，公司也招聘本科生、研究生，甚至是名校的博士，相比之下，高职的学生虽然理论基础和思维能力稍逊一筹，但是动手能力却很强，也更吃得起苦，“两个字，好用”。对于有些学生对于低收入的忧虑，吴先生表示，第一年收入或许依据的是学历，但之后的薪资水平则完全取决于能力。

2　初入职场可能面临的问题及解决对策

大学生在从学生角色向职业角色转换的过程中，往往会面临着新旧角色的冲突。有些人由于受到社会因素、家庭因素尤其是自身认知能力、人格心理发展、意志品质以及情绪情感等因素的影响，不能正确认识角色转换的实质，或者在角色转换中不能持之以恒，出现一系列问题。

2.1　转换过程中容易出现问题

2.1.1　依恋和畏惧并存

许多大学毕业生走上工作岗位后，怀着对学生角色的依恋，对全新的职业角色充满了畏惧。即在角色转换过程中容易依恋学生角色，出现怀旧心理。经过十多年的读书生涯，对学生角色的体验可以说是非常深刻了，学生生活使得每一位学生在学习、生活和思维方式上都养成了一种相对固定的习惯。因此，在职业生涯开始之初，许多人常常会自觉不自觉地把自己置身于学生角色之中，以学生角色的社会义务和社会规范来要求自己、对待工作，以学生角色的习惯方式来待人接物，来观察和分析事物。而面对新环境，一些大学生在刚走进新的工作环境时，不知道工作应该从何入手，如何应对，在工作中缩手缩脚，怕担责任，怕出事故，怕闹笑话，怕造成不良影响。于是工作上就放不开手脚，前怕狼后怕虎，缺乏年轻人的朝气和锐气。

2.1.2 自傲与浮躁同在

有一些毕业生对人才的理解不够全面和准确，认为自己接受了比较系统正规的高等教育，拿到了学历，学到了知识，已经是比较高层次的人才了。因而，往往看不起基层工作和基层工作人员，甚至认为一个堂堂的大学毕业生干一些琐碎的不起眼的工作是大材小用，有失身份。于是就轻视实践，眼高手低。一些人在角色转换的过程中受社会环境的影响，表现出不踏实的浮躁作风和不稳定的情绪情感。一阵子想干这项工作，一阵子又想干那项工作，不能深入工作内部了解工作性质、工作职责以及工作技巧。近年来，毕业生要求调整单位人数的增多，就是因为一些学生就职很长时间后还不能稳定情绪，进入职业角色，反而认为单位有问题，没有适合自己的职位。事实上，如果不能静下心来踏踏实实地学习，适应工作，不管什么样的单位都不会适合。

2.2 塑造良好的自我形象

(1)热爱本职工作，培养职业兴趣。热爱本职工作，安心工作岗位是角色转换的前提。刚刚走上工作岗位的大学生，应当尽快地从学生学习生活的模式中解脱出来，全身心地投入到工作岗位中去。如果“身在曹营心在汉”，不仅对角色转换不利，而且会影响职业兴趣的培养和工作成绩的取得。

(2)虚心学习知识，提高工作能力。虚心学习知识，提高工作能力是角色转换的重要手段。毕业生在校期间学习到的东西毕竟是有限的，很多知识和能力需要在工作实践中去学习、锻炼和提高。面对全新的职业，毕业生需要像小学生那样从头学起，虚心向有经验的技术人员、领导、师傅和同事学习，不断丰富自己的专业知识，提高自己的专业技能，最终达到自我完善。

(3)勤于观察思考，善于发现问题。勤于观察思考，善于发现问题是角色转换的有力保障。大学毕业生进入职业角色，只有善于观察问题，才能发现问题；只有运用自身掌握的知识去努力解决问题，才能掌握大量的第一手资料，分析研究职业对象的内部规律，也才能培养自己的独立见解，逐步具备独立开展工作的能力，更好地承担角色责任。勇挑工作重担、乐于奉献是完成角色转换的重要标志。大学毕业生走上工作岗位以后，应当从一开始就严格要求自己，树立主人翁意识，增强社会责任感，培养无私奉献的精神，任劳任怨，不计较个人的得失，努力承担岗位责任，主动适应工作环境，促使自己更好、更快地完成角色转换。

2.3 建立和谐的人际关系

(1)处理好与领导的关系。领导对大学毕业生的工作、学习、生活、成长等具有举足轻重的作用，处理好与领导的关系是人际关系的重要方面。在处理与领导的关系时，要给领导以良好的第一印象；要尊重而不奉承；要服从而不盲从；要以等距离的原则处理好与各位领导的关系。

(2)处理好与同事的关系。同事之间的关系是每天要面对的人际关系，良好的同事关系是事业成功的重要保证。在与同事相处时，要平等相待，一视同仁；要真诚地帮助和关心他人；诚恳地赞誉，善意地批评；在发生意见分歧时要有所克制。

(3)加强自身修养,锤炼优良品质。树立正确的世界观、人生观、价值观,培养良好的道德品质,是建立和谐人际关系的根本。把自己的命运与企业的发展、祖国乃至人类的命运联系在一起,诚实、自信、守信、宽容,让人格魅力成为人际交往吸引力的源泉。

2.4 慎重选择跳槽

快节奏压力大的生活下,很多职场人选择的是兢兢业业工作,保持现有薪资岗位。然而有不少人却是“逆势而动”,偏要在这个时候选择新东家。

当然理由是各式各样的。跳槽,在职场人士看来已不再是一个新鲜词了,但跳槽过程中的学问,对跳槽者而言,还是显得有点陌生。在这里有必要给职场跳槽人士一个提醒:跳槽,你考虑好了么?

多问一个为什么。为什么要跳槽?很多跳槽者其实并没有从心态和创造跳槽条件上做好准备,所以在跳槽前,这些问题也是跳槽者必须先自我发问的。跳槽是在选择什么?是因为职业发展(包括技能学习、上升空间、薪资待遇)受限,还是因为缺乏工作新鲜感或人事关系处理存在问题?如果是后者,必须确定自己是在通过自我调整等努力后仍无法解决的情况再选择跳槽。同时求职者在跳槽时,应全面衡量社会环境和个人因素。

做好充分准备。香港联祥集团销售副经理高明说:“做好跳槽前的心理准备,是否具有积极成熟、面对压力的心态非常关键。从下定决心要换工作开始,要清楚自己想做什么、适合做什么,如果不是很清楚,就需要多花些时间来思考这个问题。有些人只是为了换工作而换工作,这是相当危险的转职念头。”

衡量自己是关键。不考虑自身专长和兴趣,即使应聘成功,也难以长久。何况每一次换行都必须从新手做起,知识和经验难以积累,也很难成为行业的佼佼者。这里还要提醒广大的应届毕业生,不要轻易放弃自己的专业,毕竟学以致用者轻车熟路,较非专业者容易上手得多。中国人寿保险股份有限公司辽宁省营销管理部业务主任白桂芹说:“没有仔细地衡量自己,找好自己的目标方向,不考虑下一份工作是否适合自己就盲目跳槽不恰当。要根据自己的能力寻找适合的方向。”很多跳槽的职场人士都是为了谋求一个更高的薪水,通过跳槽能让薪资上个台阶固然是好,可是为了一两百块钱跳槽就显得过于草率。有的人在跳槽时只盯住薪资,不考虑自身的长远发展,更是得不偿失。盲目听信者往往会迅速再次跳槽,进入恶性循环。

“别为虫子放弃桃子。”有些人仅仅因为一点小事与上司或同事意见不和,便感情用事,离职不干。这样负气而走,很多都没有经过考虑,凭的是一时冲动。而冲动过后需要做的事情却不是那样轻松的。单单凭情感而跳槽是危险的,后续的麻烦也很多。中国科学院沈阳计算技术研究所研究生部 IT 培训中心的贾文芝老师说:“人在职场要有一定的包容能力。当然原则上的问题不能动摇,但是小事或者不需要太在意的事情就不要斤斤计较。因为一个人或者几个人就将自己的职位或者说前景抛弃是一件不合适的事情。”

分阶段把握好自己。贾文芝老师说:“跳槽是一件比较普通的事情,不用大惊小怪,但是也要重视。跳槽也分年龄段的。比如年轻人还没有定性,找到一份工作发现不适合自己或者说学了一段时间后都学会了,想去别的行业看看,这是可以理解的。但是如果年龄比较大并且经常性跳槽的话就是问题了。在一个位置不能安心做好,可能学不到什么东西，而且某些企业对于忠诚度还是比较看重的。”

香港联祥集团销售副经理高明说：“正在酝酿跳槽的职场人士，一定要掂一掂自己的职业竞争力。想跳槽成功，那么提高自己的敏感神经，实施和提升自身的职业竞争力，加强职业危机管理将是当务之急，当然，任何职业发展需要结合自身的职业特质，找到符合自身需要的职业发展路径是跳槽成功的前提，再做最后的评判和考量。通过冷静思考，不仅能让您在择业时更为理性，还能帮助您在面试时坦然面对招聘企业，自然容易求得一份满意的工作。”

相关案例

职场生力军的年轻人是怎样看待跳槽

随着我国经济的迅猛发展，身处职场中的人们比以前有了更多选择工作的可能，那么作为职场生力军的年轻人是怎样看待跳槽的呢?

陈军是今年刚刚毕业的一名大学生，经过几个月的努力终于拥有了自己的第一份工作，谈到职场中某些人频繁跳槽的现象，陈军说：“通过我这几个月找工作的经历，明白了现在社会竞争的激烈。以前只是看到媒体报道说竞争比较大，但是没想到竞争会如此激烈。”陈军不无感慨地表示，如果没有想好以后的退路或者是积累下了相当的资本，他不会轻易地选择跳槽。

相对于职场新手的孙军来说，杨东虽然只有26岁，但已经经历过数次跳槽的他可以说是“久经职场”了，谈到跳槽，他说：“我觉得跳不跳槽不是一个绝对的事情，如果时机合适，有更好的发展机会和发展前景，完全没有必要在一个单位死守到底，谁不想趁着年轻多赚点钱啊。”杨东还表示现在还年轻，认为自己还有发展的潜力和机会，如果等年龄大了，“往前冲、往前闯”的劲头没有了，也许会选择在一个单位彻底地安顿下来。

当有人问他万一没有这样的一个单位的话会怎么办时，小杨表示没有想过，并且认为自己不会沦落到那种地步。

还就此问题了解过一家私企的负责人，这位孙总表示：选择跳槽不能用简单的对与不对来评判，很多时候，人们做出了跳槽的决定之后，可能会产生两种截然不同的效果，成功或者失败。如果是没有变化的话，选择跳槽也就没有实际意义了。此外，他还提醒广大的年轻人说：“选择跳槽一定要慎重，在跳槽之前要想好自己已经具备了哪些优势，在新的环境里，自己的这些优势是不是可以得到更好的发挥。而且最好是在已经找到新工作之后再辞职，因为工作时间上有断层的职员是不太受用人单位欢迎的。”

对于年轻人在工作上特有的开拓精神我们应该给予充分的肯定和积极的鼓励，但是在面对着关乎生计问题的跳槽选择的时候还是应该慎之又慎。

3　适应企业，适应岗位

3.1　适应企业文化

3.1.1　企业文化的内涵

企业文化是一个组织由其价值观、信念、仪式、符号、处事方式等组成的其特有的文化形象。企业文化是企业的灵魂,是推动企业发展的不竭动力。企业文化的内容包括经营哲学、价值观念、企业精神、企业道德、团体意识、企业形象、企业制度,其核心是企业的精神和价值观。这里的价值观不是泛指企业管理中的各种文化现象,而是企业或企业中的员工在从事商品生产与经营中所持有的价值观念。企业文化具有导向功能、约束功能、凝聚功能、激励功能、调适功能。不同企业有自己独特的企业文化,只有适应企业文化,才能融入企业整体,尽快完成从学生到职业人的转变。

相关链接

五大流行的企业文化

现代中外许多成功企业的经营之道为现代企业提供了值得借鉴的宝贵经验。

民生文化。民生公司发展之所以如此迅速,和创始人卢作孚的经营成功有着极大关系。在卢作孚的长期经营实践中,一个突出的特点便是十分注重文化意识在经营管理中的作用。例如,他极为注意强化企业对职工的凝聚力,鼓励企业和职工的双向参与。他曾提出一个著名的口号:公司问题,职工来解决;职工问题,公司来解决。他把这一口号印在轮船的床单和茶杯上,逐步培养职工树立一种和公司同生存、共荣辱的集体意识,在企业发展中起到良好的作用。

松下文化。松下公司在几十年的经营生涯中形成了独特的企业文化,制定了七大精神:"产业报国、光明正大、和亲一致、奋斗向上、礼节谦虚、顺应同比、感谢报恩",充分表现了松下那种谦和、执着、一以贯之的朴实风格。

大庆文化。以"铁人"王进喜为代表的大庆油田工人,把"艰苦创业"作为座右铭,坚持"有条件上,没有条件创造条件也要上"的创业精神。大庆人艰苦创业、三老四严的精神,化作了中国工人阶级自力更生、艰苦创业的强大力量。

索尼文化。索尼的企业哲学其中突出的一点就是十分重视人的因素和民主作风,特别看重中层管理人员的作用,并设法淡化等级观念。该公司领导努力将工厂的车间搞得比工人的家庭更舒服,而把管理人员的办公室尽量布置得朴素些。另外,索尼人始终不满足现状,时时有"饥饿感"、"紧迫感"伴随,这可谓索尼文化的另一特色。正因如此他们能不断学习世界上比自己先进的东西,经过消化,创造出别人没有的东西,适应了市场,赢得了声誉。

IBM 文化。IBM 公司即美国国际商用机器公司,该公司的信条就是"IBM 就意味着最佳服务"。因为他们懂得,优质服务是顾客最需要的。这不能不说是 IBM 公司多年来一直取得成功的一个奥秘。

3.1.2 如何适应企业文化

好的企业文化可以是决定员工乐业敬业与否的重要因素,还可以有效降低组织内部的沟通成本。例如公司上下拥有一致的价值观,就会形成共同语言,事情只做一半或是只需使个眼色,大家就能心神领会,工作就变得很有效率,也因为拥有共同的沟通语言而愉快工作。

对初入职场的学生而言,如何了解公司的企业文化是非常重要的。组织并不会为一个人而改变,只有自我调整、融入组织才实际。不论公司的企业文化是对是错,请先充分了解并且融入其中,才有机会提升自己,拥有变革的能力。

用眼观察,用心体会。如何才能深入了解企业文化?初入职场的学生应该仔细观察,从公司的日常事务中来领悟企业文化的内涵,进而清楚自己该如何在组织内将工作做好。了解“组织如何完成工作”最好的方式是,从观察“公司如何开会”着手,因为在开会的过程中,各部门主管或同事多会表现出本性,更能反映公司的企业文化。从什么样的问题需要召开会议、会议前的筹划与准备、会议中的讨论情形、会后的执行以及最后的结案等,整个过程都能反映出企业组织是如何完成事情的。举例来说,有些公司开会强调脑力激荡,会中讨论比事前准备更加重要,因此会鼓励大家踊跃发言;有的组织则重视决策执行,因而事前准备与事后跟进就占了较大的比重,会议进行反倒不那么重要了。同样是要完成事情,这两个例子就呈现了两种不同的企业文化。

保持弹性,提升竞争力。在进入一家公司前,充分地了解是十分重要的,但“保持弹性”更是让自己成为职场赢家的重要因素。若能够时时调整自己,让自己在不适应的环境下也能愉快工作,那么就能保有不凡的竞争力了。如果因为“无法适应企业文化”而想要离职,请先自我分析,确定问题究竟是自己无法忍受公司对完成事情的要求与压力,还是自己看不惯公司完成事情的做法。如果是前者,那么“无法适应企业文化”只不过是你为自己的工作态度问题找来的借口;如果是后者,那么请先试着改变自己,以正面且开放的态度看待周围的人和事,若依旧无法接受公司的做事方法,那就只好转换跑道、另谋高就了。

3.2 了解岗位,适应岗位

3.2.1 什么是岗位

岗位是企业运作职能部门下一个最基础的具体位置。公司的招聘都是招聘一个能做岗位工作的人,这就是我们生活中所指的找工作的含义。你看到的招聘信息就是一个具体的岗位。

3.2.2 什么是岗位探索

岗位探索就是岗位本身和影响岗位发展的因素的调研。对岗位进行探索是大学生求职的第一步,对岗位的明确把握,可以让大学生在应聘时更有针对性,也会在了解岗位的基础上加深对自己的了解。岗位是你的阵地,当你要占领一片阵地时,你一定要对阵地有全面、准确的了解,而这种了解的方式就是探索、就是调研。

3.2.3 岗位探索的内容

一个完整的岗位探索包括四个层次(十个方面),分别是岗位描述、岗位晋升通路、背景下的岗位要求、个人与岗位的差距。

3.2.3.1 岗位描述

岗位描述是对岗位的定义、工作内容及要具备的素质,这是岗位的基本内容,是理解一个岗位的最直观方面。

(1)这个岗位是什么(岗位的一般定义)。社会上对每个岗位都有一定的、通用的看法,这是大家普遍赞成的定义,这个一般是权威部门所下的。但是一些专家、学者、老总等从业人士又对其有具体的、个性化的看法,应该说,对岗位的不同理解是没有对错之分的。

大学生在探索这一步时,要把握的就是尽量全面地了解各方的看法,然后综合起来形成自己的看法就可以了。

(2)这个岗位做什么(核心工作内容——典型的工作一天)。每个岗位都有其核心的工作内容,大学生在探索岗位时要搞清楚这个岗位的核心工作内容,其具体表现为要为公司、部门做哪些工作,在量化了核心工作内容之后,大学生就可以依据工作内容来判定自己是否能够做好以及自己是否喜欢做了。了解岗位核心工作内容的最好方法就是调研几十个做这个岗位的人,问他们典型的一天工作是什么,然后综合整理出来就是了。

(3)这个岗位要具备什么(岗位胜任素质)。要完成岗位的核心工作内容就要具备一定的职业能力、态度等,综合来说就是岗位的胜任资格。具体表现为知识(教育背景)、能力(经历、培训)、态度(道德等内在素质),当然具体的要求还要结合所在的行业、企业以及领导、上司对其的具体要求等。这个你可以通过上网搜索到 30 个同样岗位的招聘信息,然后合并其岗位要求部分就可以了。

(4)谁做过和在做着这个岗位(过来人的看法)。和在做这个工作的人或做过这个工作的人交流是具体了解岗位的很好方式。一方面可以进一步明确、加深、补充你对这个岗位本身的理解,另一方面也可以得到过来人的一些经验、忠告。应该说,其目的主要是了解已经工作的人对岗位的理解,最大化地使自己全面了解岗位,也为自己科学地选择岗位做好准备。这个工作的最大问题就是找到人并能得到他的支持,没别的,软磨硬泡、感恩坚持就够了。

3.2.3.2　岗位晋升通路

岗位是在职能的基础上根据具体需要而分化产生的,所以在同一部门、同一职能上一定会多个类似的岗位,而了解这个岗位能为自己岗位轮换、工作转换、升职等带来很大的方便。

(1)和这个岗位相关的岗位是什么(拓展发展方向及为轮岗、转换工作做准备)。一般来说,在一个部门里是有众多职能相同工作相似的岗位的。如招聘专员的相似岗位就是人力资源部门的众多岗位,培训专员、考核专员等。大学生对相关岗位进行同样的岗位探索,有利于大学生全面了解部门职能,有利于大学生多方面培养能力,有利于大学生进行岗位轮换和工作转换,也有利于大学生进行职业选择和个人定位。

(2)这个岗位的职业发展通路是什么(岗位的晋升方向)。一般来说,一个岗位是有其固定的晋升通路的。如招聘专员—招聘经理助理—招聘经理—招聘总监等,但具体的晋升岗位和通路要结合企业类型和企业所处的发展规模,很可能一些中小公司的招聘专员就负责整个公司的招聘工作。大学生搞清楚自己的岗位在雇主里所明确规定的晋升岗位和通路是很有必要的,知道自己的下一步是什么工作,达到什么标准就可以升职是很有利于激发个人热情和信心的。对于岗位发展通路不明确的公司,没别的办法,就是找领导谈。

3.2.3.3　背景下的岗位要求

岗位的通用要求加上不同背景下的岗位理解构成了一个岗位的最终描述,大学生求职要特别考虑以下因素,因为这些因素才是制约你在公司发展的关键。

(1)不同行业对这个岗位的理解是什么(行业背景下的岗位要求)。隔行如隔山是对岗位不同理解的最好注释。同样的一个岗位名称,在不同行业里完全有可能做不一样的工作,当然这里有乱用岗位名称的人为过失,但在客观上也是存在一定异同的。这里给大学生的借鉴就是,如果当你要应聘一个具体岗位时,要看看那个公司所在行业是什么,然后在网上多调研一下这个行业对岗位的具体要求。方法也是整合这个行业的同类岗位招聘信息,然后进行综合比较。

(2)不同类型企业及企业所处发展阶段对这个岗位的理解是什么(企业背景下的岗位要求)。不同性质的企业,如外资、国企、私企等性质完全不同的企业对岗位的理解也是大相径庭的,企业所固有的传统和文化在左右着名同活不同的岗位,这一点大学生要留心。还有,企业所处的发展阶段、发展规模也是影响岗位理解的关键因素,相对来说,大企业就正规一些,而小企业就随意一些。了解企业背景下的岗位理解的方法是整合同类企业或同规模企业的招聘信息,然后在比较中就可得知,各大招聘网站上的公司人数就是一个衡量企业规模的不错方式。

(3)不同领导和上司对这个岗位的理解和要求是什么(人为背景下的岗位要求)。虽然业内对一个岗位有其通用的要求,但还是要考虑公司领导、部门和上司对岗位的具体理解和要求,毕竟你是要在这个公司发展的,毕竟你是在一个具体部门并听从上司安排的。领导和上司的个性化、个人化要求有些是不能具体量化的,如领导让你帮他汇个款的私活。这个你就要具体参照你要应聘的那个公司了,如果你的目标不明确,就可以参考一些行业和企业对其的通用要求,方法也是查看多个同样岗位的招聘信息。

3.2.3.4　个人与岗位的差距

当你综合了岗位要求之后,就可以进入差距量化和差距补充阶段了。

你与目标岗位的差距是什么(综合的岗位要求)。全面、准确地了解自己是量化与岗位差距的前提和基础,这个要得益于自我探索的成效。差距是可以量化的,如组织能力不强,要英语口语好等。如果差距不量化就不能明确地行动,那么补充也就没有针对性。当然,也有可能一些大学生在对岗位进行不同背景下的探索时就已经放弃了对这个岗位的追求。总之,适时总结、反思是有助于量化自己和岗位的差距的。

相关案例

遵守时间

带着美好理想走出校门的年轻学子们,能否迅速适应新的工作,施展自己的才华?作为用人单位,如何让新员工尽快上岗,缩短他们的工作磨合期,这是入职人员与单位双方都关注的问题。

大学生初涉职场最易出现三方面问题:一是心态浮躁,对工作急于求成;二是眼高手低,不愿意从小事做起;三是生活自理能力差。

对于习惯了传统学校教育、生活方式的大学生来说,在最短的时间内适应新的工作环境的确不容易。刚刚担任某公司总经理助理的林林说:在工作当中,没有人会告诉你该怎么做,所有的答案都要自己找,刚开始真不能适应,为此还跑到洗手间偷偷哭过几次。而“迟到一分钟就要扣十元”,这对习惯于睡懒觉的小张来说,更是简直不能想象。小张所在的电器集团的人事经理说:公司每年都要接收不少大学生,不少学生把经常迟到的坏习惯也带到了公司。但在这里大学生已是企业人,就要遵守公司的规章制度。所以,在新员工入厂仪式上,公司会发给他们每人一个小闹钟,以培养他们的时间观念。

3.3 敬业好学,培育职业精神

企业文化的价值取向可能是多元化的,作为一名企业职工贯彻企业文化最朴素、最基本的方式就是敬业进取,将自己的价值追求捆绑在企业的价值追求上,一荣俱荣。应该说,敬业是最完美的工作态度。具体而言,应该做到以下几点:

(1)树立正确的人生观、价值观,保持积极向上的态度。现在企业中普遍存在着三种人:得过且过、牢骚满腹、积极进取。其主要区别在于对工作的态度。一个人的态度直接决定了他的行为,决定了他对待工作是尽心尽力还是敷衍了事,是安于现状还是积极进取。可以说,态度也是竞争力。

(2)养成"工作中无小事"的工作习惯。"把每一件简单的事做好就是不简单,把每一件平凡的事做好就是不平凡。"这句看似简单的话蕴涵了一定的哲理。据统计,我们日常从事的工作90%是一些重复性、事务性、琐碎性的简单工作。但没有任何一件事情,小到可以被抛弃;没有任何一个细节,细到应该被忽略。大事是由众多的小事积累而成的,忽略了小事就难成大事。工作中无小事,每一件事不应该敷衍应付或轻视懈怠;相反,应该付出你的热情和努力,尽职尽责地去完成,养成"工作中无小事"的习惯。

(3)心中常存责任感。工作就意味着责任。每一个岗位所规定的工作内容就是一份责任。你做了这份工作就应该担负起这份责任。我们每个人都应该对所担负的责任充满责任感。

(4)将忠诚作为生存方式。在当今这样一个竞争激烈的年代,谋求个人利益,实现自我价值是天经地义的事。但是,个性解放、自我实现与忠诚和敬业并不是对立的,而是相辅相成、缺一不可的。现代管理学普遍认为,企业和职工是一对矛盾的统一体,从表面上看起来,彼此之间存在着对立性;但是,在更高的层面上,两者又是和谐统一的——企业需要忠诚和有能力的职工,业务才能进行;职工必须依赖企业的业务平台才能获得物质报酬和满足精神需求。因此,企业的生存和发展需要职工的敬业和忠诚;对于职工来说,要得到基本的物质回报和精神上的成就感就离不开企业这个赖以生存的家园。

忠诚是人际交往中最值得称颂的品质,同样也是职场中最受尊重的美德,只有所有的职工对企业忠诚,才能发挥出团队的力量,才能拧成一股绳,心往一处想,劲往一处使,推动企业走向成功。一个企业的生存可以依靠少数精英职工的能力和智慧,还需要绝大多数职工的忠诚和勤奋。

(5)对工作、对岗位心怀感激之情。感恩已经成为一种普遍的社会道德。对工作也应怀有一颗感恩之心:岗位为你展示了广阔的发展空间,工作为你提供了施展才华的平台,工作保证你丰衣足食,每个人对工作为自己所带来的一切,都要心存感激,并力图通过努力工作以表达自己的感激之情。当你以一种感恩图报的心情工作时,你的心情会更愉快,你才能认真履责,尽职尽责,你才会工作得更出色,才会真正达到"工作快乐,快乐工作"的状态。

人生在世,谁都想成就一番事业。然而,事业的成功,并非人人都能如愿以偿,问题何在呢？如何做才能使事业获得成功呢？这是每个即将踏上工作岗位的毕业生都非常关心的问题。在电视剧《城市女孩》中，李超是一位股市交易所的老总、资深股市分析师，王佳是一名旅游专科学校毕业生，因为找不到合适的工作，又不愿意靠家人，就甘愿做了一名钟点工。在全剧结尾时有这样一段精彩的对白：当李超不辞辛劳终于找到了自己心仪的钟点女工王佳时，问她：你为何有这样一种胸怀大气与自尊时？王佳的回答是：缘于一年前刚涉社会时，柏伯伯跟她说过的那句话：你想过没有，明天、明年、十年后，你的生活将是什么样子……的确，她的职业似乎微不足道，她的形象却靓丽清纯；她的工作看似谁都能干，她的精神却无与比肩，一个城市女孩用自己的敬业和诚信，给我们提供了答案：大学生就业仅有专业知识是不够的，他还需要具备一种职业精神。

3.3.1 职业精神：职业成功之必需

长期以来，人们以为，职业生涯的成功就是换了更好的工作，或是得到了职位的提升，或是增加了工资。但这只是职业生涯成功的部分形式。美国一所著名的经管学院曾做过一个调查，结果发现，虽然大多数学生在入学时都想追逐名利，但在拥有最多名利的校友中，有90%是入学时追逐理想，而非追逐名利的人。爱因斯坦是世界著名的科学家，以色列国会曾邀请他回国当总统，被他婉言谢绝。爱因斯坦认为：自己的性格适合当科学家，搞研究，不适合当总统，搞政治。如果一定要让他当总统，那可就总统当不好，科学研究也搞不出，因为谁也做不到又当总统又搞科研，两边都能干出成绩来。爱因斯坦是伟人，伟人与常人的不同地方就在于他们比常人看得远、看得深，绝不随波逐流，绝不为尘世间的一点名利轻易地改变自己，去干对别人来说也许是梦寐以求的但却是不适合自己的事。我们设想一下，如果爱因斯坦真的去当总统，结果会怎样？极有可能是以色列多了一个无足轻重的总统，而人类却少了一个伟大的科学家。爱因斯坦给我们的启示是，他热爱的并不是庸俗的、一元化的名利，他的名利是他的理想和激情带来的。

为了进一步理解职业精神的内涵，有必要引入外职业生涯、内职业生涯和职业锚三个概念。所谓外职业生涯是指从事职业时的工作单位、工作地点、工作内容、工作时间、工作职务、工作环境、工资待遇等因素的组合及其变化过程，我们可理解为职业条件，因为它不属于你自己的、内在的，而是你所从事的职业赋予你的；内职业生涯是指从事一项职业时所具备的知识、观念、心理素质、经验、能力、内心感受等因素的组合及其变化过程，尽管内职业生涯各项因素的取得，可以通过别人的帮助而实现，但主要的还是由自己的努力追求而得以实现，我们也可以将内职业生涯理解为职业精神，这是因为内职业生涯的各构成因素内容一旦取得，别人便不能收回或剥夺，它已融入到你的机体，成为你特有的品质。为了便于理解职业锚这个概念，我们做个形象的比喻：你驾驶着你的职业生涯之舟在人生社会的海洋中航行或漂泊。有一天早上，在明媚的阳光下，你突然发现一处风景秀丽的港湾，于是决定停船下锚，在此处创业发展。这个锚，就是你的职业锚，这个区域就是你职业生涯的最佳贡献区，我们可以理解为职业匹配。一个人的职业生涯的成功应该表现在职业条件的改善、职业精神的形成及职业匹配合理三个方面，但是职业条件的改善、职业的匹配往往取决于人的职业精神。

有的人一生追求外职业生涯的成功，但内心世界极为痛苦。因为他们往往不了解，外职业生涯发展是以内职业生涯发展为基础的。仍以《城市女孩》为例，有一个很奇怪的现象，某些人只是计较钱，什么东西都只用钱来估算，结果是反而越抓不到钱。而王佳在工作时追求的是工作本身的内在价值，用心地去做，虽然许多钟点工都被雇主辞退，但是她却想辞都辞不了。这说明内职业生涯的发展是外职业生涯发展的前提，内职业生涯发展带动外职业生涯的发展，它在人的职业生涯乃至人生成功中具有关键性作用。因而，在职业生涯的各个阶段，我们都应重视内职业生涯的发展，即职业精神的打造。

确立好自己的职业锚至关重要。我们大多数的人第一份职业往往不会是我们的终身职业。一个人的职业锚是经过若干年的实际工作后才被发现的。职业锚明确的人一开始就选准方向，就可以在一个地方围绕一个职业长期稳定地发展，对自己的资历和经验都会有助益和长进，更有希望成为某一领域的资深人士。可是有的大学毕业生，频繁更换职业岗位，今天在这，明天到那，对职业生涯成长肯定弊多利少。有这样一个案例：在沈阳市的一次大型招聘会上，毕业于某名牌高校的小何向浙江一家汽车公司申请一个机械工程师的岗位。他学的是机械专业，在大学期间各门功课优秀，毕业后的五六年时间里，干过医药、空调、摩托车等产品的销售、主管，换了六七个工作，但是没有机械方面的工作经历。招聘者看了他的情况后认为，如果他毕业后稳定从事过机械方面工作，则正是公司需要的人选，月薪3 000元也不在话下，但是因为没有这方面的工作经验，公司无法用他。一句话说得这名高材生后悔不已。那么，如何确立好自己的职业锚，主要也取决于一个人是否具备职业精神的一些基本要素：即能否全面地认识自己的兴趣、个性、价值观，能否学会选择、懂得放弃等。

3.3.2　职业精神：需要个人精心打造

3.3.2.1　目标明确

学生生涯设计确定目标可以成为追求成功的驱动力，俗话说：志不立，天下无可成之事。志向是事业成功的基本前提，没有志向，事业成功也就无从谈起；没有目标，如同驶入大海的孤舟，四野茫茫，不知该走向何方。立志是人生的起跑点，反映着一个人的理想、胸怀、情趣和价值观，影响着一个人的奋斗目标及成就的大小。下面我们举个例子，你会从中悟出些道理。假如，你现在住在平房，想在院内盖个小厨房。当你确定盖厨房这个目标后，就会注意收集砖块、瓦片等材料。你走在街上就会注意哪里有砖块、哪里有瓦片，拾块砖头捡块瓦片，用不了多长时间，你就会把原料备全，小厨房盖起来了。如果你没有盖厨房这个目标，走在街上就不会注意砖块，也不会注意瓦片，甚至摆在你的面前，你也不会认为它有用。这就是说，两个人在同一条街上走过，一个有目标意识的人和一个无目标意识的人，其收获大不相同。人生在世，要干一番事业，就如同盖厨房一样，只有树立了明确的目标，才能向着目标的方向努力，才能有意识地收集有关素材，创造有利条件，使你的事业尽快获得成功。

3.3.2.2　职业可以平凡，但工作不可平庸

弗雷德是美国邮政的一名普通邮差，然而他实现了从平凡到杰出的跨越，他的故事改变了两亿美国人的观念。一天，职业演说家桑布恩迁至新居，邮差弗雷德前来拜访，当他得知桑先生经常出差旅行时，他向桑先生分析了由于他经常不在家，可能会造成的邮箱塞满，一些窃贼由此会发现主人不在家而以为有机可乘。他告诉桑先生，只要邮箱的盖子还能盖上，他就把信放到里面，塞不进去的邮件会搁在房门和屏栅门之间，如果那里也放满

了就先把信留着直到桑先生回来。两周后，演说家后出差回来，发现擦鞋垫跑到门廊一角了，下面还遮着什么东西。原来，美国联合递送公司把他的一个包裹送错了地方，弗雷德把它捡回来，送回原处，还留了张纸条。演说家被弗雷德的行为所震动了！他四处演说，使成千上万的人得到启示：如果弗雷德赋予邮差以如此多的新意，那么你和我在工作中，难道不能更为奋发，有更多的创新吗，无论你从事的是一个什么样的工作，每天早晨醒来，你都是一个全新的人，你可以按照自己的选择，来塑造自己的工作和生活。

3.3.2.3　潜心学习，构建合理知识结构

任何职业都离不开专业的知识、专门的技能和独特的经验。在这个职业化的社会里，一个人是否受到认可，是否受到重用、获得发展，与他的专业知识、专业技能和经验的保有程度密切相关。这里，我们所指的专业知识，不仅是你获得学位的专业知识，更是指你所从事的那份工作所需要的专业知识。也许你不是那个专业毕业的，但是你通过自学掌握了那份工作所要求的专业知识，你就是专业的，你就具备了专业的知识、技能和经验，从而具备了竞争力和战斗力。

新世纪对未来人才的知识综合性结构提出了更高的要求，要求大学生既能很好地适应社会需要，又能充分体现个人特色；既能满足专业要求，又有良好人文修养；既能发挥群体优势，又能展现个人专长。构建合理的知识结构没有捷径可走，只能是学习和积累，采取适合自己的科学方法，持续不断地付出艰辛的劳动，辛勤耕耘。

3.3.2.4　立即行动

让理想成为现实职业生涯规划能否实现，很大程度上取决于能否立即行动。俗话说：心动不如行动。因为只有行动，才有成功的可能性，只有从现在做起，才能完成你的人生规划。可是有些人总是有拖延的毛病，对于今天应该做的事情，总是用种种借口拖着不办，今天拖明天，明天拖后天；今年拖明年，明年拖后年，最后直到把事情拖垮。歌德曾有一句名言："仅有知识是不够的，我们必须应用；仅有愿望也是不够的，我们必须行动。"

职业生涯发展规划篇

第五章　职业生涯发展规划概述

职业生涯规划这一概念是由著名管理学家诺斯威尔提出来的，他将其解释为“个人结合自身情况以及眼前制约因素，为自己实现职业目标而确定行动方向、行动时间和行动方案”。换句话说，职业生涯规划就是指通过个人和组织相结合，对个人职业生涯的主客观条件进行测定、分析、研究和总结，尤其是在对自己的兴趣、爱好、个性、能力、价值观、特长、经历以及存在的不足等各方面进行综合分析的基础上，确定最佳的职业奋斗目标，并为实现这一目标做出行之有效的安排。

因此，我们认为职业生涯发展规划就是一个人对自己一生职业发展道路的设想和规划设计，是一个人职业的发展方向和奋斗目标，是职业理想的具体化和可操作化，是一个人通往职业成功之路的重要桥梁，它对于个人职业理想的实现，指导个人职业行动少走弯路，保证事业的成功起着重要的作用，因此加强和改进大学生职业发展教育十分重要。

大学生是一个较为特殊的青年群体。在校大学生都是20岁左右的青年，具有充沛的体力和很强的学习能力，而且职业观念、职业理想、人生观、世界观等方面都具有很强的可塑性。在大学选择某一专业进行学习，是为今后做职业准备，因而大学生涯可称为职业准备阶段，是职业准备期，有很好的职业生涯可规划性。同时，大学为青年学子提供了学习基本职业技能和本领的良好条件，大学生可以为自己成功的职业生涯打好基础，做好准备。经过大学阶段的学习和生活后，他们掌握了一定的专业技能，身心得到了进一步的发展，为大学毕业后的工作和生活打下了基础。因此，大学生涯是大学生个人职业生涯的起步阶段，是一个人职业规划中的黄金时段，是决定其整个人生能否赢在起点的重要阶段。同时，大学生是国家的宝贵人才资源，只有充分合理地发挥大学生的积极作用，才能实现国家未来发展战略目标，构建中国特色社会主义和谐社会。

1　职业生涯规划的意义和作用

由前述可知，职业生涯规划不是简单地帮助人们找到一份工作，重要的是帮助人们更好地发现自我、挖掘潜能，最大限度地实现自我；帮助人们客观地分析内在素质和外在环境的优劣；帮助人们科学地做出人生的规划，使得人生有目标、有方向，从而充满意义。

(1)职业生涯规划可以帮助大学生树立职业理想。职业理想是指人们对未来职业表现出来的一种强烈的追求和向往，是人们对未来职业生活的构想和规划。通过帮助大学生制定职业生涯规划，努力将崇高的职业精神转变为阶段性、具体性的奋斗目标，使大学生一步步地实现职业理想。

(2)职业生涯规划可以帮助大学生养成职业道德。职业道德是指“从事一定职业的人在职业生活中应当遵守的具有职业特征的道德要求和行为准则”。职业生活是否顺利，是否成功，既取决于个人专业知识和技能，也取决于个人的职业道德素质。大学阶段不仅要学好专业知识,更要学会做人和做事。通过职业生涯规划可以帮助大学生养成职业道德,为未来的职业生涯奠定坚实的道德基础。

(3)职业生涯规划可以帮助大学生奠定职业基础。职业基础是指从事一定职业的人所应具备的理论知识水平和专业素养。大学阶段正是积累专业知识重要的时期,同时还要时刻关注所学专业在理论和实践上的新发展、新成就,以最新的科学知识和理论丰富自己,始终站在本学科的最前沿。只有拥有扎实的职业基础才能更好地指导实践。

(4)职业生涯规划可以帮助大学生培养职业技能。职业技能是指从事一定职业的人所应具备的实际操作能力。实践是检验真理的最终标准,大学阶段除了要掌握扎实的专业知识,还需要具备相应的专业技能。

1.1 学校教育过程中的职业生涯规划

大学生还没有真正进入到真实的职业领域,因此要做一个真正意义上的职业生涯规划是不现实的。大学阶段知识为即将从事的职业做能力准备。大学生的职业生涯规划的重点应放在对大学期间的学习、生活、社会兼职、社团活动等方面进行合理的规划,这也是大学生职业生涯规划与其他类型人员的职业生涯规划的主要区别。

1.1.1 大学生涯规划基本目标

大学生涯规划基本目标是完成学业(拿到毕业证、学位证)、提高综合素质、英语过级、担任学生干部、加入中国共产党并获得锻炼提高等基本的目标和任务,还可在个人基础和特点上,适当提高和增加某些方面的目标,如专升本、考研、发表学术论文、参加省级以上比赛等。

学年规划(分年级规划)可参考以下具体目标。

大一目标:了解自我和职业,提高沟通能力,明确职业目标,提高综合素质。主要措施:和高年级的尤其是大三的学生交流大学生活及就业情况;积极参加学校的各项活动,学习人际交往技巧;通过参加学生会或社团组织等,锻炼综合能力;增强英语口语能力、计算机应用能力;学好基础课程,在学习上争取主动;初步确定职业方向,开始制定职业生涯规划。

大二目标:提高求职技能,搜集公司信息。主要措施:与专业教师交往,撰写专业学术文章;参加和专业有关的暑期实践活动,和同学交流求职心得体会;准备自荐材料;参加就业实习,利用校友及各种社会关系资源,开始尝试找工作。尝试兼职,参加社会实践活动,开始体验与职业目标相关的工作。

大三目标:积极申请工作,逐步成功就业。主要措施包括:总结前两年的准备工作,检验职业规划实施情况,针对现状查漏补缺,根据实际情况调整目标。通过各种途径,积极参加招聘活动,寻求和确定适当的工作。

1.1.2 分析自我,找准定位

明确自身的优势。通过自我分析,旨在了解自身,探索职业定位。推断未来可能的工作方向与机会,从而解决"我能干什么"的问题。这一阶段通过专业的心理测试,成长经历的探寻等手段,明确自己的兴趣爱好、个性特征、价值观等内容。

(1)我学到了什么。在学校期间,我从专业学习中获得了哪些知识,参加过哪些社会实践活动，提高和升华了哪些技能。

(2)我曾经做过什么。经历是一个人最宝贵的财富，往往从侧面反映出一个人的素质潜力，因而备受用人单位的关注，绝对忽视不得。对每一个职场人士来说，经历的获得往往比知识更重要。

(3)我最成功的是什么。我做过许多事情，但最成功的是什么。成功的原因是自己的能力所为，还是其他？通过对最成功事例的分析，可以发现自我优越的一面，形成职业规划的有力支撑。

1.1.3　找出自己的不足

(1)找出性格弱点。人无法避免与生俱来的弱点，首先必须正视并尽量减少对自己的影响。

(2)经验与经历中所欠缺的方面。有欠缺并不可怕，尽可能补上，怕的是自己还没有认识到。

1.1.4　进行社会环境的分析

(1)社会分析。分析当前社会、经济发展的趋势，社会热点职业门类分布及需求状况，所学专业在社会中的需求情况，自己所选择的单位在未来行业中变化等情况。

(2)组织分析(企业和用人单位)。这应该是个人着重分析的部分。组织将是你实现个人抱负的舞台。西方关于职业发展有句名言：你选择了一个组织，你就是选择了一种生活。特别是现代社会越来越强调组织文化的建设，对员工的适应生存能力要求越来越高，在知己知彼的基础上，只有两者之间拥有更多的共同点，才是个人融入组织的最佳选择。

(3)人际关系分析。个人处于社会复杂的环境之中，不可避免地要与各种各样的人打交道，因而分析人际关系尤为必要。人际关系分析应着眼于以下几方面：个人职业发展中将与哪些人交往，工作中会遇到什么样的上下级、同事及竞争者，对自己会有什么影响，如何相处等等。

1.1.5　明确选择方向

职业生涯目标的确定，是个人理想的具体化，职业目标的选择并无定式可循，关键是要依据自身实际，适合于自身发展。值得注意的是，随着现代科技的发展与进步，个人要随时注意修订职业目标，尽量使自己的职业目标和社会的需求相适应。

1.1.6　规划未来

职业规划最大的好处在于帮助我们将个人价值观、人生目标与我们的行动策略协调一致，整合个人最大的优势与资源，从而向着终极目标快速前进，这正是我们取得成功的重要保证。

1.1.7　提高各项综合能力

根据目前所处的专业背景，提高自己各个方面的综合能力，为毕业后的第一份工作做好充分的准备。以提高自身的基本素质为主，通过参加学生会或社团等组织，锻炼自己的各种能力。同时，检验自己的知识技能，可以尝试兼职、社会实践活动，最好能在课余坚持长时间从事与自己未来职业或本专业相关的工作，作一个知识、技能和其他方面的储备。如提高自己的责任感、主动性和受挫能力，增强英语口语能力，计算机应用能力，通过英语、计算机、普通话及相关的资格考试并获取证书。

作为当代大学生,我们有什么样的学习准备,就有什么样的就业方向和什么样的就业能力。首先选择的将是符合我们个人的职业发展的道路,其次才是如何成为成功人士。但由于每个人的个体性格、成长经历、知识储备和所具有的环境机遇等的不同,我们选择职业的要求、过程和结果都不尽相同,如何根据这些不同为自己未来的职业生涯做好规划,这就要求大家要从进入校门起,到走出校门之际,结合自己的条件、兴趣、专业特点、就业愿望,合理地进行未来的职业生涯规划,较准确地为自己定位,明白自己更合适什么样的工作。自己将来有可能在哪些方面获得成功,逐渐理清生涯发展方向,形成较明确的职业意向,并提升自己职业生涯的自主意识和责任意识,为今后的事业发展做全面长远的打算,也就是为自己量身打造个人的职业规划设计和选择。

为了帮助同学们更好地准备未来的职业人生,从心态、知识、技能、情商等方面做好应对职业挑战的准备,下面谈谈大学生在校期间如何培养自己和职业发展相关的能力。

1.1.7.1 自信与职业发展

自信是一个人成功的重要因素之一,是一个人发展的动力源泉。古今中外的成功者,他们的成功都与自信密不可分。通过观察,在企业中我们会发现,有同样学历、同样工作经验的人,在处理事务能力方面却有明显的差异。这种差异产生的一个重要因素就是人的自信心,用人单位也特别看重自信心。让我们来看一个例子。

案例1

有一个人,他把全部的财产投到了一种小型制造业上,由于战争的爆发他无法得到工厂所需的原材料,因此只好宣告破产。血本无归使他大为沮丧,于是他离开妻子儿女,成为流浪汉。一个偶然的机会,他看到了一本名为《自信心》的小册子。这本书给他带来了勇气和希望,他决定找到这本书的作者,请作者帮他重新站起来。当他找到作者,说完他的遭遇后,那位作者对他说:“我用心听完了你的遭遇,你希望我能对你有所帮助,但事实上我不能帮助你。”他的脸立刻变得苍白。他低下头,喃喃地说道:“这下完蛋了。”作者停了几秒钟,然后说道:“虽然我没有办法帮助你,但我可以介绍你去见一个人,他可以帮助你东山再起。”刚说完这几句话,流浪汉立刻跳了起来,抓住作者的手,说道:“看在老天爷的份上,请带我去见这个人。”于是,作者把他带到一面高大的镜子面前,用手指着镜子说:“我介绍的就是这个人,在这个世界上,只有这个人能使你东山再起。”他朝着镜子向前走了几步,用手摸着他长满胡须的脸孔,对镜子里面的人,从头到脚打量了几分钟,然后后退几步,低下头,开始哭泣起来。

一月后,作者在街上碰见了这个人,他几乎认不出来了,一副踌躇满志的样子。他的步伐轻快有力,头抬得很高,西装革履,从头到脚打扮一新,看来是很成功的样子。他说那一天我离开你的办公室时,我还是一个流浪汉,我对着镜子找到了我的自信。现在我找到了一份年薪丰厚的工作,我的老板先预支一部分钱给我,我现在又开始了自我奋斗。说完后那人转身步入拥挤的人群之中。这时,作者发现,从来不曾发现信心的那些人的意识中原来也隐藏着巨大的潜能。

1.1.7.2 情商与职业发展

以前人们认为智商高学习成绩好的孩子将来一定会有出息,能成为人才。然而我们现在越来越多地发现,那些在学校表现好学习成绩优秀的孩子走上社会后,工作业绩平平,甚至人际关系紧张,事业发展不顺者大有人在。而有些在学校期间虽然学习成绩不是很突出,但在情商和智商方面协调发展的大学生毕业后,却能在事业上成就斐然。因此,人们得到一个启示,情商和智商一样重要,情商也是决定一个人成功、成才的重要因素之一。有科学家形象地说:"靠智商上学,靠情商找工作和获得晋升。"由此来看,情商对一个人的发展极为重要。情商是作为心理学中的一个测量人的"情感智力量度"概念,用以表示人认识自身情绪、妥善管理情绪、自我激励,认识他人情绪和处理人际关系等方面的水平以及个人在一个单位、企业、团队中的心理平衡和情绪调整的能力。情商是个人情绪管理的能力,是个人综合素质的体现。

一个人事业成功要素中占80%左右是情商。实现自己的职业生涯目标,获得事业的成功,必须注意开发和培养自己的情商。情商表现在学习、生活的各个方面,情商是可以培养的。

1.1.7.3　意商与职业发展

意商是指人的意志的一种量度,即对意志强弱水准的量上的规定性。美国学者希尔认为造成人的失败和影响人的成功的54个因素中,约有1/3的因素与人的意志状况不佳有关。

在现代社会,成功与风险并存,只有百折不挠,对困难、失败有良好的耐受能力的人,才有可能被重用。提高意商主要是培养锻炼意志。当一个人意志力增强最快的时候,也就是当你感到难以支持到了意志极限之时,只要你咬牙挺过去了,意志力就会有很大提高。居里夫人说的好,我的最高原则是:不论对任何困难,都决不屈服。

1.1.7.4　诚商与职业发展

心理学家曾对500余人进行过测试,居前几位的优良品质是正直、坦率、忠诚、真实等。而不良品质主要是不守信用、欺骗、奸诈等。真诚是人际交往中金子般的品质,同学们一定要注意培养自己的这种品质。

1.1.7.5　社会实践与职业发展

学校有不少学生社团,是大学生在校期间最好的锻炼平台。社团组织的各类活动都可积极参加,还可参加学校对学生助理的兼职聘用。用人单位非常看重你在校期间的社会实践活动,当没当过学生干部,参加没参加过校园各种实践活动,这些经历太重要了,有助于你顺利就业。

文科学生,尤其是中文专业的学生在校期间,要练一笔好钢笔字,写一手好文章,文章争取在校报或社会报刊上发表,这就是你将来走向社会的资本。

1.1.7.6　其他能力与职业发展

大学生一般都比较重视专业能力的学习和培养,实际上走向职场后,学会使用办公软件,无论对计算机专业的学生或非计算机专业的学生都是重要的和必需的。微软公司的Microsoft office,是人们广泛使用的办公软件。其中的Word、Excel和PowerPoint分别是人们使用最多的文字处理、电子表格制作和电子文稿演示工具。熟练掌握和运用这些工具,可提高同学们处理文案的能力。

1.2　社会组织管理过程中的职业生涯规划

社会组织管理中的职业生涯规划，是“将个人职业需求与社会组织机构的劳动力需要相联系而做出的有计划的努力”，做好一个人的职业生涯发展规划，必须在了解自己特质、职业兴趣和组织发展目标的基础上，并将二者有机结合找到自己发展的起点、方向和路径。这个过程是在与企业的发展需要的战略方向一致的情况下，通过个人申报、工作设计、工作轮换、工作专业化、工作丰富化、培训开发、组织发展等方法，并通过定期的检讨，切实帮助具体的个人开发他们的职业生涯，以期实现员工的职业生涯发展规划。

我们谈社会组织管理中的职业生涯规划，实际上它包含两个层面，即组织层面的职业生涯管理与个人职业生涯规划。组织层面的职业生涯管理主要是从组织上、制度上及职业生涯管理体系上对组织内的个人职业生涯规划提供相应的保障。组织内的个人职业生涯规划，应该说，它是组织职业生涯管理的核心内容。两者的差异我们先用表 5-1 来比较一下。

表 5-1　组织职业生涯规划与个人职业生涯规划比较

组织职业生涯规划的视角	个人职业生涯规划的视角
◆ 确定组织未来的人员需要	◆ 确认个人的能力和兴趣
◆ 安排职业阶梯	◆ 计划生活和工作目标
◆ 评估每个员工的潜能与培训需要	◆ 评估组织内、外可供选择的路径
◆ 在严密检查的基础上，为组织建立一个职业规划体系	◆ 关注随着职业与生命阶段的变化，在兴趣和目标方面的变化

谈组织内的个人职业生涯规划，是基于组织与个人共同发展的视角来谈的。这里我们着重从方法角度介绍一下后者。

职业生涯规划是一个周而复始的连续过程，其过程包括树立正确的生涯发展信念、自我评估、生涯机会评估、职业方向定位、设定发展目标、制定行动方案与实施计划、生涯评估与回馈几个基本步骤。从大量职业规划咨询实践来看，正确积极的生涯发展信念是职业生涯成功的根本，自我评估和机会评估是前提，职业方向定位是成功的关键，合适的目标设定与行动计划则是保障，生涯评估与回馈则促进我们的职业生涯永续发展！

(1) 树立正确的生涯发展信念。生涯发展的信念是事业成功的基本前提。没有发展向上的信念，事业的成功也就无从谈起，俗话说“志不定，天下无可成之事”。立志是人生的起跑点，反映着一个人的理想、胸怀、情趣和价值观，影响着一个人的奋斗目标及成就的大小。所以，在制定生涯规划时，首先要确立人生志向，对期望人生取得更大发展，这是制定职业生涯规划的关键，也是你的生涯规划最重要的一点。

(2) 自我评估。自我评估的目的是认识自己，了解自己。只有认识了自己，才能对自己的职业作出正确的选择。所以，自我评估是职业生涯规划的最重要步骤之一。一般来说，自我评估包括自己的兴趣、特长、性格、学识、技能、智商以及组织管理、协调、活动能力等。

(3)职业生涯机会的评估。职业生涯机会的评估主要是评估各种环境对自己职业生涯发展的影响,每一个人都处在一定的环境之中,离开了这个环境,便无法生存与成长。所以,在制定个人的职业生涯规划时,要分析环境条件的特点,环境的发展变化情况,自己与环境的关系,自己在这个环境中的地位、环境对自己提出的要求,以及环境对自己有利条件与不利条件等。只有对这些环境因素充分了解,才能做到在复杂的环境中避害趋利,使你的职业生涯规划具有实际意义。如组织环境因素评估包括组织发展战略、人力资源需求、晋升发展机会等。

(4)职业方向定位。通过对自我评估及职业生涯机会评估,结合职业生涯发展愿望,我们可初步确立个人的职业发展方向,如具体的行业、领域、职业、职位、希望发展的高度等。

(5)设定发展目标。职业生涯目标的设定是职业生涯规划的核心。一个人事业的成败,很大程度上取决于有无正确适当的目标。没有目标如同大海的孤舟,四野茫茫,没有方向,不知道自己应走向何方。只有树立了目标,才能明确奋斗的方向,犹如海洋中的灯塔,引导你避开险礁暗石,走向成功。

目标的设定是在继职业生涯路线选择后,对人生目标做出抉择。其抉择是以自己的最佳才能、最优性格、最大兴趣、最有利的环境等信息为依据,通常职业生涯目标的确定包括人生目标、长期目标、中期目标与短期目标的确定,它们分别与人生规划、长期规划、中期规划和短期规划相对应。一般,我们首先要根据个人的专业、性格、气质和价值观以及社会的发展趋势确定自己的人生目标和长期目标,然后再把人生目标和长期目标进行分化,根据个人的经历和所处的组织环境制定相应的中期目标和短期目标。

(6)制定行动方案与实施计划。在确定了职业生涯目标后,行动变成了关键的环节。没有达成目标的行动,就不能达成目标,也就谈不上事业的成功。这里所指的行动是指落实目标的具体措施,主要包括工作、训练、教育、轮岗等方面的措施。例如,为达成目标,你通过什么样的通道来实现?在工作方面,你计划采取什么措施提高你的工作效率?在业务素质方面,你计划如何提高你的业务能力?在潜能开发方面,采取什么措施开发你的潜能等。这些都要有具体的计划与明确的措施,并且这些计划要特别具体,以便于定时检查。

(7)生涯评估与回馈。俗话说“计划赶不上变化”,是的,影响生涯规划的因素诸多。有的变化因素是可以预测的,而有的变化因素难以预测。在此状况下,要使职业生涯规划行之有效,就须不断地对职业生涯规划进行评估与修订。其修订的内容包括:职业的重新选择、生涯路线的选择、人生目标的修正、实施措施与计划的变更等。

1.3　职业生涯规划与未来生活

职业生涯规划与职业选择的不同在于它是动态的、发展的过程,而不是“一选定终身”。大学生在对自己的人生和事业进行规划时,应该有一个十分清楚的目标体系。

职业发展阶段理论认为,职业的选择是一个发展的过程。在这个过程中,每一个步骤都与前后步骤有着密切的联系,共同决定着未来职业的发展趋向。从职业生涯发展过程来看,主要可分为五个阶段:①职业准备期。这是形成了较为明确的职业意向后,从事职业的心理、知识、技能的准备以及等待就业机会。②职业选择期。这是实际选择职业的时期，也是由潜在的劳动者变为现实劳动者的关键时期。③职业适应期。择业者刚刚踏上工作岗位，存在一个适应过程，要完成从一个择业者到一个职业工作者的角色转换。④职业稳定期。这一时期是个人的职业活动能力处于最旺盛时期，是创造业绩、成就事业的黄金时期。⑤职业结束期。由于年龄或身体状况，逐渐减弱职业活动能力与职业兴趣，从而结束职业生涯。

大学毕业生职业生涯规划的侧重点在职业准备、职业选择、职业适应三个阶段。职业选择起着承上启下的作用；初入职业行列的大学生"最易发生的是角色偏差或角色错位，甚至是角色混同或角色冲突"。因此，职业选择之后，要尽快适应新的角色、工作环境、工作方式、人际关系等，才能迅速成为一个成功的职业者。此阶段个人的发展以模仿为主，通过模仿积累工作经验，并根据工作实际对知识、能力的要求进行调整，为向下一阶段过渡奠定基础。成功的职业生涯起步于踏实的职业准备，大学生应该合理地规划好自己的大学生活。学生以学为主，成功的大学生活的关键是解决好学习问题。大学生要结合自己初步确定的目标，集中有限的时间完成对自己独特知识结构以及个人人才核心竞争力的塑造，正确处理好专业与辅修，书本知识与技能的关系。新的时代要求大学生更新传统的学习观念，学习不再是简单的对书本知识的记忆与储存。学习是解决问题，我们要学习在不确定情境下或危机困境中的处事方式和行为模式；学习是适应，我们要具有很强的知识寻求热情和学习原动力，不固守已有的知识和经验面对新任务、新环境，能迅速吸纳多方信息，从容驾驭局面；当今社会处于激烈的变化过程中，大学生还要善于根据变化调整自身，超越自我。

人生大部分时间是在职业生涯中度过的，职业与人生构成了不可分割的整体，二者互相影响。找到了适合自己的职业就可以较好地发展自己的职业生涯，职业生涯的发展也会促进个人生涯的发展。从这个角度上说，职业生涯规划不仅仅是为找份适合自己的工作准备，而是站在自我实现、人生不朽的高度上来探索和规划职业的。因此，大学生职业生涯规划要从人生着眼，正如舒伯所言：生涯是生活里各种事件的演进方面与历程，统合个人一生中的各种职业和生活角色，由此表现出个人独特的自我发展组型。它是一个人对自身不断完善与发展的过程，从而达成安身立命之境界。

职业生涯成功与否决定了人生质量，这一点已越来越为现代人知晓，但大多数人却盲目且直线地重复着幼儿园—小学—中学—大学—工作岗位这条不变的人生轨迹，现实中充斥着人生奋斗中失意的人，但却很少有人认真思考，我们对生涯的态度是什么？职业规划与人生有什么关系？人生的目的是什么？人生要追求什么？因此，处于人生关键阶段中的大学生，应该学习与修身同步，职业准备与人生规划同行。

当代大学生由于没有经历过生活中的痛苦与磨难，往往眼高手低，抗挫折能力差，而置身于市场经济的大背景之中，又往往以自我为中心，注重自我奋斗以及自我价值的实现。针对大学生自身的特点，大学生职业生涯规划的一个重要方面就是生涯规划，而在生涯规划中，首先要解决人生观问题，正确处理奉献与个人实现的关系。大学生在彰显个人主体性的同时，还要清醒地认识到，个人是社会的产物，是作为社会人而存在的，人生活中的各个方面无不在和周围的社会发生着千丝万缕的联系。个人的生活只有置身于整个社会的广阔生活之中,才能显出人生的意义。美国著名的教育家与哲学家杜威提出了"学校即社会"、"教育即生活",大学校园就是一个小社会,学生社团、课外活动、社会实践以及社区服务,都是大学生体味人生、分享为社会奉献之喜悦的好机会,国外许多大学都非常重视通过这些途径加强学生与社会的联系。

在竞争尤为激烈的今天,只有驾驭自己的情绪、理想与意志,控制和协调构成自身心理过程的不同因素的互动关系,才能真正拥有成功人生。因此,大学生要注意到情绪智力培养的重要意义,除提高自身的智力能力外,还要努力使情商增值。高情商的人才能更好地克服内心矛盾冲突,把握转换顺逆境,从更高层面总体规划与实现自我人生目标、人生战略。

2 职业生涯规划的原则与一般方法

2.1 职业生涯规划的基本原则

为了正确制定职业生涯规划,我们必须要遵循一些原则和方法,选择恰当的策略。具体来说,如果想要制定一个成功的职业生涯规划,就应当遵循下列原则,包括特殊原则和一般原则

2.1.1 特殊原则

特殊原则是指职业生涯规划特有的原则。

(1)择己所爱。从事一项你所喜欢的工作,工作本身就能给你一种满足感,你的职业生涯也会从此变得妙趣横生。兴趣是最好的老师,是成功之母。调查表明:兴趣与成功概率有着明显的正相关性。在设计自己的职业生涯时,务必注意:考虑自己的特点,珍惜自己的兴趣,择己所爱,选择自己所喜欢的职业。

(2)择己所长。任何职业都要求从业者掌握一定的技能,具备一定的能力条件。而一个人一生中不能将所有技能全部掌握。所以,你必须在进行职业选择时择己所长,从而有利于发挥自己的优势。运用比较优势原理充分分析别人与自己,尽量选择冲突较少的优势行业。

(3)择世所需。社会的需求不断演化着,旧的需求不断消失,新的需求不断产生。新的职业也不断产生。所以,在设计你自己的职业生涯时,一定要分析社会需求,择世所需。最重要的是,目光要长远,能够准确预测未来行业或者职业发展方向,再做出选择。不仅仅是有社会需求,并且这个需求要长久。

(4)择己所利。职业是个人谋生的手段,其目的在于追求个人幸福。所以,你在择业时,首先考虑的是自己的预期收益——个人幸福最大化。明智的选择是在由收入、社会地位、成就感和工作付出等变量组成的函数中找出一个最大值。这就是选择职业生涯中的收益最大化原则。

2.1.2 一般原则

一般原则是指所有规划方案应具备的。

(1)清晰性原则。规划一定要清晰、明确,以使能够将其转化成为一个可以实行的行

动。人生各阶段的线路划分与安排一定要具体可行。即无论是目标、措施，还是规划本身，都要清晰、明确，各阶段的划分、路线及具体措施一定要具体、可行。

(2)挑战性原则。规划还要在可行性的基础上具有一定的挑战性，虽然这样一来完成规划就要付出更多的努力，但是这样做在成功之后往往能有较大的成就感。所确定的目标要有一定的高度，一个轻易就能够实现的目标不能反映出一个人的真实能力，也不能充分体现一个人的人生价值。因此，目标要具有一定的挑战性，在每一个阶段性目标实现时，都能够有一种成就感，从而激励自己向新的更高的目标迈进，直到到达最终目标。

(3)变动性原则。即目标或措施要有弹性或缓冲性，能够依循环境的变化或需要而做出调整。

(4)一致性原则。即主要目标与分目标要一致，目标与实施措施要一致。规划一定要从长远考虑，明确个人职业发展的大方向。大方向如果不确定，阶段性目标和措施制定得再好，也不会产生好的效果。

(5)激励性原则。即目标的设定要符合自己的性格、兴趣和特长，以便能够对自己产生内在的激励作用。

(6)合作性原则。即要考虑个人的目标与他人的目标是否具有合作性和协调性。

(7)全程原则。即在拟定职业生涯规划时必须考虑到生涯发展的整个历程，对其做全程通盘考虑。职业生涯目标的实现，并不是一蹴而就的，而是要对整个职业目标进行分解，制定每一时期的阶段性目标记忆计划完成的时间和具体实施措施，这一点对大学生来说尤其重要，只要充分认识到这一点，才能意识到对大学阶段进行科学规划的重要性。

(8)具体原则。即职业生涯规划各个阶段的路线划分与安排必须具体可行。主要体现在各个阶段性目标要与总目标保持一致，阶段性目标要服从于总目标；所采取的措施也要与目标保持一致，为目标服务；个人目标要与组织目标协调一致，相辅相成；各个阶段目标与措施要相互衔接，不能相互割裂开来。

(9)实际原则。由于实现职业生涯目标的途径有很多，因此在作规划时必须考虑到自己的特质、社会环境、组织环境以及其他相关的因素，选择确实可行的途径。

(10)可评量原则。目标要明确，措施要具体，完成时间要有限定，以便检查和评估，方便自己随时掌握执行情况，为规划的修正和调整提供参考依据。

2.2 职业规划的一般方法

职业生涯，是一个人一生的工作经历，特别是职业、职位的变动及工作理想实现的整个过程。科学地规划人生，不仅能实现人生价值，更能提升生命品质。在职业生涯规划的过程中，不同的环节要运用恰当的方法，以保证职业生涯规划尽可能地做到合情合理，切合实际。

2.2.1 确立志向

我国明代军事家王守仁说过："志不立，如无舵之舟，无衔之马，漂荡奔逸，终亦何所底乎。"志高则言浩，志大则辞宏，志远则旨永。立志是人生的起跑点，反映着一个人的理想、胸怀、情趣和价值观，影响着一个人的奋斗目标及成就的大小。确立志向，是制定职业生涯规划的关键，也是职业生涯中最重要的一点。

2.2.2　自我评估

准确的自我评价是个人职业生涯规划的基础,也是获得可行性规划方案的前提。只有认识了自我,才能对自己的职业作出正确的选择,选定适合自己发展的职业生涯路线,才能对自己的职业生涯目标作出最佳抉择。自我评估包括自己的兴趣、爱好、特长、性格、学识、技能、智商、情商、思维方式、思维方法、道德水准、工作经验以及公众认知度等。

自我剖析的方法有很多,在国外,帮助个人了解自我的方法不下百种,比较常用的主要有:斯特朗兴趣清单(Strong Interest Inventory,SII),约翰·霍兰德的职业偏好清单(Vocational Preference Inventory,VPI)和自我倾向搜寻法(Self Directed Search,SDS),美国劳工部所属各机构共同研究的“一般才能综合测试法”(General Aptitude Test Battery,GATB),迈尔斯布里格斯个性分类指数(Myers - Briggs Type Indicator,MBTI)等。但是,专家指出,这些方法都必须由职业生涯顾问来操作和阐释。

在国内,常用的主要有橱窗分析法、自我测试法和计算机测试法等,在此我们只做简单介绍,若要进行测试操作,建议读者朋友们向有关专家或老师进行咨询,并争取在他们的指导下进行测试。

2.2.2.1　橱窗分析法

橱窗分析法是自我解剖的重要方法之一。心理学家把对个人的了解比成一个橱窗。为了便于理解,可以把橱窗放在一个直角坐标系中加以分析。坐标的横轴正向表示别人知道,负向表示别人不知道;纵轴正向表示自己知道,负向表示自己不知道。坐标橱窗可用图5-1表示。

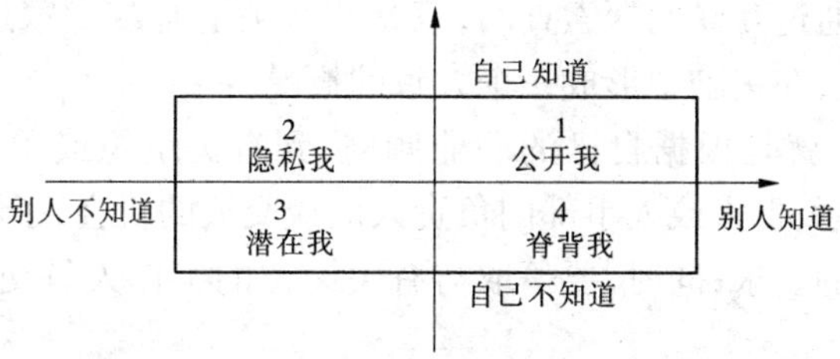

图5-1　坐标橱窗

橱窗坐标的第一象限(即图中的1区)为自己知道和别人也知道的部分,称为“公开我”,属于个人展现在外、无所隐藏的部分。

橱窗坐标的第二象限(即图中的2区)为自己知道和别人不知道的部分,称为“隐私我”,属于个人内在的私有秘密部分。

橱窗坐标的第三象限(即图中的第3区)为自己不知道和别人也不知道的部分,称为“潜在我”,是有待开发的部分。

橱窗坐标的第四象限(即图中的4区)为自己不知道和别人知道的部分,称为“脊背我”,犹如一个人的背部,自己看不到,别人却看得很清楚。

在利用橱窗分析法进行自我解剖时,重点是理解“潜在我”和“脊背我”部分。许多研究表明,人类平常只发挥了极小部分的大脑功能。如果一个人能够发挥一般的大脑功能,将轻易地学会40种语言,背诵整套百科全书。因此,每个人都有巨大的潜能,“潜在我”

是影响一个人未来发展的重要因素。“脊背我”也是准确对自己进行评价的重要方面，如果你诚恳地、真心地对待他人的意见和看法，就不难了解“脊背我”；否则，就很难听到别人的真实评价。

2.2.2.2 自我测试法

自我测试法就是利用心理学家们经过研究精心设定的测试题目，通过回答有关问题，并对照有关分析量表来认识自己、了解自己，是一种比较简捷、经济的自我分析法。这种测试题目的内容和量表很多，涉及人的各个方面，如性格测试、气质测试、情绪测试、智力测试、技能测试、记忆力测试、创造力测试、观察力测试、应变能力测试、想象力测试、管理能力测试、人际关系测试、行为能力测试等。

2.2.2.3 计算机测试法

就是利用相关的计算机软件进行价值观、兴趣、性格、能力等测试的方法。这种方法的优点是统计速度快，便于操作。

2.2.3 环境分析

环境分析主要是分析各种环境因素对自己职业生涯发展的影响，包括经济发展、人事政策、企业制度、职业空间、同事关系、领导态度、亲戚关系等，结合环境条件的特点、环境发展的变化、自己在环境中所处的位置、环境对自己的要求，评价出环境对自我发展优势、劣势、机会和威胁，做到在复杂的环境中避害趋利，适者生存。

(1)资料收集法。就是通过查阅、收集有关资料，了解社会经济、科技及职业发展等有关知识和情况。查阅的方法也很简单，可以有这样几个途径，一是到图书馆查阅有关文献、报刊资料等；二是通过互联网搜索查阅；三是找有关老师或专家进行咨询。查阅收集完后，对资料进行整理，在头脑中形成一个大致的概况。

(2)实地考察法。就是根据自己的职业倾向，到有关组织或单位走访调查，如有可能，尽量争取与其主要负责人或人事部门负责人座谈交流的机会，了解组织或单位对人才的需求和对人才素质的要求；同时，要争取与有关岗位的工作人员交流的机会，了解岗位的具体情况等。

(3)社会实践法。就是利用节假日和其他业余时间，到有关组织或单位开展社会实践活动、实习或者做兼职，通过这些活动，亲身体验有关工作岗位的实际情况，并把它作为一个进入社会、了解社会的窗口。

将三个方面结合起来使用，对于大学生尽快了解社会、体验职业环境会起到很好的作用。

2.2.4 行业选择

俗话说：“女怕嫁错郎，男怕入错行。”由此可见，行业选择对人生事业发展是非常重要的。一般来讲，当职业与个人的理想、爱好、性格、特长、专业、经验等最接近时，个人的主观能动性最容易激发出来。

职业生涯是一个人一生中所有与职业相联系的行为与活动，以及相关的态度、价值观、愿望等的连续性经历的过程，也是一个人一生中职业、职位的变迁及工作理想的实现过程。简单说，职业生涯就是一个人终生的工作经历。一般可以认为，我们的职业生涯开始于任职前的职业学习和培训，终止于退休。选择什么职业作为我们的工作，这对于我们每个人的重要性都是不言而喻的。

现代人大部分时间是在社会组织中度过的。在毕业后到退休前的几十年中,几乎每天都要和我们的工作打交道。因此,我们从事的工作,我们自己是否喜欢,是否适合,是否觉得这份工作很有意义,对我们同样非常重要。一位总裁曾经说过:“在我看来,世界上最大的悲剧莫过于,有太多年轻人从来没有发现自己真正想做什么。想想看,一个人在工作中只能赚到薪水,其他的一无所获,这是一件多么可悲的事情啊!”

所以,我们在选择职业的时候,应该慎重的对待。要想职业生涯能获得很大成功,首先我们应该明白成功的一般规律。美国的成功学大师安东尼·罗宾斯曾经提出过一个成功的万能公式:成功＝明确目标＋详细计划＋马上行动＋检查修正＋坚持到底。从这个公式我们可以看出,要想成功,一般要首先明白我们的目标和详细的计划。在职业生涯领域也是同样。首先选择一个最适合我们发展的行业和工作,然后确定我们的目标,同时对我们的整个职业生涯进行初步规划,最后付诸行动,并且经常地对自己的目标和计划进行检查修正,最后坚持到底,定能获得职业生涯的成功。

2.2.5　确立职业目标和职业路线

在行业确定后,如何定位,如何发展达到理想目标,此时要作出选择和计划。比如,向管理方向发展,还是做专业技术。由于目标不同,对职业发展的要求也不相同。因此,在职业生涯规划中,必须作出选择,以便使自己的学习、工作以及各种行动措施向着既定目标发展。一般目标分短期目标、中期目标、长期目标和人生目标。短期目标一般为一到二年,中期目标一般为三到五年,长期目标一般为五到十年。

职业目标和职业路线选择的方法也有很多,比较实用而又方便大学生在做职业生涯规划时进行操作的,我们认为主要有以下几种:

(1)直接法。主要是借助个人内在的感情和感觉,运用想象力,辅之以过去的知识、经验和背景来做出选择。该方法的优点是简单、迅速,缺点是主观武断、凭感性、缺乏科学依据。

(2)比较法。就是运用推理、比较和数据资料,综合考虑多方面的利弊得失,找出正面预期多、负面影响小的方案。这种方法比较科学,但较为复杂,需要的技术和资源较多,选择过程较长。

(3)测试法。主要是利用一些量表来测试自己的职业倾向或职业兴趣等,然后参考测量结果来进行职业选择。

(4)咨询法。通常是找一些有经验的咨询专家进行咨询或指导,利用题目的专门知识和经验辅助决策。若在测试结果的基础上进行咨询决策,效果会更好。

(5)SWOT 分析法。SWOT 是四个英语单词的缩写,即优势(Strength)、劣势(Weakness)、机会(Opportunity)和威胁(Threat),所谓 SWOT 分析法就是在职业选择中通过对自己的优势、劣势、机会和威胁进行分析,对各种机会进行评估,以便选择出最佳方案的一种职业评估和选择方法。一般认为,这里所说的优势和劣势主要来自于自身,而机会和威胁主要来自于外部环境(包括组织环境和社会环境)。该方法主要是利用 SWOT 分析表格,对优势、劣势、机会和威胁四个方面进行列表分析(见表 5-2)。

(1)优势分析。列出自己出色和擅长的方面。

表 5-2　SWOT 分析表

优势: 1. 2. 3.	劣势: 1. 2. 3.
机会: 1. 2. 3.	威胁: 1. 2. 3.

(2)劣势分析。列出自己不足的方面,如经验或经历欠缺、没有什么特长、性格内向、不善交际等。

(3)机会分析。列出有利于职业选择和职业发展的一些机会。

(4)威胁分析。列出存在的潜在威胁、危险或其他不利因素。

通过 SWOT 分析,能够比较清楚地了解自己的优势和劣势,清楚自己在哪些方面具有职业发展机会,进而对各种职业发展机会进行全面客观的评估,然后确定职业生涯目标,把握最佳的发展机会。

2.2.6　制定计划

在确定了职业生涯目标后,就要制定切实可行的计划与措施,如学习、培训、岗位轮换等。

如何制定职业生涯计划,实现个人愿景与共同愿景的有机结合,是近几年西方一些开拓性的大企业公司在人力资源管理与开发中出现的新职能、新方法。目前,个人职业生涯计划已被国内企业广泛重视和运用,同时也受到了企业员工的普遍欢迎。学生在校期间就应该开始制定职业生涯计划,职业生涯计划的制定可以使学生有明确的发展方向和目标,有利于促进学生的成长。

人们总是习惯于低估自己,结果往往是弄假成真。对此,心理学家罗洛·梅总结道:“许多人觉得,在命运面前,自己的力量微不足道,打破现有的框架需要非凡的勇气,因而许多人最终还是选择了安于现状,这样似乎更舒适些。所以在当今社会,‘勇敢’的反义词已不是‘怯懦’,而是因循守旧。”在学习中绝不应只“低头拉车”,专心研究某一种专业知识,还应同时“抬头看路”,看看这种专业知识在未来社会是否还将为人们所需求。一般说来,以长远眼光看问题,多掌握几种技能要比只精通一门狭窄专业知识更有前景。

相关案例

职业生涯计划书

第一,应该消除盲目心态。明确上高职的目的和肩负的任务,着手设计高职职业生涯规划书,制定长远目标和阶段性目标及切实可行的措施。

第二,调整学习方法。高职的学习目的、内容、方法都有别于中学,更注重主动性、创造性和广泛性。因此,要及时调整学习方法,变被动为主动,尽快适应高职学习。

第三,克服自卑心理。要懂得人没有自卑的理由,任何人都有自己的长处和短处,所谓“尺有所长，寸有所短”，要坚信自信会使你取得成功。同时，和自信的人交朋友，你会发现自己也慢慢自信起来。

第四，培养自己的独立能力。学会安排自己的生活，管好自己，合理安排经济开支，学会精打细算；培养人际交往能力，建立和谐的人际关系。

第五，修养自己的个性品质。通过参加各种有意义的活动，树立远大的理想，确立正确的人生观、价值观和世界观。如通过参加社会实践活动、先进人物报告会、党课等多种途径来陶冶自己的情操，提高自己的综合素质。

英国作家福斯特有一篇小说，题为《带风景的房间》。我想，这“带风景的房间”一定是一间位置极佳的屋子，打开窗户可以看见不同的景观。也许，在你的人生旅程中，一扇窗户已经关上，但请打开另一扇窗子，那边有很多新的风景等待你去发现、去欣赏！

高职低年级的课程，主要包括公共课和基础课。这些课程的特点是：一是比中学具有更强的理论性和系统性，要求学生提高分析与概括的能力；二是大班上课提问题的机会减少，要记下一些问题自己钻研或课后提问；三是讲课速度较快，教师讲解的顺序与教科书不一定完全一致，内容上有所取舍，也有所补充，着重点也不同。学生听课时要摸清教师的思路，抓住重点、难点，提高记笔记的能力。

预习和复习是提高听课的效果，抓好重点、难点，积极运用思维，深入理解教材，形成系统的观点和科学知识体系，培养学生自学能力的重要环节。有数据表明，完全能够和基本上预习的占7%和20%，基本上不预习的占48%，有时预习的占25%。这样就有约70%的学生不预习或较少预习。课后复习和一般能够复习的共占82%，较少和不复习的占18%，复习时结合思考的占75%，只有少数学生使用反复记忆的方式，约占9%。这说明在复习方式上体现了青年时期运用命题思维的特点。在预习与复习的时间上，离上课时间近的占52%，远的占16%，不复习者占5%。有的学生是预习时间近，复习时间远，复习时喜欢较长时间连续进行的占38%，复习时间短而分散的只占5%。这说明较长时间的连续复习略占优势。课后的复习要求学生阅读的内容较多，还要指定一些参考书，依靠自己独立研究、提出问题、思考问题和归纳总结。习题课要改变中学习惯了的死套公式的解题方法，加强了理论推导的课题，解题的难度也适当加深，注意用文字、图表、数理计算等方法的表达能力。实验是培养学生动手的技能和分析与解决实验过程提出问题的能力，高职的实验要从教师指导下的演示方法逐步过渡到独立地提出实验方案和完成实验，从以验证某一定律或原理的实验过渡到形成科学的实验。在高职阶段教学的各种组织形式，都有不同于中学的变化和特点，怎样帮助高职低年级学生在学习方法上适应这种变化，掌握高职的学习规律，是提高我们学习能力的一个关键问题。

我们都希望能有一个光明的未来，要实现这个愿望不仅要有合理的学习计划，更重要的是还要有适合自己的职业规划，这样才能让自己在毕业以后不会像无头苍蝇一样不知所向！

在规划自己将来职业生涯的时候会做到以下十点：

(1)无论我现在或将来从事的职业是什么，对职业要负责这一点切切不可忘记。

(2)切记和谐融洽的人际关系非常重要。实际证明与同事间人事关系融洽将使工作效率倍增。

(3)要优化自己的交际技能。优良的交际技能可为你谋职就业提高成功概率。

(4)要善于发现变化并使用变化。不管周围环境及自己人生某一阶段出现何样的变化,你都应该善于发现其中的各种机遇并驾驭这些机遇。

(5)要灵活。未来时代的工作者们可能必须要经常转换职业角色,这就是说我们要能灵活地从一个角色迅速转换到另一个角色,方能适应时代环境的变化。

(6)要善于学用新技术。曾经我想当一名作家,但在当今时代作家欲获成功也必须不断学用并掌握新技术技能才行,比如作家必须同时成为一名计算机文字处理员、打字员、网上发行员才能获得成功。

(7)要舍得花钱、花时间学习各种指南性知识简介。目前,各大学、社会研究机构、其他组织开办了各式各样的实用性半日、一日或二日可学完的知识简介科目,这类指南性知识简介的试学可能是预探新领域"水深度"的最简便易行的方法。

(8)摒弃各种错误观念。当我们考虑某新职业或新产业时,观念一定要更新,以防被错误思维误导。

(9)选择就业单位时事前应多做摸底研究。

(10)要不断开拓进取、不断开发新技能。一个复合的社会将不仅需求专业化知识,同时还需求通用化及灵活式技能。

2.2.7　评估调整

职业生涯规划是一个动态的过程,必须根据实施结果的情况以及变化进行及时的评估与修正。计划往往赶不上变化,这就要求我们做好职业目标的评估和调整,及时了解情况的变化,通过对实际情况和目标的实现程度分析,做好职业目标的考核、修改和调整,重新制定适合自身发展的职业目标,确保可行性,才能完成职业目标的实现

2.2.7.1　评估的内容

职业目标评估(是否需要重新选择职业?假如一直……,那么我将……);

职业路径评估(是否需要调整发展方向?当出现……的时候,我就……);

实施策略评估(是否需要改变行动策略?如果……,我就……)、其他因素评估(身体、家庭、经济状况以及机遇、意外情况的及时评估)。

2.2.7.2　评估的时间

一般情况下,一年做一次评估规划,并在年头制定该年具体计划,逐月修订,将具体计划按照年月周细分,做好总结工作。积极修正和核查策略和计划,保证目标有效实施。

在特殊情况下,例如职位变更或者职业变更时期,随时评估并进行相应调整,酌情缩短规划周期,做到事事有计划。

2.2.7.3　规划调整的原则

规划根据成功标准、个人与差距规划目标来调整。

相关链接

规划调查的原则

(1)成功标准:我的成功标准是个人事务、职业生涯、家庭生活的协调发展。只要自己尽心尽力,能力也得到了发挥,每个阶段都有了切实的自我提高,即使目标没有实现

(特别是经济目标)我也不会觉得失败,给自己太多的压力本身就是一件失败的事情。

(2)差距:

①跨国企业先进的管理理念和丰富的管理经验;

②作为高级职业经理人所必备的技能、创新能力;

③身体适应能力有差距;

④社交圈太窄。

(3)缩小差距的方法:

A. 教育培训方法。

(1)充分利用在校学习的时间,为自己补充所需的知识和技能。包括参与社会团体活动、广泛阅读相关书籍、选修、旁听相关课程、报考技能资格证书等。

(2)充分利用公司给员工提供的培训机会,争取更多的培训机会。时间:长期。

B. 讨论交流方法

(1)在校期间多和老师、同学讨论交流,毕业后选择和其中某些人经常进行交流。

(2)在工作中积极与直接上司沟通、加深了解;利用校友众多的优势,参加校友联谊活动,经常和他们接触、交流。

C. 实践锻炼方法

(1)锻炼自己的注意力,在嘈杂的环境里也能思考问题,正常工作。在大而嘈杂的办公室里有意识地进行自我训练。

(2)养成良好的锻炼、饮食、生活习惯。每天保证睡眠6~8小时,每周锻炼三次以上。

(3)充分利用自身的工作条件扩大社交圈、重视同学交际圈、重视和每个人的交往,不论身份贵贱和亲疏程度。

第六章　职业发展规划的设计与实施

1　确立职业目标

职业目标是指人们对未来职业表现出来的一种强烈的追求和向往,是人们对未来职业生活的构想和规划。一个人事业的成败,很大程度上取决于有无正确、适当的目标。没有目标如同驶入大海的孤舟,四野茫茫,没有方向,不知道自己走向何方。只有树立了目标,才能明确奋斗方向,犹如海洋中的灯塔,引导你避开险礁暗石,走向成功。因此,在制定职业生涯规划时,关键是要确立好职业目标。职业目标又分短期和长期目标。长期目标一般是以后职业规划的顶点,要一个人经过长期艰苦努力、不懈奋斗才有可能实现,确立长远目标时要立足现实、慎重选择、全面考虑,使之既有现实性又有前瞻性;短期目标更具体,对就业的影响也更直接,也是长远目标的组成部分。

职业目标的确定,是个人理想的具体化和可操作化;是指可预想到的、有一定实现可能的最长远目标。按照马斯洛的需求层次理论,人一般具有生理需求(基本生活资料需求,包括吃、穿、住、行、用)、安全需求(人身安全、健康保护)、社交需求(社会归属意识、友谊、爱情)、尊重需求(自尊、荣誉、地位)、自我实现需求(自我发展与实现)五种依次从低层次到高层次的需求。职业目标的选择并无定式可言,关键是要依据自身实际,适合于自身发展。分析自我,了解自我,分析环境,了解职业世界,使自己的性格、兴趣、能力与职业相匹配,这一点对即将步入社会选择职业的高职生来说非常重要。值得注意的是,伴随现代科技与社会进步,大学毕业生的就业观念也要相应地改变,打破传统的"一业定终身"的理念,就业、再就业是大趋势,职业生涯规划也随之根据各种变化来调整。所以,个人要随时注意修订职业目标,尽量使自己职业的选择与社会的需求相适应,一定要跟上时代发展的脚步,适应社会需求,才不至于被淘汰出局。

1.1　兴趣、性格、能力与职业目标定位

在确定职业目标时,自我分析占据着最重要的位置,一个人选择什么样的职业,常与其兴趣、爱好、性格及能力等有密切关系。从某种意义上来说,兴趣、性格是一个人在选择职业时首先要考虑的问题,所以在求职过程中,应对自己各方面的情况作全面的自我分析。

1.1.1　兴趣与职业目标定位

1.1.1.1　什么是兴趣?

兴趣是人们力求认识、掌握某种事物,并经常参与该种活动的心理倾向;或者说,兴趣是人们积极探究某种事物的认识倾向。例如,你对某种职业感兴趣,就会对该种职业活动表现出肯定的态度,并积极思考、探索和追求。

兴趣可分为物质兴趣、精神兴趣和社会兴趣。物质兴趣与你的需要相关联,表现为对物质的迷恋和追求,例如收藏的兴趣;精神兴趣主要是指对文化、科学和艺术的迷恋与追求,例如旅游、写作、绘画、书法、摄影、发明创造等兴趣;社会兴趣主要是指对社会工作等活动的兴趣。兴趣又可分为直接兴趣和间接兴趣:你喜欢跳舞、打球,可能是因为这些活动本身对你有吸引力,通过这些活动你会获得愉快和满足——这就是直接兴趣;你可能感到学外语是一件很枯燥的事情,但对它仍然兴致很浓,这并不是学外语本身会给你带来轻松愉快,而是学外语可以继续攻读学位,可以直接了解国外最新信息,可以找到满意的工作,可以出国学习或交流等,是这些结果在吸引你学习——这就是间接兴趣。直接兴趣和间接兴趣可以相互转化,也可以相互结合,从而更有效地调动你的积极性。

兴趣对人生事业的发展至关重要,所以兴趣自然是职业选择应考虑的重要因素之一。如果一个人对某种工作产生兴趣,在工作中就会具有高度的自觉性和积极性,在工作中做出成就;反之,则会影响积极性的发展,有可能一事无成。爱因斯坦曾经说过:“兴趣是最好的老师。”兴趣是努力的原动力,是成功之母。走自己的路,做自己喜欢的事情,选择自己感兴趣的职业,是当今社会最具有典型性的择业观念。

一般来说,兴趣是在后天生活实践中形成的,但兴趣有相对的稳定性,它与一个人的个性有内在的联系。因此,大学生在选择职业过程中应适当考虑自己的兴趣和爱好,不能为了暂时的眼前利益而选择自己不感兴趣的职业,这样不仅不能充分施展自己的才能,而且会贻误终生。但兴趣爱好在职业选择中,也并不总是起着正向的驱动作用,有时它也是一种耗散力,给大学生带来职业选择的困惑,如有的同学对什么都感兴趣,但没有形成自我特色,在职业选择时就没有竞争优势;有的同学兴趣面太窄,以至于不能满足社会需要;还有的同学因种种客观因素,个人兴趣与所学专业不一致,也不可避免地造成职业选择的困难。所以,即将毕业的大学生,要对自己的兴趣有一客观的分析,同时还要树立正确的人生志向,调整自己的兴趣爱好,适应社会的需要,争取找到适合自己兴趣的职业,使自己的才智得到最大程度的发挥。

1.1.1.2　兴趣对职业目标定位的影响

(1)兴趣是目标定位的重要依据——兴趣是最好的老师,是一种强大的精神力量。兴趣可以使人集中精力去获得你所喜欢的职业知识,启迪智慧并创造性地开展工作。当一个人对某种职业发生兴趣时,他就能发挥整个身心的积极性,就能积极地感知和关注该职业知识、动态,并且积极思考,大胆探索;就能情绪高涨、想象丰富;就能增强记忆效果,增强克服困难的意志。反之,“强摁牛头不喝水”,是不会取得良好效果的,当然也就很难在该职业上发挥个人的优势、做出巨大贡献了。正像你在日常生活中喜欢从事自己感兴趣的活动一样,具有一定兴趣类型的你更倾向于寻找与此有关的职业,特别是在外界环境限制较小时,你更倾向于选择自己感兴趣的职业。

(2)兴趣可以提高你的工作效率,充分发挥你才能——一个人对某一方面的工作有兴趣时,枯燥的工作会变得丰富多彩、趣味无穷。兴趣使工作不再是一种负担,而是一种享受。因为兴趣可以调动人的全部精力,以敏锐的观察力、高度的注意力、深刻的思维和丰富的想象力投入工作,促进你能力的发挥,兴趣和能力的合理结合会大大提高工作效率。曾有人进行过研究:如果你从事自己感兴趣的职业,则能发挥你的全部才能的80% ~

90%,而且长时间保持高效率而不感到疲劳;而对所从事工作没有兴趣,只能发挥你全部才能的20%~30%。

(3)兴趣是保证职业稳定、职场成功的重要因素——对某一职业有浓厚的兴趣,是智力开发的"孵化器"。兴趣是工作动力的主要源泉之一。对于一个人来说,对工作感兴趣,就愿意钻研,就会出成就——这正是兴趣的作用所在。一般来说,兴趣是你职业生涯适应的一个基本方面,可以为职业生涯选择提供有效的信息。兴趣主要用于预测你的工作满意感和工作稳定性,工作满意是职业生涯适应的一大标志。在其他条件相似的情况下,从事自己感兴趣的职业不仅让你感到满意,而且能够让你的工作单位感到满意,并由此导致工作的长期性和稳定性。此外,多方面的兴趣可以使人善于应付多变的环境。如需变换工作,只要自己感兴趣,就能够很快地学会这门工作,求职成功,并能够在新的岗位很快地熟悉和适应新的工作。因此,兴趣是职场成功的一个重要因素,它能将你的潜能最大限度地调动起来,使你长期专注于某一方向,做出艰苦的努力,取得令人注目的成绩。

一个人如果能根据自己的兴趣去选择职业目标定位,他的主动性将会得到充分发挥。即使十分疲倦和辛劳,也总是兴致勃勃,心情愉快;即使困难重重也绝不灰心丧气,而能想尽办法,百折不挠地去克服它,甚至废寝忘食、如醉如痴。爱迪生就是个很好的例子。他几乎每天都在实验室里辛苦工作十几小时,在那里吃饭、睡觉,但丝毫不以为苦,"我一生中从未间断过一天工作"。他宣称:"我每天其乐无穷"。难怪他会成功。

因此,在选择长期、稳定的职业目标定位时,不仅需要知道自己有能力从事什么样的工作,更重要的是需要知道自己对哪类工作感兴趣。只有将能力和兴趣结合起来考虑,才更有可能规划好职业生涯并取得职业生涯的成功。

相关链接

加拿大职业分类词典中各种职业兴趣类型的特点与相应的职业

1. 兴趣类型:愿与事物打交道

特点:喜欢接触工具、器具或数字,而不喜欢与人打交道。

可能适应的职业制图员、修理工、裁缝、木匠、建筑工、出纳员、记账员、会计、勘测、工程技术、机器制造人员等。

2. 兴趣类型:愿与人打交道

特点:喜欢与人交往,对销售、采访、传递信息一类的活动感兴趣。

可能适应的职业:记者、推销员、营业员、服务员、教师、行政管理人员、外交联络人员等。

3. 兴趣类型:愿干有规律的工作

特点:喜欢常规的、有规律活动。习惯于在预先安排好的程序下工作。

可能适应的职业:邮件分类员、办公室职员、图书馆管理员、档案整理员、打字员、统计员等。

4. 兴趣类型:愿与大自然打交道

特点:喜欢地理地质类的活动。

可能适应的职业:地质勘探人员、钻井工、矿工等。

5. 兴趣类型:愿从事农业、生物、化学类工作

特点:喜欢种养、化工方面的实验性活动。

可能适应的职业:农业技术员、饲养员、水文员、化验员、制药工、菜农等。

6. 兴趣类型:愿从事社会福利类的工作

特点:喜欢帮助别人解决困难,这类人乐意帮助人,他们试图改善他人的状况,帮助他人排忧解难,喜欢从事社会福利和助人工作。

可能适应的职业:咨询人员、科技推广人员、教师、医生、护士等。

7. 兴趣类型:愿做组织和管理工作

特点:喜欢掌管一些事情,以发挥重要作用,希望受到众人尊敬和获得声望,愿做领导和组织工作。

可能适应的职业:组织领导管理者,如行政人员、企业管理干部、学校领导和辅导员等。

8. 兴趣类型:愿研究人的行为和心理

特点:喜欢谈涉及人的主题,对人的行为举止和心理状态感兴趣。

可能适应的职业:心理学、政治学、人类学、人事管理、思想政治教育研究工作以及教育、行为管理工作、社会科学工作者、作家等。

9. 兴趣类型:愿从事科学技术事业

特点:喜欢通过逻辑推理、理论分析、独立思考或实验发现和解决问题的、推理的、测试的活动,善于理论分析,喜欢独立地解 决问题,也喜欢通过实验做出新发现。

可能适应的职业:生物、化学、工程学、物理学、自然科学工作者、工程技术人员等。

10. 兴趣类型:愿从事有想象力和创造力的工作

特点:喜欢创造新的式样和概念,大都喜欢独立的工作,对自己的学识和才能颇为自信。乐于解决抽象的问题,而且急于了解周围的世界。

可能适应的职业:社会调查、经济分析、各类科学研究工作、化验、新产品开发,以及演员、画家、创作或设计人员等。

11. 兴趣类型:愿做操作机器的技术工作

特点:喜欢通过一定的技术来进行活动,对运用一定技术、操作各种机械、制造新产品或完成其他任务感兴趣,喜欢使用工具特别是大型的、马力强的先进机器,喜欢具体的东西。

可能适应的职业:飞行员、驾驶员、机械制造人员等。

12. 兴趣类型:愿从事具体的工作

特点:喜欢制作看得见、摸得着的产品并从中得到乐趣,希望很快看到自己的劳动成果,并从完成的产品中得到满足。

可能适应的职业:室内装饰、园林、美容、理发、手工制作、机械维修、厨师等。

在选择职业过程中,人的兴趣和爱好往往具有一种强大的推动作用。但是,个人的兴趣和爱好只能作为职业选择的重要依据,而不是全部依据。因为,只有把它们建立在一定能力的基础上,并与社会需要相结合,兴趣、爱好才会获得现实的基础,也才有实现的可能。因此,求职者应该培养自己多方面的兴趣和爱好,努力发展自己的专长,从而使自己

的兴趣爱好有明确的针对性，确保在求职时拥有一个更为广泛的选择余地。

1.1.2　性格与职业目标定位

性格是个人对现实的稳定态度和与之相适应的习惯化的行为方式中表现出来的个性心理特征。从广义讲，性格是人的自然追求和精神欲求的追求体系，是行为方式、心理方式、情感方式的总和，集中反映了一个人的心理面貌。在求职中，性格是构成相识和吸引的重要因素，与职业选择的关系极为密切，既彼此制约，又相互促进。

性格中的意志特征与职业的选择有密切的关系，缺乏坚强意志的人常常不能顺利地选择职业，今后也难以胜任工作，往往一事无成或成就平平。由于意志薄弱，一遇挫折、困难就产生被动、退缩，因而失去许多成功的机会。缺乏坚韧性的人无法从事要求耐力很强的工作，如科研人员、外科医生等，而缺乏自制、任性、怯懦的人也不适宜去做管理和社会工作。

一般说来，开朗、活泼、热情、温和的性格，比较适合从事外贸、涉外、文体、教育、服务等方面的工作以及其他同人交往的职业；多疑、好问、倔强的性格，比较适合从事科研、治学方面的工作；深沉、严谨、认真的性格，比较适合做人事、行政、党务工作；勇敢、沉着、果断与坚定是新型企业家和管理者不可缺少的性格。

性格就类型而言，可以分为外向型和内向型。就求职而言，在面对面的交谈中，一般是外向性格为好。一项调查显示，在求职面试时，性格外向的人其求职成功率高于性格内向的人。在求职过程中，有时其他条件皆占优势的个性内向者，却竞争不过其他条件不如他的性格外向者。这是因为性格外向的人更善于把自己展示给对方，特别是把自己的长处展示出来。性格内向的人即使有真才实学，但由于不善于展示自己，人家也就无法通过感性印象认识他。求职面试中的感性印象，对于用人单位的招聘者来说有着不可忽视的作用。所以说，求职者的性格是影响其求职成败的重要因素。

相关链接

职业匹配理论

美国心理学家霍兰德是著名的职业指导专家，提出了性格类型——职业匹配理论。他认为，学生的性格类型、学习兴趣和将来的职业密切相关。他将人的性格分为六种：现实型、研究型、艺术型、社会型、企业型和常规型。

(1)现实型。他们通常喜欢有规则的具体劳动和需要基本技术的工作，这类人擅长技能性职业、技术性职业，但往往缺乏社交能力。他们粗犷、强壮和务实，情绪稳定，有吃苦精神，生活上求平安、幸福、不激进，倾向于用简单的观点看待事物和世界。适合职业主要有需要用手工工具或机器进行工作的手工工作和技术工作。

(2)研究性。他们喜欢智力的、抽象的、分析的、推理的、独立的定向任务。这类人喜欢独立，不愿受人督促，对自己的学识与能力充满自信；擅长解决抽象问题，尊重客观事实而不愿毫无疑问地接受传统；具有创造精神，不喜欢做重复工作，但往往缺乏领导能力，这类人擅长科学研究和实验工作。

(3)艺术型。他们喜欢通过艺术作品来表达自己的思考和情意，爱想象，感情丰富，不顺从，有创造力，习惯于自省，擅长于艺术、文学方面的工作，但往往缺乏办事员的能力。

适合职业主要指艺术创作工作(包括音乐、摄影、绘画、文字、表演等)。

(4)社会型。喜欢社会交往,喜欢有组织的工作,喜欢能让他们发挥社会作用的工作。喜欢讨论人生观、世界观、人生态度等问题。关心他人利益,关心社会问题,愿为团体活动工作,对教育活动感兴趣,往往缺乏机械能力。社会型的职业主要指为大众做事的工作(包括教师、医生、服务员、社团等工作者)。

(5)企业型。他们喜欢竞争,乐于使他们的言行对团体行为产生影响;自信心强,善于说服别人,喜欢加入各种社会团体;喜欢权力、地位和财富,性格外倾,爱冒险,喜欢担任领导角色,具有支配和使用语言的技能,但缺乏耐心和科研能力,擅长管理、销售等工作。

(6)常规型。他们喜欢有系统、有条理的工作,具有安分守己、务实、友善和服从的特点,此类人适宜从事办公室职员、办事员、文件档案管理员、出纳员、会计、秘书等工作。

一般而言,具有六种典型的职业个性的人是极少数的,多数人的职业个性具有多重性,是这六种典型个性的交叉。我们可以通过"霍兰德职业爱好问卷"测试自己的职业兴趣。

1.1.3　能力与职业目标定位

能力是指才干、技能或能胜任某项工作的主观条件,人们成功地完成某种活动所必须具备的个性心理特征,是人们在社会实践中所表现出的身心力量。一个人的能力高低会影响他掌握各种活动的成绩,影响一个人的活动效果。

能力是在先天素质的基础上,在生活条件和教育的影响、熏陶下,在个体的生活实践中形成和发展起来的,对从事任何职业都是十分必要的。能力包括一般能力和特殊能力,不同的职业要求人有不同的能力。人的职业能力通常可分为一般言语能力、数理能力、空间判断能力、察觉细节能力、书写能力、运动协调能力、动手能力、社会交往能力、组织管理能力等九个方面。如教师、播音员、记者等职业要求有较强的言语能力,统计、测量、会计等职业要求有较强的数理能力,而画家、建筑师、医生等职业对形态知觉能力要求颇高,手指灵活能力较强的人则适于从事外科医生、乐师、雕刻家等职业。

能力还存在着性别差异,女性在哲学界、经济学界、自然科学界所占比例较小,而在文学、新闻、医学、教育、艺术等领域所占比例较大,也就是说,需要形象思维和细致情感的工作更适合女性。

能力与择业的关系十分重要,是择业的重要依据,是求职者开启职业大门的钥匙。我国近代职业教育的倡导者黄炎培先生说:"一个人职业和才能相不相当,相差很大,用经济眼光看起来,要是相当,不晓得增加多少效能,要是不相当,不晓得埋没了多少人才;就个人论起来,相当,不晓得有多少快乐,不相当,不晓得有多少怨苦。"因此,大学生对自己的能力要有一个自我评价,在择业时,大学生应根据自己的能力,扬长避短,选准与自己职业能力倾向相同的职业,在强手如林的竞争中立于不败之地。

随着社会生产力的日益提高,社会分工愈来愈精细,各种职业都对人们提出了更高的要求。因此求职者在选择职业时,必须了解自己的优势所在,了解自己能力的大小、自己的能力在哪方面表现得更突出之后,再做出选择。这有助于我们择业的成功,并保证在今后的工作中做到扬长避短,取得较大的成就。

能力,是一个人能否进入职业的先决条件,是能否胜任职业工作的主观条件。无论从事什么职业总要有一定的能力作保证。没有任何能力,根本谈不到进入职业工作,对个人来讲也就无所谓职业生涯可言。能力,是指完成一定活动的本领。人在其一生之中,要从事各种各样的社会生活和社会生产活动,必须具备多种能力与之相适应。我们这里所言的能力,是指劳动者从事社会生产活动的能力,亦即职业工作能力。

人们的能力可分为一般能力和特殊能力两大类。一般能力通常又称为智力,包括注意力、观察力、记忆力、思维能力和想象力等,一般能力是人们顺利完成各项任务都必须具备的一些基本能力。特殊能力是指从事各项专业活动的能力,也可称特长,如计算能力、音乐能力、动作协调能力、语言表达能力、空间判断能力等。由此可见,能力是一个人完成任务的前提条件,是影响工作效果的基本因素。因此,了解自己的能力倾向及不同职业的能力要求对合理地进行职业选择具有重要意义。能力的不同,对职业选择就有差异。从能力差异的角度来看,在职业选择时应遵循以下原则。

1)注意能力类型与职业相吻合

从能力差异的角度。人的能力类型是有差异的,即人的能力发展方向存在差异,对职业研究表明,职业也是可以根据工作的性质、内容和环境而划分为不同的类型的,并且对人的能力也有不同的要求,因而应注意能力类型与职业类型的吻合。能力水平要与职业层次一致或基本一致。对一种职业或职业类型来说,由于所承担的责任不同,又可分为不同层次,不同的层次对人的能力有不同的要求。因而,在根据能力类型确定了职业类型后,还应根据自己所达到或可能达到的能力水平确定相吻合的职业层次。只有这样,才能使能力与职业的吻合具体化。

充分发挥优势能力的作用。每个人都具有一个多种能力组成的能力系统,每个人在这个能力系统中,各方面能力的发展是不平衡的,常常是某方面的能力占优势,而另一些能力则不太突出,对职业选择和职业指导而言,应主要考虑其最佳能力,选择最能运用其优势能力的职业。同样,在人事安排中,如能注重一个人的优势能力并分配相应的工作,会更好地发挥一个人的作用。

2)注意一般能力与职业相吻合

一般能力包括注意力、观察力、记忆力、思维能力和想象力等。不同的职业对人的一般能力的要求不同,有些职业对从业者的智力水平有绝对的要求,如律师、工程师、科研人员、大学教师等都要求有很高的智商;智力在相当大的程度上决定着其所从事的职业类型。

3)注意特殊能力与职业相吻合

特殊能力是指从事某项专业活动的能力,也可称特长,如计算能力、音乐能力、动作协调能力、语言表达能力、事务能力、空间判断能力、形态知觉能力、手指灵活度与灵巧度等。要顺利完成某项工作,除要具有一般能力外,又要具有该项工作所要求的特殊能力,如从事教育工作需要有阅读能力和表达能力;从事数学研究需要具有计算能力、空间想象能力和逻辑思维能力。如法官就应具有很强的逻辑推理能力,却不一定要很强的动手能力;而建筑工应有一定的空间判断能力,却不需要良好的语言表达能力。

大学生客观分析自我,对自己的兴趣、性格、能力等个性特征有一个比较正确的认识,不仅对职业选择十分必要,而且与心理健康有重要联系。

1.2　各专业工作岗位群及其职业素质要求

1.2.1　工程测量技术专业工作岗位群及其职业能力与素质要求

1.2.1.1　工作岗位群

(1)地形图的测绘。

(2)建筑物或构筑物施工放样。

(3)建筑物变形监测。

(4)工程测量监理。

(5)测绘工程管理。

1.2.1.2　职业能力与素质要求

(1)掌握土木工程概论、工程识图、Auto CAD 绘图、测量学基础、测量平差基础、全站仪使用与数字化测图、线性代数等职业基本理论。

(2)具备职业基础知识初步应用能力。

(3)掌握地形测量、控制测量、工程测量的专业技术知识。

(4)掌握地形测量、施工放样、地籍测量、变形监测、GPS 测量技术、摄影测量以及测量数据处理的基本技能知识。具备应用专业技能解决实际问题的能力。

(5)取得测量高级工证书。

1.2.2　基础工程技术专业工作岗位群及其职业能力与素质要求

1.2.2.1　工作岗位群

(1)岩土工程测试员。

(2)基础工程施工员。

(3)岩土工程勘查、设计与地基处理方面的辅助技术工作人员。

(4)地基基础的长期观测、维护和管理等方面的工程技术工作人员。

(5)其他土木工程的施工和管理人员。

1.2.2.2　职业能力与素质要求

(1)具有工程力学基础知识的应用能力。

(2)具有建筑工程制图和识图能力,并能利用计算机绘图。

(3)具有建筑材料、工程测量和建筑结构基本知识的应用能力。

(4)具有岩土力学与工程地质基本知识的应用能力。

(5)具有岩土工程性质的检测试验能力。

(6)具有一般工程建筑物基础的初步设计能力。

(7)具有编制单位工程概、预算及进行决算的能力。

(8)具有工程钻探技术、工程建设监理和深基坑支护技术基本知识的应用能力。

(9)具有一般工程建筑物地基勘察设计、地基处理、基础工程与地下工程施工等某一方向的基本技能。

(10)取得施工员、质检员、土木试验工中的一种职业资格证书。

1.2.3　水利工程专业工作岗位群及其职业能力与素质要求

1.2.3.1　工作岗位群

(1)中小型水利水电工程规划、设计人员。

(2)水利水电工程施工技术人员。

(3)水利水电工程造价编制人员。

(4)水利水电工程管理人员。

(5)水利水电工程监理人员。

(6)其他建设单位、施工企业、房地产公司的技术管理工作。

1.2.3.2　职业能力与素质要求

(1)掌握工程制图、工程力学、建筑材料、水力学、工程地质与土力学、建筑结构、工程水文、工程测量等的基本理论。

(2)具备职业基础知识初步应用能力。

(3)掌握灌区灌溉与排水的规划、中小型水利工程的设计的专业技术知识。

(4)掌握水利水电工程施工、工程造价、工程监理、工程运行管理等基本知识。具备应用专业技能解决实际问题的能力。

(5)取得施工员、预算员、材料员、质检员、安全员、监理员职业资格证书中的一种。

1.2.4　水利水电建筑工程专业工作岗位群及其职业能力与素质要求

1.2.4.1　工作岗位群

(1)水利水电工程施工技术工作。

(2)水利水电工程造价编制工作。

(3)中小型水利水电工程规划、设计工作。

(4)水利水电工程监理工作。

(5)水利水电工程管理工作。

(6)其他土木工程施工及管理工作。

1.2.4.2　职业能力与素质要求

(1)掌握工程制图、工程测量、建筑材料、工程力学与水工钢筋混凝土结构、水文水力学、工程地质与土力学等职业基本理论。

(2)具备职业基础知识初步应用能力。

(3)掌握中小型水利水电工程设计、水利水电工程施工的专业技术知识。

(4)掌握水利水电工程施工、水利水电工程造价、水利水电工程监理、水利工程运行管理等某一专业方向基本技能知识。具备应用专业技能解决实际问题的能力。

(5)取得施工员、预算员、材料员、质检员、安全员、监理员职业资格证书中的一种。

1.2.5　道路桥梁工程技术专业工作岗位群及其职业能力与素质要求

1.2.5.1　工作岗位群

主要在公路、铁路、桥梁、城建等土建工程施工企业、公路交通部门、道路桥梁相关土建工程建设、监理公司、公路、铁路等勘测设计院所等企业就业。

(1)以道路桥梁施工企业为一线的项目施工员为主要就业岗位。

(2)以项目技术员、预算员、资料员、材料员、质检员、安全员、测量员、监理员等为就业岗位群。

1.2.5.2　职业能力与素质要求

(1)识读建筑工程图的能力。

(2)常用建筑材料的应用能力。

(3)基本建筑构件验算及一般的设计能力。

(4)建筑施工测量的能力。

(5)建筑施工技术管理能力。

(6)建筑施工组织能力。

(7)工程成本控制能力。

(8)安全施工管理能力。

(9)施工质量检验能力。

(10)技术资料管理能力。

(11)主要工种操作能力。

(12)取得施工员、预算员、材料员、质检员、安全员、监理员中的一种职业资格证书。

1.2.6　建筑装饰工程技术专业工作岗位群及其职业能力与素质要求

1.2.6.1　工作岗位群

(1)建筑装饰工程施工技术员。

(2)建筑装饰工程施工监理员。

(3)建筑装饰工程预算员。

(4)建筑装饰装潢设计、装饰效果图设计。

(5)建筑装饰装潢材料采购、质检员。

1.2.6.2　职业能力与素质要求

(1)识读建筑工程图的能力。

(2)常用建筑材料的应用能力。

(3)建筑结构基础知识。

(4)电气、管道工程识图能力。

(5)建筑施工组织能力。

(6)建筑安装工程施工图预算编制能力。

(7)投标报价及合同索赔的基本能力。

(8)施工项目管理能力。

(9)预算软件的应用能力。

(10)技术资料整理能力。

(11)取得施工员、预算员、材料员、质检员、安全员、监理员中的一种职业资格证书。

1.2.7　建筑工程技术专业工作岗位群及其职业能力与素质要求

1.2.7.1　工作岗位群

主要在建筑施工、房地产开发、造价咨询、招标代理、工程设计、工程监理等企业就业。

(1)以建筑施工企业一线的项目施工员为主要就业岗位。

(2)以项目技术员、预算员、资料员、材料员、质检员、安全员、测量员、监理员等为就业岗位群。

1.2.7.2　职业能力与素质要求

(1)识读建筑工程图的能力。

(2)常用建筑材料的应用能力。

(3)基本建筑构件验算及一般的设计能力。

(4)建筑施工测量的能力。

(5)建筑施工技术管理能力。

(6)建筑施工组织能力。

(7)工程成本控制能力。

(8)安全施工管理能力。

(9)施工质量检验能力。

(10)技术资料管理能力。

(11)主要工作操作能力。

(12)取得施工员、预算员、材料员、质检员、安全员、监理员中的一种职业资格证书。

1.2.8　工程造价专业工作岗位群及其职业能力与素质要求

1.2.8.1　工作岗位群

主要在建筑施工、房地产开发、造价咨询、招投标代理、工程设计、工程监理等企业就业。

(1)以建筑施工企业或造价咨询企业的造价员为主要就业岗位。

(2)以预算员、施工员、资料员、材料员、质检员、安全员、监理员等为就业岗位群。

1.2.8.2　职业能力与素质要求

(1)识读建筑工程图的能力。

(2)常用建筑材料的应用能力。

(3)建筑结构基础知识。

(4)电气、管道工程识图能力。

(5)建筑施工组织能力。

(6)建筑安装工程施工图预算编制能力。

(7)投标报价及合同索赔的基本能力。

(8)施工项目管理能力。

(9)预算软件的应用能力。

(10)技术资料整理能力。

(11)取得施工员、预算员、材料员、质检员、安全员、监理员中的一种职业资格证书。

1.2.9　工程监理专业工作岗位群及其职业能力与素质要求

1.2.9.1　工作岗位群

主要在工程监理、建筑施工、房地产开发、造价咨询、招标代理、工程设计等企业就业。

(1)以土建专业监理员为主要就业岗位。

(2)以项目技术员、施工员、预算员、资料员、材料员、质检员、安全员、测量员等为就业岗位群。

1.2.9.2 职业能力与素质要求

(1)识读建筑工程图的能力。

(2)常用建筑材料的应用能力。

(3)基本建筑构件验算及一般的设计能力。

(4)建筑施工测量的能力。

(5)建筑施工技术管理能力。

(6)质量与安全控制能力。

(7)进度控制能力。

(8)成本与投资控制能力。

(9)合同管理能力。

(10)信息管理能力。

(11)协调能力。

(12)主要工种操作能力。

(13)取得监理员职业资格证书。

1.2.10 会计电算化专业工作岗位群及其职业能力与素质要求

1.2.10.1 工作岗位群

面向各类行政企事业单位及会计职业机构,从事会计核算、财务管理、经济管理等工作。

(1)会计:各类企事业单位的会计、稽核等工作。

(2)出纳:各类企事业单位的出纳工作。

(3)收银:各类企事业单位、商业机构等的收银工作。

(4)报税:各类企事业的税务工作,以及税务机关的相关工作。

(5)工程会计:各类企事业单位的工程会计工作。

(6)审计助理:各类企事业单位的审计工作,以及会计师事务所相关工作。

1.2.10.2 职业能力与素质要求

(1)计算能力(点钞、珠算等)。

(2)计算机操作能力。

(3)财经写作阅读能力。

(4)信息获取及处理能力。

(5)经济业务会计处理能力。

(6)经济分析能力。

(7)财务分析决策能力。

(8)数据管理能力。

(9)查账能力。

(10)取得助理会计师职业资格证书。

1.2.11 市场营销专业工作岗位群及其职业能力与素质要求

1.2.11.1 工作岗位群

面向武汉及沿海发达城市地区的水利水电行业及机电制造、物流行业等企业,从事营销策划助理、营销经理助理、业务助理、业务员、销售经理、项目营销经理、市场调查分析员、销售内勤的工作岗位。

(1)营销策划助理:市场调研,运作项目分析,文案制作,销售统计等。

(2)营销经理助理:协助营销经理处理公司日常事务,协助经理制定薪酬方案,协调沟通,人力资源规划,营销策划等。

(3)业务助理:处理销售订单,开发客户,处理报价、确定订单内容、交期、出货完毕及客户付清货款,提供销售后勤服务等。

(4)业务员:市场工作(获取订单、客户拜访、销售拜访、卖场维护等),促销,市场开拓,回款及售后服务等。

(5)销售经理:销售任务制订及完成,处理日常销售事务,处理售后服务,销售队伍建设及管理,销售激励等。

(6)项目管理经理:负责部门管理制度、工作标准、业务流程的建立、完善和监督执行,市场调研,项目定位策划,营销管理,营销承包商管理等。

(7)市场调查分析员:市场调查及信息搜集,汇总、统计、录入调查的市场信息数据,分析信息数据,发现问题并提供建议等。

(8)销售内勤:日常业务洽谈;客户服务;销售政策、会议的传达及业务信函的发送;建立销售档案;建立销售费用台账;销售资料、数据保管;同类产品竞争品牌资料的分析与建档;各种报表的统计、汇总、报告的打印转发等。

1.2.11.2 职业能力与素质要求

(1)掌握推销、营销策划、组织、管理的基本知识和技能。

(2)掌握市场信息收集、统计、市场分析知识。

(3)具备一定的计算机应用能力。

(4)具备一定的识图知识和能力。

(5)具备市场营销工作所需的基本技能。

(6)具备较强的文字表达、人际沟通能力。

(7)具备开展市场调查,进行市场预测和营销策划的能力。

(8)具备组织商务谈判、开展公关活动的能力。

(9)具备运用计算机等现代科学手段,从事营销设计和管理的能力。

(10)具备一定的从事推销工作、市场管理的能力。

(11)具备一定的识图知识和能力,并在此基础上具备一定的项目管理能力。

(12)取得营销策划师或推销员中的一种职业资格证书。

1.2.12 物流专业工作岗位群及其职业能力与素质要求

1.2.12.1 工作岗位群

面向医药物流、汽车生产物流及其他第三方物流企业,从事仓储、配送、运输管理、物流信息处理、物流营销等工作岗位。

(1)仓储管理员:日常物资的验收、入库、码放、保管、盘点、对账、拣选、复核、装车及发运工作;仓储5S管理;相关单证的保管与存档;仓库数据的统计、存档、账务和系统数据的输入等。

(2)配送员:核对送货单;在途货物保管,并按时上交回单;传达客户意见和产品问题的反馈;换货、退货处理;按时填写"配送日清表"、"回单登记表",负责记录商超经销商的批号记录。

(3)运输计划管理员:根据库存情况及客户货物要求,通过计算或操作相关软件安排最优出货方法;货物配载管理;并根据运输路线、货物要求做好最优线路安排;车辆排程等。

(4)物流信息处理员:熟练操作 ERP/MRP/WMS/TMS 等物流应用软件;材料入库接受、分类整理与保管、出库,以及所有出入库的 ERP 登记;对库存数据、生产所需材料数据的分析并制作材料需求计划;全面负责采购订单录入及管理工作。

(5)理货员:根据配送单要求进行货物分拣、码盘;及时收回零星物品和处理破损包装商品;整理库存区;负责商品的收、理、发以及退货的入库、整理和货位管理;定期商品库存;配合储运主管制订仓库货品的分类及存放标准,确保账、卡、物相符。

(6)配送中心采购员:操作采购信息管理系统进行订单处理;采购交期跟催;货比三家,控制降低采购成本;对供应商进行管理及考评;搞好供货渠道建设;负责客户部项目执行中与技术部、财务部的协调及结算信息的传递。

(7)医药物流营销经理:进行医药物流市场调查与预测;向下游客户进行物流系统整体解决方案的营销等。

(8)经理助理:协助经理开展日常事务处理工作。

1.2.12.2 职业能力与素质要求

(1)具备较强的语言表达能力,能够在工作中进行经济应用文写作;在工作中具备基本的商务礼仪,具备和同事和谐相处的能力;掌握管理学基本原理,具备初步的现代企业管理能力。

(2)了解物流的八大功能,了解物流的现状和趋势,了解物流信息管理系统相关基础技术,了解和遵守物流操作过程中的法律和法规;具备一定的物流市场调查与预测知识;掌握物流行业中的专业英语术语针对物流岗位,具备日常外语会话的能力;具备数据库应用基础能力。

(3)具备物流管理操作管理中的基础能力、仓储管理与库存控制能力、配送、运输管理能力。

(4)具备提升物流管理质量的能力、其他物流行业操作的拓展能力。

(5)取得助理物流师职业资格证书。

1.2.13 旅游管理专业工作岗位群及其职业能力与素质要求

1.2.13.1 工作岗位群

面向旅行社、景区、星级酒店等企业,从事旅游服务管理工作。

(1)旅行社导游人员:旅游带团、讲解、导游、服务等。

(2)旅行社计调人员:旅游线路的计划、联系、开发等。

(3)旅行社前台接待:咨询服务。

(4)旅游风景区:服务、开发、管理、咨询工作。

(5)高星级酒店各部门工作人员:咨询、各部门对客服务、基层领导工作。

1.2.13.2　职业能力与素质要求

(1)掌握旅游行业的基本构成,能够对旅游行业有所了解,区别旅游和旅游行业的不同,树立起根本的职业素质和就业方向。

(2)掌握酒店和旅行社两大行业的基本业务组成,机构设立,人员分工,各自职责以及各自的运作规律。

(3)熟悉基本的旅游行业相关法律法规,并且结合旅游案例分析,能够合理合法地解决对客服务中出现的问题。

(4)熟悉旅游行业的市场情况,能够分析市场变化,合理地开发旅游产品,并且运用合理的营销手段,构思旅游营销方案。

(5)掌握旅游行业英语,提高英语听说能力,能够运用英语进行基本沟通,解决实际工作中可能出现的问题。

(6)基本掌握前厅、客房和餐饮管理、餐饮客房营销实务及饭店管理等专业知识。

(7)掌握旅行社工作的基本导游服务、线路策划、旅游资源分析开发等能力。

(8)了解中国主要客源国的风俗习惯、历史概况、民族组成、宗教文化,以及各自的主要景区景点。

(9)能够运用心理学的基本原理,解决对客服务中出现的问题。

(10)掌握现代商务活动中基本的礼貌礼仪规范,具备商务沟通交往协调能力,解决旅游商务活动中出现的矛盾问题。

(11)了解中西餐饮的差异,并且对中国的饮食文化有充分的掌握,结合营养和卫生的知识,从客人兴趣爱好习惯出发,合理为客人安排饮食。

(12)取得酒店管理师或导游证中的一种职业资格证书;取得普通话二级乙等证书。

1.2.14　商务英语专业工作岗位群及其职业能力与素质要求

1.2.14.1　工作岗位群

面向外资企业、合资企业、涉外星级酒店、对外物流等企业,从事对外商务服务工作。

(1)国际贸易:外贸业务员、报关员、制单员、外贸函电及其他涉外贸易业务和服务。

(2)外企文员:涉外商务秘书、商务助理、办公室翻译、文员。

(3)涉外旅游服务:涉外旅游接待、酒店前台接待、酒店管理。

(4)其他:国际会务接待、贸易会展接待。

1.2.14.2　职业能力与素质要求

(1)具有一定的语言文字表达能力,能够进行运用恰当的语言表达商务活动中的具体要求以及掌握经济文的写作技巧。

(2)掌握必要的商务礼仪基础知识,具备商务交往协调能力。能够掌握国际商务活动中的礼仪规范知识,处理国际商务交往过程中的各种情况。

(3)熟练掌握英语语音、语调,词法等英语基本知识。具有英语听、说、读的能力。能够以英语为工作语言具备熟练、流利的日常英语会话交际能力,具有较高的听力理解水平。能阅读相关的英语文字材料,理解国际经济形势,能用英语进行涉外商务洽谈和外贸业务洽谈。

(4)具备基本的商务基础知识,掌握基本的国际贸易法规知识。能将所学的基本经济学基础知识、国际贸易法规与政策运用等到实际工作中。

(5)掌握一门第二外语的入门知识并有能力进一步自学,初步具有所学二外的简单日常会话。

(6)具有一定的英语应用文写作能力及外贸函电写作能力。具备独立完成日常外贸英语函电的交流和处理能力,能够通过书信、网络等方式与外商进行文字交流。

(7)基本具有英汉互译能力。能承担一般的翻译工作英语翻译能力,能够胜任日常和专业知识方面的口头和书面翻译工作。

(8)涉外业务技能。能够进行涉外商务谈判、对外贸易业务以及外事业务管理等,具有签订和履行对外贸易合同的能力,具有制作对外贸易单证和审单的能力。

(9)涉外商务和外贸业务流程操作能力。能将所学的商务和外贸知识运用到涉外商务活动和外贸操作实践中去,熟悉基本外贸流程的操作和基本商务运作。

(10)具备一定的涉外旅游、酒店的基本知识,能够从事涉外旅游接待、酒店前台接待和管理等工作。

(11)具有处理办公室日常工作能力,能够接听、拨打英文电话。

(12)取得酒店管理师或商务英语资格证书中的一种职业资格证书;取得普通话二级乙等证书。

1.2.15　文秘专业工作岗位群及其职业能力与素质要求

1.2.15.1　工作岗位群

面向行政事业单位、服务行业及商务企业。

(1)秘书:文秘工作。

(2)行政管理:办公室事务管理。

(3)档案员:管理档案。

(4)信息收集与整理:信息处理。

(5)公关及前台接待:人际沟通处理及礼仪接待。

(6)打字员:计算机数据及文字处理。

(7)文案策划:文案策划与写作。

1.2.15.2　职业能力与素质要求

(1)掌握秘书必备的实务操办、档案管理、信息收集与处理、会议会展管理、公关礼仪等专业基础知识。

(2)掌握计算机基本应用、办公设备使用维护和多媒体设备使用技术知识。

(3)掌握本专业相关的英语知识。

(4)初步掌握行政管理、企业管理、出纳实务知识。

(5)了解市场经济运作规律,熟悉现代企业商务运作知识和法律知识。

(6)具有较强的办公室事务处理、公关协调和策划、调查能力及一定的协助管理能力。

(7)具有较强的语言和文字表达能力、基本办公室英语会话和外贸函电处理的能力。

(8)具有熟练使用计算机进行文字表格及幻灯片处理。搜集分析资料和办公自动化设备操作能力。

(9)具有良好的人际沟通能力、一定的个人防卫能力和团队合作精神。

(10)会驾驶,初步具有一定的商务活动能力。

(11)取得普通话二级乙等证书、国家三级秘书资格证书,根据情况取得汽车驾驶执照。

1.2.16 环境艺术设计专业工作岗位群及其职业能力与素质要求

1.2.16.1 工作岗位群

面向建筑设计院、城市规划设计院、景观设计公司、装饰设计公司、建筑公司、装饰公司、房地产公司、监理公司等单位和企业,从事设计与管理工作。

(1)家装设计师:主要从事家装设计与管理等工作。

(2)公装设计师:主要从事酒店、宾馆、商场、银行等公共建筑的室内设计与管理工作。

(3)景观设计师:主要从事风景园林、城市景观、小区规划等设计与管理工作。

(4)绘图员:主要面向规划院、设计院以及大型建筑装饰企业从事施工图的绘制工作。

(5)施工员:大型建筑装饰施工企业从事施工现场的一般性管理工作。

(6)预算员:大型建筑装饰企业从事招投标管理和预决算的编制工作。

1.2.16.2 职业能力与素质要求

(1)基础造型能力。

(2)基础色彩运用和表现能力。

(3)基础设计与审美能力。

(4)基础色彩设计能力。

(5)空间思维及造型能力。

(6)艺术设计基本素养。

(7)室内设计基础理论知识的掌握与应用能力。

(8)施工图的阅读与绘制能力。

(9)CAD 软件应用能力。

(10)材料应用能力。

(11)技术指导能力。

(12)手绘能力。

(13)计算机绘制效果图的能力。

(14)居住空间的设计能力。

(15)公共空间的设计能力。

(16)景观规划与设计能力。

(17)施工指导与质量控制能力。

(18)预算书的编制能力。

(19)施工管理能力。

(20)会展策划与展示设计能力或家具设计能力。

(21)取得室内设计师证书,可根据情况取得景观设计师、施工员、预算员、材料员、资料员、安全员职业资格证书。

1.2.17　汽车运用专业工作岗位群及其职业能力与素质要求

1.2.17.1　工作岗位群

(1)机动车管理部门:车辆检验员、检查设备调试员、计量员。

(2)交通运输企业:驾驶员、设备维修工、计量员。

(3)汽车修理厂:汽车维修质量检验员、汽车维修工、设备维修工、养护工等。

(4)保险部门:车辆定损员、理赔员、车辆保险销售员。

(5)4S 店:汽车销售员、车辆调试员、技术咨询。

(6)汽车配件销售:采购员、销售员。

(7)汽车及零配件制造厂:检验员、调试员、生产人员等。

1.2.17.2　职业能力与素质要求

(1)能够运用机械制图、汽车机械基础等专业基础知识,阅读机械图的能力。

(2)掌握所学专业基础知识并运用于实践的能力。

(3)具有熟练的汽车驾驶技能,获得驾驶执照。

(4)具有良好的汽车性能检测与故障诊断、维修的能力。

(5)具有一定的销售汽车及汽车零配件的能力。

(6)取得汽车驾驶证、汽车维修工、维修钳工职业资格证书;取得高级车工、高级钳工、数控加工操作证中的一种职业资格证书。

1.2.18　数控加工技术专业工作岗位群及其职业能力与素质要求

1.2.18.1　工作岗位群

(1)数控机床及普通机床操作。

(2)零件加工工艺设计及数控程序编制。

(3)计算机辅助设计与制造。

(4)设备管理与维护。

(5)机电产品销售。

1.2.18.2　职业能力与素质要求

(1)具有工程制图和识图能力,并能利用计算机绘图。

(2)具有操作 1~2 种普通机床的能力。

(3)具有熟练操作数控机床的能力。

(4)具有一般机械零件加工工艺、工装设计和实施的能力。

(5)具有编制数控机床加工程序并熟练使用 MasterCAM 软件的能力。

(6)具有利用 CAD 软件 AutoCAD、Solidworks(UG 或 Pro/E)进行计算机应用及辅助设计能力和技术创新的能力。

(7)具有对数控机床进行调试、日常维护和检测的能力。

(8)取得中级车工、中级钳工、中数控加工操作证中的一种职业资格证书。

1.2.19　机电一体化技术专业工作岗位群及其职业能力与素质要求

1.2.19.1　工作岗位群

(1)机电设备的操作人员。

(2)机电及数控设备销售与技术服务人员。

(3)机电及数控设备的安装、调试及维修维护人员。

(4)利用 CAD/CAM 软件进行机械设计的技术人员。

(5)数控机床操作与编程人员。

1.2.19.2　职业能力与素质要求

(1)掌握机械制图及机械设计基础、机械制造技术基础、机械加工技术基础等机械工程学科的基本知识,具有良好的识图、制图能力,具备机械加工工艺编制和工装设计能力。

(2)掌握电气控制、PLC 原理与编程、数控机床操作与编程、传感器与检测技术、变频调速技术等基础知识。

(3)掌握计算机应用方面的知识,并且能够熟练使用 AutoCAD、Master CAM(Solidworks 或 UG、Pro/E)、CAD/CAM 软件。

(4)掌握常规机床设备电气控制部分安装、检修、调试的基本知识。

(5)掌握数控设备的安装调试及相关维修及维护能力。

(6)具备有关职业规范方面的基本知识。

(7)掌握机电设备的安装、调试及维护、数控机床操作与编程、利用 CAD 软件进行机械零件的初步设计以及机电设备故障处理等某一方向的基本知识。

(8)掌握工业生产管理方面的基本知识。

(9)具有一般机械零件加工工艺的编制和实施的能力。

(10)具有机电设备安装与维修能力。

(11)具有操作 1 ~2 种通用机床的能力。

(12)具有基本操作数控机床的能力。

(13)具有数控机床加工编程的能力。

(14)具有利用 CAD 软件(AutoCAD、Solidworks 或 UG、Pro/E)进行计算机应用及辅助设计的能力。

(15)具有正确使用电工电子仪器仪表和常用测试仪器在本专业中应用的能力。

(16)取得劳动部颁发的数控机床操作中级技能证书和上岗证及其他相关工种的岗位资格证书。

1.2.20　发电厂及电力系统专业工作岗位群及其职业能力与素质要求

1.2.20.1　工作岗位群

(1)各类发电厂、电力网的电力运行、安装、维护、检修和调试。

(2)各类发电厂、电力网的电力设备选型及技术改造。

(3)各类发电厂、电力网的常规电气试验。

(4)发配电、供用电单位电力生产、调度及技术管理。

(5)企业生产设备电气系统的安装、调试、运行、维护和检修。

(6)企业及电力系统中微机控制技术的应用和微机监控设备的运行和维护。

(7)电气设备及控制产品的制造、营销和技术服务。

(8)企业电气工程师助理。

1.2.20.2　职业能力与素质要求

(1)掌握电工、电子、电机学、水轮机、汽轮机、单片机和 PLC 技术等基本理论。

(2)具有正确使用电工、电子仪器设备进行测试和电气试验的能力。

(3)具备技术资料的阅读和使用能力。

(4)具备电力生产现场管理能力。

(5)具备制定电力作业计划的能力。

(6)掌握各类发电厂及电力网设备的基本理论及安装和运行的基本知识。

(7)具有从事各类发电厂电力设备安装、运行、使用、调试及维修的基本技能。

(8)具有电力网的运行、调度及潮流计算的初步能力。

(9)具有微机监控的操作及利用微机进行信息处理的初步能力。

(10)具有对常用电力设备、供电线路进行技术改造的初步能力。

(11)具有阅读和翻译一般专业英文科技资料的能力。

(12)具备本专业所必需的综合职业能力。

(13)取得与本专业工种相关的中级电工、中级电气设备安装工、中级电气运行工职业资格证书中的一种。

1.2.21　小型水电站及电力网专业工作岗位群及其职业能力与素质要求

1.2.21.1　工作岗位群

(1)小型水电站、电排站及电力网的机电运行、安装、维护、检修和调试一般电气试验。

(2)小型水电站、电排站及电力网的机电设备选型及技术改造。

(3)企业电气工程师助理。

(4)发配电、供用电单位电力生产、调度及技术管理。

(5)企业生产设备电气系统的安装、调试、运行、维护和检修。

(6)企业及电力系统中微机控制技术的应用、设备运行和维护。

(7)电气设备及控制产品的制造、营销和技术服务。

1.2.21.2　职业能力与素质要求

(1)掌握电工、电子、电机学、水轮机、单片机和 PLC 技术等基本理论。

(2)具有正确使用电工、电子等仪器设备进行测试和电气试验的能力。

(3)具备技术资料的阅读和使用能力。

(4)具备电力生产现场管理能力。

(5)具备制定电力作业计划的能力。

(6)掌握水电站及电力网机电设备的基本理论及安装、运行的基本知识。

(7)具有从事水电站机电设备安装、运行、使用、调试及维修的基本技能。

(8)具有电力网的运行、调度及潮流计算的初步能力。

(9)具有微机监控的操作及利用该微机进行信息处理的初步能力。

(10)具有对常用机电设备、供电线路进行技术改造的初步能力。

(11)具有阅读和翻译一般专业英文科技资料的能力。

(12)具备本专业所必需的综合职业能力。

(13)取得与本专业工种相关的中级电工、中级电气设备安装工、中级电气运行工职业资格证书中的一种。

1.2.22　楼宇智能化工程技术专业工作岗位群及其职业能力与素质要求

1.2.22.1　工作岗位群

(1)在智能楼宇或安防、消防、网络等弱点集成公司中从事智能楼宇系统的安装、调试和维护等工作。

(2)在政府部门、大型企事业单位、大型公共场馆、大型小区等单位从事已竣工大型智能楼宇工程、安防工程、消防工程、网络工程的技术服务及系统运行维护工作。

(3)大型智能楼宇、网络、安防、消防等产品制造企业的技术服务及销售工作。

1.2.22.2　职业能力与素质要求

(1)电工基本操作能力,常用电工仪器使用能力,建筑防雷与安全用电能力。

(2)一定的建筑识图能力。

(3)建筑电气识图与绘图能力。

(4)PLC 在建筑智能化控制中的应用能力。

(5)安装、调试、使用、维护建筑智能化设备的能力。

(6)管理与维护火灾报警、安全防范、通信网络、广播电视等建筑智能化系统的能力。

(7)管理与维护智能化楼宇弱电布线的能力。

(8)一定的智能弱电工程设计、测试、项目管理和验收能力。

(9)取得助理智能楼宇管理师职业资格证书,根据情况取得办公自动化中级职业资格证书。

1.2.23　电气自动化专业工作岗位群及其职业能力与素质要求

1.2.23.1　工作岗位群

本专业毕业生主要面向电力行业及工矿企业,从事电气设备及其控制系统的安装、调试、运行、检测、检修和技术管理等工作。

(1)电气设备运行、安装、调试和检修。

(2)企业中继电器控制、PLC 控制的生产设备电气系统的安装、调试、编程、运行、检修和售后服务。

(3)企业中计算机控制技术的应用和计算机控制设备的运行、检修。

(4)一般电气试验。

(5)车间生产组织与管理工作。

(6)电气设备及控制产品的制造、营销、技术服务。

(7)企业电气工程师助手。

1.2.23.2　职业能力与素质要求

(1)掌握电工、电子、电机与拖动、智能电气设备、程控电气设备技术等基本理论。

(2)掌握本专业所需制图方面基本知识。

(3)具有正确使用电工、电子仪器及有关专用设备进行测试和电气试验能力。

(4)具有应用一般计算机软件处理文件、绘制并初步设计电气工程图的能力。

(5)掌握电气设备及控制系统的基本知识。

(6)掌握计算机监控方面基本知识。

(7)掌握供用电及控制系统运行、安装、检修、调试、管理以及技术改造的基本知识。

(8)具有从事供用电单位电气设备及控制系统安装、使用、运行、调试及检修的基本能力。

(9)具有对一般电气设备、供电线路和控制线路进行技术改造的初步能力。

(10)取得与本专业工种相关的中级电工、中级电气设备安装工、中级电气运行工职业资格证书中的一种。

1.2.24　计算机应用技术专业工作岗位群及其职业能力与素质要求

1.2.24.1　工作岗位群

主要面向广告、平面、图书出版公司;企事业、股份制企业的企划部;图书出版和广告行业。

(1)平面设计师。

(2)UI 界面设计师。

(3)网站设计师。

(4)Flash 动画设计师。

1.2.24.2　职业能力与素质要求

(1)具备熟练进行标志设计,包装设计,海报、广告设计,图像后期处理,特效处理,企业 VI 设计的能力。

(2)具备进行书籍排版与印刷前后期工作。

(3)能运用网站开发工具开发网站,并能制作网站特效,结合基础能力开发整套企业网站。

(4)能使用 ActionScript 脚本语言进行 Flash 游戏、动画、网站设计与开发。

(5)取得图形图像处理高级证书。

1.2.25　应用电子技术专业工作岗位群及其职业能力与素质要求

1.2.25.1　工作岗位群

(1)电子产品设备装配、调试、检测、销售及售后服务。

(2)基本电子电路的计算机辅助设计。

(3)计算机控制系统的运行、维护与管理。

(4)智能电子设备企业进行技术服务及新产品的局部设计、技术开发。

(5)工矿企业 PLC 设备的安装调试及程序设计员。

(6)电子产品调试员;电路板设计及绘图员。

(7)教学部门从事实验、实习、实训等实践教学工作。

1.2.25.2　职业能力与素质要求

(1)掌握电工、电子等专业基础知识及电子产品电路原理图的读图与分析能力。

(2)掌握电子产品常用电源的原理、选用能力,数字设备(计算机、单片机、PLC)的基本原理及应用能力和电子产品生产工艺与管理能力。

(3)具有良好的政治素质、文化修养、职业道德、服务意识。

(4)具有电子设备的安装、调试、维护和销售服务能力;初步具有计算机辅助设计及计算机控制技术的能力。

(5)掌握工矿企业自动控制系统的基本原理及其运行、检修、安装、维护、管理的基本知识。具备从事工矿企业电子设备安装与调试、运行与维护、事故处理、故障诊断与检修、生产与管理的初步技能。具备从事工矿企业生产设备自动化生产线安装、编程与调试、运行与维护的基本技能。

(6)能进行智能电子系统集成及产品开发设计、技术服务。

(7)取得电子产品中级维修工证书,根据情况取得中级电工证书。

2　制定职业生涯发展规划方案

2.1　职业生涯影响因素分析

对每个人而言,职业生涯将贯穿人的一生,在不同的阶段,每个人的职业生涯受各种不同因素的影响会发生各种截然不同的结果。人们一生的职业历程、成就有着种种不同的可能,职业生涯影响既有个人因素也有环境因素。对于有些人来说,他们所喜欢的职业或许正好需要一些他们并不具备的能力;对于有些人来说,他们所受的教育、所学的专业并非自己的兴趣爱好所在;对于有些人来说,他们的健康状况束缚了他们的职业选择,等等。个人职业生涯规划虽因人而异,但在制定规划时,需要考虑的要素却基本相同。因此,在进行职业生涯设计时要仔细分析影响自己职业生涯的每一个因素。

2.1.1　个人因素

个人因素在人的职业生涯发展中起着基础作用,决定着人的发展方向和前景。它包括:个人的兴趣;个人的性格与价值观;个人的教育背景与能力;个人的生理状况,包括性别、健康等诸多因素。

兴趣。兴趣在职业生涯发展中起到重要作用。一个人从事自己有兴趣的工作,这会成为他事业成功的强大动力。在求职中,人们常会考虑到自己对某方面的工作是否有兴趣,从有趣开始逐渐产生乐趣,进而与奋斗目标相结合发展成为志趣,表现出方向性和意志性的特点,使人坚定地追求某种职业,并为之尽心竭力。所以,兴趣是制定职业生涯规划时要考虑的重要因素。

性格。近年来,许多用人单位出现一种新的选人观念,他们认为,性格比能力重要。其原因是,如果一个人能力的不足,可通过培训提高,但一个人的性格不好,要改变起来可就困难多了。所以在招聘新人时,往往将性格的测试放在首位,当性格与职业相吻合时,才会有进一步对其能力进行测试考察的意愿。

价值观。一个人的价值观在制定职业生涯规划和取得职业成功中起重要作用。价值观涉及指导一个人行动的信仰和情感,表达了一个人所真正想要的。每个人都有自己的价值观,当你对自己的价值观认识得比较清楚时,择业时遇到的问题就会小一些。

受教育程度。教育是赋予个人才能、塑造个人人格、促进个人发展的社会活动。它对人的职业生涯影响巨大。首先,获得不同教育程度的人,在个人职业选择与被选择时,具有不同的能量,这关系着职业生涯的开端与适应是否良好。一般来说,受过较高程度教育的人,能够找到比较好的职业,在就业以后一般都有较大的发展,在职业不如人意的时候调动工作的动机和能力也较强。其次,人们所接受的教育的专业、职业类别,对职业的选择有着决定性的影响。即使人们转换职业，也往往与原所学专业有一定的联系；此外，不同教育水平、不同门类科别、不同院校和不同的教育思想，会带来受教育者不同思维模式与意识形态，从而使人们以不同的态度对待自己、对待社会、对待职业选择、职业境遇与职业生涯的发展。一般来说，企业要找的是既受过正规教育，又具备某些没有固定规范的个人发展潜力的人。

能力。能力是作为掌握和运用知识技能的条件并决定活动效率的一种个性心理特征。能力分为两种：一般能力和特殊能力。一般能力通常人们又称为智力，包括注意力、观察力、记忆力、思维能力和想象力等；特殊能力是指从事某项专业活动的能力，也可称为一个人的特长，如计算能力、语言表达能力、空间判断能力等。能力是一个人完成任务的前提条件，是影响工作效果的基本因素。同样，对任何一种职业而言，必须要求从业者具备相应的能力。因此，大学生在择业时，必须考虑到能力与职业的吻合问题。

生理状况。生理状况包括身体状况、性别、身高、体重、视力以及外貌。健康的身体是任何人职业生涯开始的首要条件，几乎所有的职业都需要有健康的身体；现在很多职位歧视女性；对人的体型和外貌要求也有所不同（如航空服务、酒店管理等职业）；许多职业对人的裸眼视力也有要求。这些从生理上限制了一个人可能从事的职业。

2.1.2　环境因素

在制定个人的职业生涯规划时，要分析环境条件的特点、环境的发展变化情况、自己与环境的关系、自己在这个环境中的地位、环境对自己提出的要求以及环境对自己有利的条件与不利的条件等。只有对这些环境因素充分了解，对各种可能影响到职业的外部力量加以衡量、评估并做出反应，才能做到在复杂的环境中趋利避害，使你的职业生涯规划具有实际意义。

社会环境。社会环境主要指社会的政治经济发展大背景、职业的社会评价与时尚、涉及人的职业方面的劳动人事管理制度等。这些环境因素决定了社会各种职业岗位的数量、决定了社会职业结构的变动，决定了人们对职业根本的看法和步入职业、调整职业的决策。

（1）经济发展水平在经济发展水平高的地区，企业相对集中，优秀企业也比较多，个人职业选择的机会就比较多，因而就有利于个人职业发展；反之，在经济落后地区，个人职业发展也会受到限制。

（2）社会文化环境包括教育条件和水平、社会文化设施等。在良好的社会文化环境中，个人能受到良好的教育和熏陶，从而为职业发展打下更好的基础。

（3）政治制度和氛围。政治和经济是相互影响的，政治不仅影响到一国的经济体制，而且影响着企业的组织体制，从而直接影响到个人的职业发展；政治制度和氛围还会潜移默化地影响个人的追求，从而对职业生涯产生影响。

家庭环境。家庭是人的生活的重要场所，是影响职业的最重要的因素之一，人的社会化，实际上从出生的一瞬间就已经开始。一个人在幼年时期，受到家庭的深刻影响，以后长期潜移默化的结果，会使人形成一定的价值观和行为模式，必然从根本上影响着一个人职业选择的种类、选择中的冒险与妥协程度、理想目标的树立和职业岗位的工作态度、发展倾向等。此外，父母兄长、亲戚朋友等在一个人择业和就业以后的流动上，往往给予一定的帮助,也会给人的职业生涯以巨大的影响。陈佩斯演电影、侯耀文说相声、邓亚萍打乒乓球,这类"子承父业"的现象更是反映了家庭对子女职业生涯的多方面影响。

组织环境。个人所在的组织环境对个人职业发展有着重要的影响,当组织环境适宜于个人发展时,个人职业更容易取得成功。组织环境同社会环境一样,也在不断地变化,这些变化同样对职业提出了不同的要求。因此,在制定职业生涯规划时,个人所在的组织环境也是应考虑的重要因素。从组织内部环境看,影响职业发展的因素也是多方面的,主要包括企业的一般特征、组织的发展战略、企业文化、组织的人力资源状况与制度和人力资源规划等。

经济环境。经济环境对人的职业生涯发展有一定的影响,诸如经济增长率、经济景气度、经济建设的重点转移等。当经济振兴时,百业待举,新的行业不断出现,新的组织不断产生,为就业及晋升创造了条件;反之,就带来不利条件。在经济发展水平高的地区,企业相对集中,优秀企业也就比较多,个人职业选择的机会就比较多,因而有利于个人职业的发展;反之,在经济落后的地区,个人职业选择的机会就比较少,个人职业生涯也会受到限制。

分析和了解影响职业的环境因素,有助于我们个人制定正确的职业生涯规划,使个人在变化的社会环境中不断取得职业生涯的新发展。

在仔细分析了影响自己职业生涯的各种因素之后就可以较好地解决职业生涯规划中"做什么"、"在什么地方做"、"如何做"这三个最基本的问题。这三个问题解决好了,职业生涯发展就会比较顺利。

2.2 职业生涯发展决策及行动计划

2.2.1 职业生涯发展决策

2.2.1.1 职业生涯决策的定义

"生涯决策"概念最早源自英国经济学家凯恩斯的理论,它是指一个人选择目标或职业时,会选择使用使其获得最高的报酬,并将损失减至最低所用的方法。职业生涯发展过程中会面临许多抉择的情境,需要个人作出明智的决定,这就是"职业生涯决策"。

2.2.1.2 职业生涯决策的特性

(1)职业生涯决策意味着一次选择与放弃。作决定通常意味着前面有几种道路可供选择。当我们选择这一条时,就意味着对其他的放弃。而每一个选项可能都有优势,但又都有挑战。

(2)职业生涯决策意味着目标的确立和行动。作决定不是许下一个愿望,然后静等愿望成真的那一天,而是在作出选择的基础上确立阶段性的目标,然后采取行动。唯有如此,才能够真正接近自己的愿望,否则,愿望将永远是空想。

(3)职业生涯决策没有标准答案。在不同的情况和环境下,有不同的适当选择。而即使面临相同的选择情境,由于我们个体的不同,决策是否适当也会有不尽相同的答案。如果一定要寻找一个标准来衡量我们的决策正确还是错误,这个标准还只能从我们自己内部去找——适合自己的,才是正确的。

2.2.1.3　职业生涯决策的要素

生涯决策的过程涉及复杂的个性心理和各种各样的行为，面对的情境也不尽相同，但通过分析现有的各种决策理论、类型和模式，我们发现目的、选择、结果和评价这四个要素是每一个决策都不可缺少的。

目的：决策者的决策动机和所要达到的职业目标期望。

选择：决策者可能作出的若干行为选择、决策策略或模式、类型。

结果：每一个选择的可能结果。

评价：对各个结果的价值评估。

2.2.1.4　职业生涯决策的步骤

职业生涯发展是一个持续不断的过程，因此职业生涯决策也同样是一个不断循环的过程。职业生涯决策的步骤如下：根据自己暂定的职业生涯目标，探索不同的可行方案，一般的备选方案要大于等于3个；比较各种方案所得后果的优劣、得失；根据对后果的价值评估进行选择；接受现实的考验；评估实施结果并作出相应的调整和最后的决定。

在这些步骤中，如何科学、正确地对各种方案的后果进行价值评估是最关键也是最难完成的一步，在后面的内容中我们将会介绍两种科学的评估、决策方法，帮助你正确地分析你生涯的选择方案，并最终确立你的生涯目标和路径。

2.2.1.5　生涯决策的常见误区

误区一："在我的生涯发展中，我只能做一次决策。""绝对不能后悔?""如果我改变了决策，那就是我失败了。"……

有些人认为，生涯决策是一旦选择了一个职业或专业就不能改变，否则一定会被别人瞧不起，因为那是当初自己坚持的决定。

事实上，这种情况并不是理智的。美国研究显示，有三成到五成的大一新生打算改变主修学科。与其固守某一个专业或职位，终日郁郁寡欢、怨天尤人，倒不如放眼未来、另起炉灶。

误区二："我一定要马上决定?"有些人认为，迟迟无法决定是懦弱、不成熟的表现。"别人都知道自己要做什么，只有我太差劲，所以我应该立即做决定。"

虽然，在做决定时不能犹豫不决，但草率鲁莽则更加要不得。在没有充分了解自己和工作要求的情况下，暂时不做决定或许是最明智的决定。希望大家能多了解自己，充实能力，最终做出成熟和明智的决定。

误区三：世界上仅有一种最合适我的职业。

决策者1："我会凭直觉找到最适合我的职业"。

决策者2："我所做的工作应该要满足我所有的需求"。

决策者3："我选择的职业也应该要让我的家人、亲友都感到满意"。

2.2.1.6　职业决策风格及类型

所谓职业决策风格，就是作决策者一贯的处事反应以及决策制订的行为模式。

四种常见的职业决策风格如下：

(1)冲动直觉型。冲动直觉型的人作决定是基于一时的冲动，基于当时自己强烈的感受和情绪反应。其典型的表现是："先做了再说，以后再想后果。""感觉还不错，就这么决定了。”等等。

(2)依赖宿命型。依赖宿命型的人知道需要作出决定,但通常是等待或依赖他人为自己作出决定,或者以为一切都是命运的安排,自己作不作决定都一样。其典型的表现是:“爸妈叫我那样做。”“他们认为我适合。”等等。

(3)犹豫逃避型。犹豫逃避型的人知道需要作出决定,但是经常处于拖延或挣扎的状态,迟迟作不了决定,或者到最后一刻才作决定。其典型的表现是:“急什么?明天再说吧!”“我决不能轻易决定,万一选错了,那就惨了。”等等。

(4)系统理性型。系统理性型的人作决定时会分析自己内在的状况,也会考虑外在环境的要求,广泛收集信息,用系统分析的方法检视各种选项的利弊得失,从而作出适当而且明智的选择。其典型的表现是:“一切操之在我。我是命运的主宰,是自己的主人。”

2.2.2 职业生涯行动计划

职业生涯规划与规划实施并非是两个截然分开的过程,两者相互影响、相互包含,并且不断循环。“计划赶不上变化”,影响你职业生涯规划的因素诸多,有的变化因素是可以预测的,而有的变化因素难以预测。在实施生涯规划的过程中,要不断地进行评估,看生涯规划是否正在被达成,如果答案是肯定的,则继续实施原来的生涯规划;如果发现生涯规划部分或全部没有被达成,则要看生涯规划是否合理,如果答案是肯定的,说明计划合理,是在实施中出现了偏差,需要分析造成偏差的原因,针对原因进行绩效改进;如果答案是否定的,说明规划本身存在缺陷,需要对生涯规划进行调整,即进行生涯规划的再设计。

2.2.2.1 大学生职业生涯规划的主要内容

职业生涯规划是对个人职业发展道路进行选择和设计的过程,规划的内容和结果应该在规划过程中及规划后形成文字性的方案,我们认为,一个完整有效的职业生涯规划方案应该包括以下八项内容:

(1)标题:包括姓名、规划年限、年龄跨度、起止时间。

(2)目标确定:确定职业方向、阶段目标和总体目标。职业方向即从业方向,是对职业的选择;阶段目标是职业规划中每个时间段的目标;总体目标即当前可预见的最长远目标,也是在特定规划中的终极目标。

(3)个人分析结果:包括对自己目前的状况分析和自己将来的基本展望,同时也包括对自己职业生涯有一定影响的角色建议。

(4)社会环境分析结果:指对政治、经济、文化、法律和职业环境等社会外部环境的分析。

(5)组织(企业)分析的结果:主要是对职业、行业与用人单位的分析,包括对用人单位制度、背景、文化、产品或服务、发展领域等的分析。

(6)目标分解与目标组合:分析制定、实现目标的主要影响因素,通过目标分解和目标组合的方法做出果断明确的目标选择。

(7)实施方案:首先找出自身观念、知识、能力、心理素质等方面与实现目标要求之间的差距,然后制定具体方案逐步缩小差距以实现各阶段目标。

(8)评估标准:设定衡量此规划是否成功的标准,如果在实施过程中无法制定的目标或要求,应当如何修正和调整。

需要注意的是，方案内容的顺序与规划的步骤不是完全一致的。其实这并不矛盾，因为方案的形成是建立在按正常步骤进行规划的基础之上的，将职业方向与目标提前，是为了阅读上的方便，突出核心主题——规划的目标，并有利于与实施方案进行对照、检查和修订。

2.2.2.2　高职生职业生涯规划的实施

高职生在具体实施自己职业规划的过程中，最容易出现的问题就在于眼高手低，心浮气燥，急功近利，见异思迁。在就业过程中，很多刚刚踏上社会岗位的毕业生，往往不能以平和的心态对待现状，一旦碰到小小的钉子，或感觉自己所处的环境和理想中的目标有所差距，便会产生极大的心理落差。马上开始怀疑自己的能力和以前制定的计划目标。认为以前制定的人生规划是个人的能力和在现有工作环境下是不可能达成的。开始自暴自弃，得过且过，轻率地抛开以往的职业规划，选择一条最为急功近利的速成路线，没有为后期发展留下任何可拓展空间。

(1)发展目标的适当调整。高职生必须要对自己的特长、爱好、性格等进行反复的剖析和衡量，对社会现况进行深入的体会，在制定目标的过程中不断地向老师和有经验的学长或父母讨教，争取在初期便定制出一套比较符合自身的性格、特长的规划，脚踏实地的按照规划中的目标，一步一个脚印的向前迈，当然计划总是不如变化来的快，因而这就需要我们在实践中在不变大方向的前提下不断地对职业规划进行反复的校正，在这个过程中切记不可好高骛远和见异思迁。高职生需要一进学校就有一个高职期间的奋斗目标，不过这往往是有一定难度的。高职新生就好比一条久困鱼缸小鱼突然被置身于茫茫大海却不知该游向何方，他们哪里知道该往什么方向发展呢！要求一个大一的学生制订一个高职阶段一成不变的职业规划书是多么的不现实。但有规划远比没有规划要好，规划书可以给自己一个大概的指引与压力感。很多高职学生喜欢考虑换专业，这也属于目标的修正问题。出于对兴趣与就业形势的考虑，高职生想调换专业无可厚非，但调换专业以前一定要弄清楚自己究竟喜欢和适合什么专业，不可盲目冲动。

(2)目标实现中的阻力分析。在目标的实现过程中不可能总是一帆风顺的，面对挫折与失败，有的人愈战愈勇，有的人却晕头转向，为什么会有这么大的区别呢？究其原因，在于不同的人分析与解决问题的能力不一样。

对目标实现过程中的阻力进行分析是很有必要的，大学阶段目标实现的阻力主要有以下几种情况：

目标设置不合理。比如说某大学生在大学期间，既想学习成绩一流又想当个好的学生干部；既想恋爱成功，又想打工赚钱，这显然是不太可能的。以上目标如果分割成阶段性目标是可以实现的。就业、出国、创业均可以作为大学期间的发展目标，但必须具体和现实。如选择先就业，那就要想清楚去什么地方就业、在什么行业就业、从事什么职位与性质的工作、希望拿多少工资等；如选择出国留学，那就要考虑家庭经济承受能力、个人学习成绩尤其是外语水平等；如琢磨着毕业后自主创业那就必须积累经验、学会分析市场行情、制定创业计划等。目标没有好坏、对错之分，适合的就是最好的。如果选定的目标不合理，那就已经失败了一半。

制定目标的当事人缺乏毅力。性格决定命运，细节决定成败。这话讲得非常有道理。

经常听一些大学生讲:“我要考全日制的专升本。”可是没过多久,他就改变主意了。还有的大学生说:“从下周开始,我要好好学英语。”大家可能会问:为什么非要从下周开始而不是从今天开始呢?对于缺乏毅力造成的后果前面进行了分析。

目标实现的外在条件不具备或者发生改变。事物在各种外部条件的影响下,其内部矛盾的双方的力量处在此消彼长的不断变化之中,一旦矛盾双方的力量对比发生根本性的变化,便会引起双方地位的相互转化,于是新矛盾取代旧矛盾,新事物取代旧事物。可见,事物的发展是内因和外因共同起作用的结果,矛盾是事物发展的动力。

外在条件虽然有不可控制性,但它毕竟要通过内部条件才能起作用,人是有主观能动性的,人们不仅可以利用与改造外部条件,还可以创造条件实现目标。

2.2.2.3　高职生职业生涯不同阶段的任务

评价高职生涯发展良好与否必须把握阶段性原则。各年级高职生的主要任务如下:

(1)一年级高职生的主要任务是:自我认识,树立正确的学习观,了解专业性质、专业能力要求、专业学习的价值和专业前景等,提升学习动力,适应大学学习生活和人际交往,尽快完成角色转变。了解自己的特长与潜能、优势与不足,正确认识自我。初步认识生涯发展规划的重要性,树立正确的职业价值观。学习通用性技能,提高基本素养,为未来的职业发展做好专业准备。

(2)二年级高职生的主要任务是:自我拓展,培养较强的责任感、使命感,树立正确的成才观和事业观。通过职业测评、职业咨询、了解职业信息等方式,认识职业;根据自身条件、职业志向和未来职业的发展进行初步的职业生涯规划。结合职业生涯规划,做好职业生涯决策,参加职业培训、社会实践、创业锻炼等活动,拓展职业知识技能,提升自我素质,培养高度责任心和精益求精的精神,提高人际沟通、团队合作和创新能力。

(3)三年级毕业班高职生的主要任务是:自我发展,树立开拓务实的职业观、创业观和择业观。通过职业生涯规划、职业生涯决策的修正,形成现实而正确的个人职业发展评价,确定合理的职业定位和择业期望标准。通过毕业实习、个人辅导、职业信息的搜集和选择、就业技巧培训等多种形式,提高职业成熟度和职业行为的“自主、自尊、自信、自强”意识。树立爱岗敬业精神,实现人生发展与社会需要的内在统一,敢于去祖国最需要的地方和行业建功立业,完成向社会职业人的角色转换。

注意提高自身的基本素质。通过参加学生会或社团等组织,锻炼自己的各种能力,同时检验自己的知识技能;开始尝试兼职、社会实践活动,在课余时间从事与自己未来职业有关的专业类工作,提高自己的责任感、主动性和受挫能力。

3　职业生涯发展规划的落实

好的计划要有好的落实。没有落实的计划只是空想,落实不了的计划更等同于幻想。保证计划的落实是整个规划价值体现的核心环节,规划之初就应该给予充分的重视,实施的时候更要念念不忘。对于计划落实不力的人来讲,下面三个方面的工作是必须要完善、解决的。

3.1　时间管理与风险管理

3.1.1　时间管理

在我们的生活和工作中，有很多这样的现象：每天规定的目标只能完成一半，却不知为何；由于随手乱放，无法找到重要的文件，不得不耗费时间四处寻找；漠视自己的行动计划越拖越长。

怎么才能让一逝而过的时间变得更加有效率呢？怎么才能控制自己的时间呢？怎么合理分配自己的时间呢？我们要对时间进行管理，以便充分、合理、有效地利用这种资源。

时间管理，就是用最短的时间或在预定的时间期限内把事情做好。它是一种个人的作业计划。个人通过制定具体的生活、工作目标，学会分配工作次序，按计划做事，从而有效地利用时间，提高生活和工作效率。

很多人都知道时间的重要性，但在生活中却总是不知不觉地浪费时间。"一寸光阴一寸金"、"时间就是金钱"、"时间就是生命"……这些关于珍惜时间的谚语、古训我们大多都耳熟能详，可是很多人却并没有真正地做到珍惜时间，等到光阴一去不复返的时候，便独自地为逝去的时间感叹。珍惜时间的关键就是从现在做起，立即行动。

生活在象牙塔里的大学生，没有生活的压力，学习生活也比较轻松，所以时间观念并不强。上网聊天、打游戏、看影片占据了大学生许多宝贵的时光。适当的休闲是必要的，但凡事都要讲个度，如果过度沉迷于享乐，那么将来毕业了也就乐不起来了。

大学生要想合理安排好自己的时间，首先就必须要有时间观念。青春短暂，年华易逝，人生一共才短短的几十年，如果我们不珍惜，等到年老了的时候便悔之晚矣。说实话，毕业几年，对时间的感觉和在大学的时候就不一样，现在总感觉一年一晃就过去了，一年的时间好像比以前上学的时候一个月的时间还短。所以，正当人生好时节的大学生朋友一定要树立时间观念，科学合理地安排自己的时间，把更多的时间放在有意义的事情上。

要科学合理地使用自己的时间，就要避免拖拉和等待。很多时候，我们在做事情之前总喜欢给自己找借口：现在心情不好，等心情好的时候再做吧；或是我先睡觉明天早点起来做，一定会做得更好……想做的事情就这样一天天地拖下去，结果不是把这件事情忘记了，就是想起来的时候还是没有时间做。苏联教育学家功苏霍姆林斯基曾经写信给他的儿子："要改掉某些坏习惯，我指的是：开始工作以前闲坐 15 分钟；毫无必要地翻阅那些明明知道不需要阅读的书；睡醒了，在被窝里躺 15 分钟等等。"拖延是一个很不好的习惯，就像是侵入木头里面的蛀虫，如果任其发展，就会毁掉自己的前途。

有些人总认为时间多着呢，不急，一再地把自己想做的事情往后拖。最后结果是，追悔莫及。只要你从早上睁开眼睛那一刻开始，就立刻行动起来，一直行动下去，对每一件事都告诉自己立刻去做。那么，你会发现，你整天都会充满着行动带来的充实的快感，只要这样持续两个星期左右，你就能养成立刻行动的好习惯了。

此外，还要学会利用零散时间，并提高效率。时间效率专家阿列斯·伯雷说："一天的时间就像一个大旅行箱，只要知道装东西的方法，就可以装两倍的东西。开始不要把东西扔到箱子的中间，而是不留缝隙地往四个角和箱子的边缘填充，最后再向旅行箱的中间填。如果毫不浪费地使用了四个犄角旮旯的时间，你就可以把一天的时间当做两天用了。"大学生在学校里除上课、吃饭、睡觉外,多数时间都是自由的。如果坚持每天把所有的琐碎时间都利用上,那么日积月累,你就会发现你完成了自己都不敢相信的事情。

有些人在精心地规划自己的时间,运用每一个空闲做事情,可是,却效率不高。比如,有时候你在看书,眼睛盯着书,可是就是无法进入角色,半个小时过去了,你还是一页未翻。这种做法同样是在浪费时间。我们在做任何事情的时候都要全神贯注,如果看书的时候想着其他事,那样肯定不会有什么效果。比如能看书的时候,如果实在静不下心来,就不要硬撑着了,可以去户外活动活动,让自己的大脑放松放松,然后再学习,这样效果会好些。

在时间管理中,最重要的是要有清晰的工作计划及目标,确定先后次序,如果不能掌握时间管理重点,就会事倍功半。因此,管理时间的水平高低,会决定你职业生涯的成败。

3.1.2　风险管理

无论是在日常生活方面,还是在策划大型活动方面,我们常常在决策时追求100%的稳妥,但是事实上,这样的稳妥是不存在的,因为事物的发展过程是变化的,事物的变化要求我们以一种非常状态出现、出击,而不是十拿十稳的把握之后的行动。同样,很多人追求100%严密的控制,希望能有一套完善到极致的制度可以防范所有的一切违规,我们可以假定这样的规范是存在的,但是必然要附以严格的监督及监督机制以及高昂的维护和运行成本,且不说经济上是否合理,就是办事的效率之低下足以等白了少年头,也就不知何时才能真正实现经营的目标了。

我们的职业生涯规划也蕴涵着这样的辨证道理的,我们不能追求绝对完美,无论是完美的工作,还是工作的完美。过去营销学里讲一个"适销对路"的观念,就是把合适的商品卖给合适的消费者,讲究的是"适时适地适人适货",我们在职业生涯中的很多时候,就是要有这样的"适销对路"的观念和举措,恰如其分地实现自身的价值,而不要因为执着于本无所谓的细节影响了整个职业生涯的节奏——正如,我们看一场高水平的足球赛,就不能苛求在整场比赛中没有一个瑕疵,没有一次失误!因为所有的一切都是相互,要进球、要速度,就不能再苛求无瑕疵。

因此,在职业生涯发展过程中,对于已知风险和可预知风险我们要采取积极的措施进行防范,具体防范可以从以下几个方面着手:

(1)识别风险:主动地去寻找风险。

(2)风险评估:对风险可能造成的灾难进行分析。

(3)风险驾驭:解决风险评估中发现的问题,从而消除预知风险。

(4)风险监控:当旧的风险消除后,可能又会出现新的风险,所以风险识别、风险评估、风险驾驭这几个环节要连续不断地进行下去,形成有效的监控机制。

在一段时间以后,要对风险进行再分析,确保对风险制定的驾驭方案能够切实有效地进行,并且要对执行中的问题进行再评估。同时要注重总结经验,为将来的风险治理提供数据。

3.2　信心与毅力

信心是一个人事业成功的动力源泉。美国著名教育家马斯洛说:"事实上,我们绝大多数人,一定有可能比现实中的自己更伟大些,只是我们缺乏一种不懈努力的自信。”

毅力也叫意志力,是人们为达到预定的的目标而自觉克服困难、努力实现的一种意志品质;毅力,是人的一种“心理忍耐力”,是一个人完成学习、工作、事业的“持久力”。当它与人的期望、目标结合起来后,它会发挥巨大的作用;毅力是一个人敢不敢自信、会不会专注、是不是果断、能不能自制和有没有忍受挫折的结晶。

在我们的现实生活中,一些人在求学、求职等项过程中,往往因为缺乏信心而失去更好的求学、谋职、升迁,取得事业成功的绝好机会,令人遗憾。其原因就是这些人总以为自己总不如别人,找出一大堆理由长他人的志气而贬低自己。什么“张三比自己聪明,李四比自己优秀,王五家境优越,赵六父母有权势……”一句话,就是自己不行。长此以往,如何树立起信心?

有很多学生就是因为缺乏毅力,稍一碰钉子,就马上否定自己的方向,踏上速成路线混上几年后,发现可供行走的路越来越窄,最后被逼上死角。不得以进行反思,又重新跳回到以往的职业规划中来。然而如此反复的过程中你就错失了很多学习和发展的机会,到最后极有可能越做越累,甚至一无所获。正如小猫钓鱼的寓言故事。

老子曾经在《道德经》里这样说过,“合抱之木,生于毫末;九层之台,起于累土;千里之行,始于足下”。什么意思呢,大致是说,“需要几个人合抱的树木,都是从细如针毫小苗长起来的;九层高的亭台,也是一筐土一筐土筑起来的;而千里的行程,是需要用脚一步一个脚印迈出来的”。世界上任何事都是这样的,总有个从量变到质变的过程,而这个过程只有有毅力的人才能坚持下来。

人生就是一场马拉松赛,开始跑在最前面的未必能一直领先,成为一名胜利者;原来落在后头的并不一定就永远不能后来居上,命中注定做一名失败者。有人老是在别人的成就和荣耀面前哀叹自己起步太晚,其实每一位马拉松参赛者都明白,迟个三步五步,甚至十步百步也不算晚,关键是能否坚持到终点。

要去判断人生道路上的这场胜负,在于用毅力换来的成绩,正如判断一棵果树的优劣,是看它结的果实是否丰硕,而不苛求它的叶子是否葱郁。成功者常常用毅力去写迷人的胜利传奇。

缺乏信心往往导致萌芽的天才走向自我扼杀,缺毅力,则是自我断送前程。我国有句谚语叫做“勇敢与成功如影随形”,说明了勇敢和毅力是人取得成功不可或缺的因素。

世上无难事,只要肯登攀!珠穆朗玛峰再高,再危险,有人攀登过,他们凭借着一颗强烈的爱国之心,面对黑夜、寒冷和缺氧毫不畏惧,毅然前进。他们是在无数次摔倒中爬起来,凭着心中的信念,凭着毅力、勇气、智慧挑战极限,超越自我而到达了顶峰。所以说,毅力和信心决定成败。

我们在职业生涯设计时对自己的未来要充满强烈的信心,建立必胜的坚强信念,要相信自己的力量,相信通过艰苦的努力,理想是可以变为现实的。要充分挖掘自己的潜能,在职业生涯发展过程中只有坚韧不拔地朝着自己确立的职业目标前进,才能取得职业生涯的成功。

3.3　职业发展需要知识更新

知识经济时代的核心思想是把知识作为能影响职业发展的重要因素。这是因为人所具有的能力与他所掌握的知识、技能是相互联系与制约的。一个人的能力直接决定着自己职业的状态,所以最终是知识增进职业进程的。

当今社会知识更新迅猛,技术每年的淘汰率是20%。在美国,15年来,淘汰了8 000种职业,同时诞生了6 000种职业。今天专家级的技能知识,明天将可能成为行业入门的基础知识,知识更新速度是如此之快。因此,我们对知识的学习与探索必须是终身的、无止境的。

每个人是不可能囊括人类的全部知识的。一个人要想使职业发展有个良好基础,首先要进行自我定位,并且确立职业目标战略。接下来就是用一定的时间与构成去构建它,但构建不是一步到位,而是逐步完善。以职业目标为核心,构建促进自己职业发展的知识结构。若想追求卓越,就必须构建适应的知识结构作为支撑。因为结构的不同,他的功能也就不同。

在知识经济领域里,知识与能力概念的外延将相互包容。有些知识就是能力,有些能力本是知识,知识与能力相互转化水平的高低就代表了一个人创造能力的发达程度。当然,这里的知识指的是高质的知识,即合理知识结构中的知识成分,是"活"的知识,不是一般意义上的堆砌在头脑中的东西。这就是说,知识经济时代里的学习是高质量的、有意义的学习,不再是将书本搬进脑袋里,而是结构要合理。每一个人都有自己独特的知识结构。知识结构具有全球人类普遍价值和意义。

知识结构的构建并不(完全)依靠正规教育。在职业发展的过程中边干边学(通过实践学习)是最重要的,学习的基本方面是将沉默知识转化为归类知识。随着职业发展的需要,不断通过非正规教育和培训完善与充实自己的知识结构。知识结构是一个人进行创新的基础,是职业发展的基石。个人要进步,职业要发展,就必须建立符合时代需要的合理知识结构,促进职业发展。

一个人的知识结构并不是一成不变的,随着形势的发展,知识也需要不断地补充和更新。为使知识结构处于最佳状态,应根据需要及时进行调整,围绕选定目标不断积累并更新、完善自己的知识结构。大量事实证明,一个人在学生阶段所获取的知识仅仅是一生中所需要知识的很少部分,大部分知识都要靠日后在工作中根据需要自学而获得,不断补充、更新知识,以保证最佳的知识结构。

终身学习的能力,即在人的一生尤其是职业发展的过程中,不断学习新知识的能力。现代社会的发展,使人们更新知识结构、提高多种技能和素质的任务变得异常艰巨和繁重,甚至成为社会持续发展的一大课题。终身学习能力已成为职业人满足生存与发展的需要,它是立足社会的基本能力。

自主创业篇

第七章　自主创业者必须具备的素质与能力

1　创业者必须具备的基本素质

1.1　创业者的基本素质构成

作为一个创业开拓者，应当具备优良的道德品德、坚韧不拔的精神、坚定不移的信念、必胜的信心、巨大的魄力、充沛的精力、丰富的经验、渊博的知识、优异的才能等素质特征。

1.1.1　雄伟的战略

当今市场，已不是狭隘的市场经济，是国际性的世界大市场，它已没有国界限制、没有意识形态限制。市场的变化受到经济、政治、自然等诸多因素的影响。一个企业要想在开放的国际市场上求生存、求发展，其领头人必须要有长远的战略眼光，根据外部环境的变化或者说将来的变化作出运作战略，它影响着企业发展中带有全局性、长远性和根本性的问题。决策活动最能体现战略家的特质。在决策活动中，经营管理人员通过"谋"和"断"两大职能来决定组织中的重大问题。企业领导人关心和参与智囊机构的整个谋划过程，使其对最终备选方案的"背景"了如指掌，只有这样，最后才会充满信心、胸有成竹地作出决断。

1.1.2　有鼓动力

创业者要高瞻远瞩、明晰动静，运用思想家、演说家、评论家的天才，阐述观念、扭转看法、鼓舞士气，引导众人形成明确的价值观，从而使企业内部全体员工产生持久的凝聚力，并在组织外部社会大众的心里植下一种亲切友好的形象，使企业有一个轻松的外部环境和社会环境，更广泛地传播自己的企业文化，提高自己企业的知名度、增加无形资产。

1.1.3　敢于创新的胆略

创业本身就是有计划地创新、冒险，只有敢闯敢干、不怕失败的人，才有可能走出一条属于自己的新路、好路来。艰苦创业精神，对于开拓者而言，也是非常重要的。因为在创业期间，必会因资金、经验、人事等的阻碍而令事业暂时的休克，站在这个边缘上的创业者千万不可半途而废，一定要坚持下去，要相信成功就在不远处。

1.1.4　敢于充分展现自己的个性

创业者最重要的素质主要表现在个性上。个性能使人的才干增添无比的光彩。作为创业开拓型人才的个性特征包括：旺盛的斗志、强烈的求知欲和好奇心。敏锐的洞察力、富于直觉，可以觉察到别人未注意到的情况和细节。善于变通、思想灵活，能从有限资料中举一反三设想出见解独到的可行方案。善于提问，不盲目跟随别人。富于独创力，有别出心裁的见解，勇于弃旧图新，别开生面。自信，相信自己所做事情的价值，即使受到阻挠和诽谤也不改变信念。有百折不挠、坚持不懈的毅力和意志。有想象力，以合理的联想、幻想产生出思想中新的观点、形象。思想严密，既善于抓住刹那的灵感火花，又能深思熟虑、精敲细推，直到完美、可行。开朗、胸怀宽广，不被外界的冷嘲热讽影响自己的斗志。有韧劲、有勇气，可以忍受常人无法忍受的挫折和困难。有野性、有狂劲，对外表现为试图突破常人以为难于突破的主客观障碍，达到自己想要达到的光辉顶点。对内，既是一种对自己实力的信任，又是一种对较高目标的大胆追求。

案例 1

朱升华在杭州的文三路上，开有一个书屋，书屋的名字叫做“枫林晚”，取自唐人杜牧的诗《山行》：“停车坐爱枫林晚，霜叶红于二月花。”令人一看就感觉到浓浓的文化气息。

朱升华毕业于厦门大学经济学系，毕业后在杭州一个大的公司集团坐办公室，日子过得本来很惬意，可是他却觉得这样做下去没有意思，想出来创立一番事业。为了做什么，他考虑了很久，最后想到自己是一个读书人，平时最爱的就是书，最喜欢逛的也是书店，就想不如自己也开一个书店吧。

他的选择遭到了全家人几乎一致的反对。朱升华刚刚开始参加工作，自己没有积蓄，家里又不肯支持，眼看美梦即将变成一枕黄粱，这时候是一个好朋友伸手救了他。好朋友慷慨地借了他 5 万块钱。朱升华选来选去，就选中了文三路这个地方。之所以选这个地方，是因为这里属于杭州的文教区，周围有多所大学，平时街上成群的大学生和教授们走来走去，文化气息非常浓郁。

朱升华的生意几乎没有经过什么波折，一炮打响。因为从一开始，他就采取了有针对性的营销策略，面对什么样的环境，什么样的消费者，就进什么样的货，卖什么样的东西。他之所以选择在文三路开店，就是看中了这里的两多：大学生多、大学教师多。所以，他进的图书大多也是迎合大学生和大学教师口味的。以普通书店不多见的学术类书籍为主。还有些书，在整个杭州市场上可能也只有那么几个人会买，只有那么几个人需要，可他照样会去进货，就专门为那几个人准备。不为别的，因为他已经看出来，只要在你这里有一次买到了好书，买到了他们需要而别处买不到的书，以后他们就会老到你这里来。从长期来看，这些人的图书购买量非常大，价值非常高，属于那种“金卡”型和“贵宾”型的客户。时间长了，朱升华这里的忠诚顾客积了一大批。朱升华做过统计，在他的顾客中，回头客要占到 80%。虽然店面较小，只有 20 多平方米，但因为卖的图书附加值较高，顾客的回头率较高，单个顾客购买量较大，朱升华的收入非常不错。现在他已经在金华浙江师范大学后门开了一个分店。

1.2　创业成功的内在条件

创业是有风险的游戏，面对创业，除胆大心细外，更要客观冷静。成功创业者应具备一定的内在条件。

1.2.1　成功创业者应具备激情与平常心

对成功有强烈的欲望，或为名或为利，或为了亲情，或为了爱好，有渴望成功的激情，很多成功人士是由于家境贫寒，为了生存，迫不得已，中国香港地区富豪排行榜上查查家庭背景和历史，当年闯南洋时连裤子都穿不起的，后来经过三代努力，成为资产丰厚的富豪的大有人在。渴望成功,会给你很大的动力。但是创业都会遇到危机,如果你从来没有遇到,那赶快去普陀山叩谢神灵保佑你吧,不过还是要当心时刻都可能出现的危机,今年的金融风暴,影响很大。当危机出现时,应该以平常心对待,能够清晰地看时局,审时度势,避免因为阵脚大乱而忙中出错。在商业竞争中,因为没有平常心而惨败的例子比比皆是。

1.2.2　成功创业者应具备敏锐的观察力

无论是对产品的选择,市场的需求,都需要有超强的观察力,对未来的把握是基于现实的真实。常用的有效方法是分析现状,然后制定目标,再看现状和目标之间的差距,然后研究如何做来减少差距,最终实现目标。这些都是在对现状充分了解的基础上的。

1.2.3　成功创业者应具备清晰的判断力

观察得来的信息被清晰地判断,判断力需要大量的社会阅历来支撑,对各方面的知识都要有了解,这种了解要根据需要决定深入或者简单了解,这些积累是日常生活中无时不在的,非到用时才凸显的,因为如果没有平时的积累,很多商机你是看不出来的,积累的途径有很多,看书,上网,新闻,电视节目,朋友聊天,工作经验,广告,每时每刻都在积累经验为你的判断做支持,所以创业者通常是个有心人。

1.2.4　成功创业者应具备高效的行动力

想到就去做,做了再总结,总结后再改进,认准目标后要实干、勤奋,尤其是创业初期,为了节省成本,应该少聘人,尤其是比较关键核心的部分,最好自己实践。如果关键核心部分是别人做的,你早晚会有被踢出局的危险。勤奋,是几乎所有人都公认的创业必备素质。但勤奋并不代表辛苦,如果做的是自己真正想做的事情,或者结果是自己希望的,再辛苦都会被当做幸福吧。看看沉迷于游戏里的人,连续玩多少个小时也不觉得难受,这就是兴趣带来愉悦而坚持的明证。

1.2.5　成功创业者应具备诚信的品质

在创业时候,人脉是重要的资源,无论是新朋还是旧友,无论是进货商还是客户,合作伙伴,种种人际关系中,最重要的法则是诚信,并赢得良好的信誉。对于商家来说,信誉是生命,信誉可以让你得到更多的客户,不重视信誉的商家几乎没有,因为现在这个世界,你想做个独一无二的产品还是比较难的,真的出来,销的好的话,复制的速度是很快的。因此,良好的人缘常常可以让你和各种关系建立牢固的信任关系,从而生存下去。

1.2.6　成功创业者应培养自己的情商

除了诚信,情商也非常重要,尤其是在合作伙伴交流、营销策略和技巧上,情商都会让你获得别人的愉悦感,从而获得合作伙伴或者顾客对你的依赖和习惯。任何人都是趋乐避苦的,让别人快乐的本事是作为创业者需要练习的,它在与各种商业关系的交流、员工管理上都起着重要的作用,在自我激励上也非常重要,如果你自己觉得情商不够,那还是要认真专研一下再开动吧。

一个成功创业者还必须有脚踏实地的工作作风,有非常强的沟通能力;并具有熟悉本行的专业知识。只有具备宽厚胸怀和坦荡的人格,才能带领自己的团队同心协力完成既定的目标。

1.3　创业者素质的内容

1.3.1　强烈的创业欲望

"欲",实际就是一种生活目标,一种人生理想。创业者的欲望与普通人欲望的不同之处在于,他们的欲望往往超出他们的现实,往往需要打破他们现在的立足点,打破眼前的樊笼,才能够实现。所以,创业者的欲望往往伴随着行动力和牺牲精神。这不是普通人能够做得到的。

因为只是想得到,而凭自己现在的身份、地位、财富得不到,所以要去创业,要靠创业改变身份,提高地位,积累财富,这构成了许多创业者的人生"三部曲"。

因为欲望,而不甘心,而创业,而行动,而成功,这是大多数白手起家的创业者走过的共同道路。

或许我们可以套用一句伟人的话:"欲望是创业的最大推动力。"

1.3.2　超乎想象的忍耐力

在创业的路上,付出怎样的代价,付出怎样的努力,忍受了多少别人不能够忍受的憋闷、痛苦甚至是屈辱,这种心情只有创业过的人最清楚! 有多少人愿意付出与他们一样的代价。

对一般人来说,忍耐是一种美德;对创业者来说,忍耐却是必须具备的品格。

老话说"吃得菜根,百事可做"。对创业来说,肉体上的折磨算不得什么,精神上的折磨才是致命的,如果有心自己创业,一定要先在心里问一问自己,面对从肉体到精神上的全面折磨,你有没有那样一种宠辱不惊的"定力"与"精神力"。如果没有,那么一定要小心。对有些人来说,一辈子给别人打工,做一个打工仔,是一个更合适的选择。

相关链接

在校大学生创业成功失败案例分析

大学生创业网讯 据统计,我国2007年的高校毕业生达到495万,是2002年3.4倍多,带来了极大的就业压力。解决这一矛盾的方式除增加就业岗位之外的最好办法就是引导学生进行创业。政府出台了一系列的鼓励大学生自主创业的优惠政策。与此同时,调查显示:毕业生选择创业的比例不到总数的1%,而发达国家一般占20%至30%。因此不难发现,要真正改变这种状况,单纯依靠优惠政策或措施是难以解决问题的,必须从学生本身入手,让学生在学习阶段就了解创业、接触创业、学习创业、体验创业。随着创业教育的开展,很多在校大学生开始了他们的创业体验。现通过对长沙高校较为典型的在校学生创业案例进行分析,找出其中的一些特点,用以丰富创业教育的素材,指导学生创业。

创业案例

案例2

季某,女,中南大学艺术设计专业2005级学生,开设一家画室,从事美术类高考考生的考前培训。

季某在创业之前有着非常丰富的勤工俭学的经历,曾先后代理过手机卡的销售、米高轮滑鞋的销售,代理福森造林有限公司的市场拓展业务,参加湖南软件学院的招生工作,自制圣诞礼物出售,还在超市等地方打工。在经历了一系列的兼职后,进入大二学习的季某开始了自己的第一次创业:她投资了10 000多元和别人合伙开了一家奶茶店。当时的创业初衷是想为家里谋一些福利,可由于对合伙人的了解不足,在经营中产生了矛盾,不久奶茶店的经营以失败告终,不但没有盈利,还个人亏损了4 000多元。第一次创业的失败对季某的打击很大,身心交瘁,病了一个月。但一段时间后,她调整状态,以一种不甘失败的心态,和同学一起投资办起了一个工作室,主要进行广告板和封面的设计,开始了第二次创业。工作室经营一段时间之后,收回了成本,并且能解决自己的生活费,但因为工作室的业务与自己的学习课程产生冲突而取消经营。在有了两次创业的经验和教训的基础上,季某投资2 000多元,办起了一家画室。因为季某本人对美术很有激情,而且具有通过美术考试升学的亲身体会和成功经验,画室的经营目前较为顺利,并有一定的盈利。对于毕业以后将会选择就业还是创业,季某还没有明确的想法,如果画室的发展很好的话,还会继续经营下去。

案例3

谭某、陈某,湖南大学机械制造2005级学生,拥有一家名为"星星"的碟店,从事影碟的出租和电脑软件及游戏碟的出售。

谭某、陈某于2007年9月盘下一家碟店,开始创业,星星碟店为两间小木屋,店内出租用的碟片大部分是以前经营者留下来的,租金是每月330元,水电费另算,目前经营正常,但经营业绩有下滑的趋势。两人都有较强的管理能力,曾做过一些保健产品的促销。两人最初的创业目标并不是经营碟店,而是食品及保健品的销售,但由于目前资金及人力资源的限制而选择经营碟店来积累资金和经验。目前,谭某为加强创业能力,正在辅修工商管理和商务英语。碟店现阶段面临的困难主要是市场需求饱和,DVD-9类影碟的出售逐渐取代了原有DVD影碟的出租,造成原有碟片的淘汰,损耗了较多成本。

案例4

欧阳某,男,湖南师范大学国际经济与贸易专业2003级学生,经营拥有自己品牌的轮滑专卖店——风火轮滑,主要经营成人轮滑装备,进行轮滑技术培训与咨询,并承接各类有关轮滑的商业表演。目前拥有三家连锁店,两家设在长沙,一家设在北京。

欧阳某本人酷爱轮滑运动,升入大学后,他发现很多人也有同样的爱好,于是萌生了开创品牌轮滑店的想法,并进行了一定的市场调查,确定了创业方案。通过向朋友借款和自己的部分存款,欧阳某筹集了8万元资金,于2005年创办了"风火轮滑"专营店,开始了自己的创业历程。通过一个多月辛苦的筹备,"风火轮滑"诞生了。但初期的经营却不令人满意,少有人来问津,没什么人了解他的"风火轮滑"。为了改变这种局面,扩大品牌的知名度,推广轮滑运动,欧阳某频繁在长沙各大高校演出,结交志同道合的朋友,吸引更多热爱轮滑的人,推广自己的品牌,同时也培养了一批新的轮滑爱好者。经过两年的摸索,"风火轮滑"已经初具规模,拥有三家连锁店、500余名会员,成为了轮滑协会的合作伙伴,风火轮滑是轮滑协会的推荐产品,为长沙高校大学生所熟知。

今年上半年大学毕业后，欧阳某继续经营着壮大中的“风火轮滑”，并且有意其他体育运动装备的经营。

案例 5

黄某等 7 人，均为长沙理工大学自动化专业 2005 级本科生，合伙经营一家名为“久创科技”的电脑服务公司，主要业务包括组装电脑的导购，电脑及配件的代售，电脑故障维修。

2006 年，黄某等人参加了学校的创业计划大赛，虽然比赛结果并不很突出，但却激发了他们的创业热情。比赛结束后，黄某就和同学商量成立电脑服务公司，准备进行真实的创业。他的这一想法得到了其他 8 位同学的响应，通过商议，黄某出资 2 000 元，其他人每人出资 1 000 元，共计 10 000 元启动资金。同年 7 月，正式成立久创科技公司。在后来的经营当中，有两名同学因为自身经济困难而撤资，其他 7 人继续维持经营。经营的 7 名同学根据自身特点和专业特长，分块负责公司的各项业务；店面的营业人员由 7 名同学轮流充当。由于关系良好，平常的工作量和业绩并不直接与利益挂钩，而采取平均分配利润的方式。公司营业一年多来，业绩尚可，已收回投资，并于 2007 年 6 月开始盈利，当然，这没有计算 7 名同学的人力投资。在经营中，公司成员发现自身存在很多不足，于是有意识地参加了一些管理知识和专业技能的培训，公司承担部分培训费用。现在公司准备搬迁至位置较好商业区，但存在资金短缺的问题。谈起以后的个人发展，公司的成员都较为乐观，较倾向于往大型的高科技电子企业就职，但对于创业也很有信心。

创业特点

创业者绝大多数采取合伙经营

大学生心中虽然有些富于“传奇色彩”的创业者，但大家更清楚地知道，很多小企业是通过合作起步的。对于经济实力薄弱、学习任务繁重的在校大学生来讲，团队合作成了创业的必由之路。上面案例的 1、2、4 中的创业者都采取了合伙经营的方式，通过合伙经营来筹集资金和人力。良好的合作关系是新企业生存的基础，季某第一次创业的失败就反证了这个命题。但大多数新企业中的合伙关系建立在同学的友谊之上，缺乏牢固的法律基础，因而也存在较大的散伙的隐患。

低年级学生的创业动机高于高年级学生

调查的结果显示，在校大学生有着较高的创业动机 对创业的认识是积极客观的，但在选择自己是否创业时有畏难情绪，并且高年级学生的创业动机低于低年级学生。案例中的创业者在创业时是大二或是刚刚步入大三的学生。究其原因，低年级学生仍处于青春期，还多处于心目中“理想自我”的状态，不能够较为准确地判断自身的能力，随着年龄的增长，大学生在高年级阶段会对自我进行重新定位，拉近“理想自我”和“现实自我”的距离，对创业成功的期望值提高所带来的难度和风险降低了创业的激情，同时，高年级学生面临着考学、就业的压力，缺少足够的时间和精力。

大多数创业者选择与自己专业或特长相关的产业

在校大学生相比较社会创业者而言，缺乏足够的资金和人力支持，不得不尽量发挥创业者自身的专长。欧阳某的“风火轮滑”能够让广大消费者接受，得益于他自己精湛的轮滑技艺；黄某等人的“久创科技”的技术服务部分就完全依赖他们自身的计算机专业；季某之所以开办画室做考前美术培训，是因为她本身就是画室的美术老师，而且还是“过来人”。利用自己的专长进行创业大大降低了创业成本，在创业的同时对自身技能又是一种很大的提高。这不但是在校学生创业的特点，在社会上创业行为中也较为多见。

创业心理特征

勇于创新，不惧挑战

创业，在很多大学生看来是一种富于浪漫主义和英雄主义的行为，将自己推向社会，用自己的智慧和双手取得“第一桶金”的人。这个群体虽然人数很少，但极富影响力，因为他们是勇于创造、不畏困难的“代言人”。创业，意味着创造，需要创业者具有开拓精神，需要面对从来没有面对过的工作内容，解决从来没有碰到过的各类问题；创业，意味着风险，需要创业者时刻考虑企业的生存和发展的同时，也要关注行业和竞争对手的状况，努力付出也并不一定意味着成功。欧阳某的“风火轮滑”专卖店取得了较大的成功，就是他善于发现潜在的商业机会，并通过合理的手段开拓市场。黄某等人的“久创科技”也是看准了学生电脑需求量大，而同为学生的他们比社会商家更有亲和力，更易于交流与服务。这些都是赋予创造精神、敢于投身创造的一种表现。

锻炼为主，盈利为次

很多在校大学生的创业并不能给他们带来丰厚的利润，而能维持现状并略有盈利就已经被看做成功，甚至不考虑自身精力的投入是否应计为成本之一。究其原因，绝大多数的在校大学生创业时并没有把自己所创办的企业作为自己追求的事业，而更看重创业过程。谭某、季某、黄某等人在创业过程当中更注重经验的积累和技能的提高，对于企业以后的发展和个人的资金回馈并不是考虑的重点，甚至于做好了毕业时关闭企业的准备。当然企业的经营状况也是创业者关心的重点，是新生企业能否继续生存的前提，是衡量创业是否成功的标尺。如果企业的发展能达到预期，也可能成为学生毕业后的事业，比如欧阳某。

充满自信，坚持不懈

在调查过程中，发现绝大多数大学生创业者都充满自信——对自身能力、企业生存的自信。甚至创业失败的同学也自信地认为，虽然是失败的创业经历，却是一次难得的创业体会和经验积累，大大增强对于今后的创业或择业的信心。与此同时，在企业的经营过程中，年轻的创业者们表现出了不同于普通学生的坚韧与决心。像很多创业者一样，黄某等人表示，如果不出现企业难以为继的现象，就一定会坚持经营，一直到毕业。季某更是经历了一次较为严重的失败后坚持进行第二次、第三次的创业。

1.3.3　开阔的眼界

对于创业者来说，只有具备广博的见识，开阔的眼界，才能有效地拉近自己与成功的距离，使创业活动少走弯路。

从众多成功创业者创业思路的几个共同来源分析如下：

(1)职业。俗话说，不熟不做，由原来所从事的职业下海，对行业的运作规律、技术、管理都非常熟悉，人事、市场也熟悉，这样的创业活动成功的概率很大。这是最常见的一种创业思路的来源。

(2)阅读,包括书、报纸、杂志等。比亚迪老总王传福的创业灵感来自一份国际电池行业动态,一份简报似的东西。1993年的一天,王传福在一份国际电池行业动态上读到,日本宣布本土将不再生产镍镉电池,王传福立刻意识这将引发镍镉电池生产基地的国际大转移,意识到自己创业的机会来了。果然,随后的几年,王传福利用日本企业撤出留下的市场空隙,达到创业的目的。因此,很多人将读书与休闲等同,对创业者来说,阅读就是工作,是工作的一部分,一定要有这样的意识。

(3)行路。俗话说,“读万卷书,行千里路”。行路,各处走走看看,是开阔眼界的好方法。

眼界意味着什么?如果你是一个创业者,开阔的眼界意味着你不但在创业伊始可以有一个比别人更好的起步,有时候它甚至可以挽救你和你企业的命运。

眼界的作用,不仅表现在创业者的创业之初,它会一直贯穿于创业者的整个创业历程。“一个创业者的眼界有多宽,他的事业也就会有多大”。

(4)交友。很多创业者最初的创业IDEA(主意)是在朋友启发下产生的,或干脆就是由朋友直接提出的。所以,这些人在创业成功后,都会更加积极地保持与从前的朋友联系,并且广交天下朋友,不断地开拓自己的社交圈子。与朋友们进行头脑风暴,就能够不断地有新思路、新点子。有空一定要到处多走一走,多和朋友谈一谈天,多阅读,多观察,多思考。“机遇只垂青有准备的头脑”,让自己“眼界大开”就是最好的准备。

1.3.4 善于把握趋势又通人情事理势,就是趋向

做过期货的人都知道,要想赚钱关键是要做对方向,这个方向就是势。比方说,大势向空,你偏做多;或者大势利多,你偏做空,你不赔钱谁赔钱!反过来说,你就是不想赚钱都难。

势分大势、中势、小势。创业的人,一定要跟对形势,要研究政策。这是大势。很多创业者认为政策研究“假、大、虚、空”,没有意义。实则不然。对一个创业者来说,大到国家领导人的更迭,小到一个乡镇芝麻小官的去留,都会对自己有影响。在政策方面,国家鼓励发展什么,限制发展什么,对创业之成败更有莫大关系。做对了方向,顺着国家鼓励的层面努力,可能事半功倍;做反了方向,比如说,某个行业、某类型企业,国家正准备从政策层面进行限制、淘汰,你偏赶在这时懵懵懂懂一头撞了进去,一定会鸡飞蛋打。顺势而作,才能顺水行舟。观察政府,研究政策,是为了明大势。

中势指的就是市场机会。市场上现在时兴什么,流行什么,人们现在喜欢什么,不喜欢什么,可能就标明了你创业的方向。俞敏洪如果不是赶上全国性的英语热和出国潮,他就是使再大的劲,洒再多的泪,流再多的汗,也不会有今天的成功。

小势就是个人的能力、性格、特长。创业者在选择创业项目时,一定要找那些适合自己能力,契合自己兴趣,可以发挥自己特长的项目,这样才有利于你做持久性的全身心的投入。创业是一项折磨人的活动,创业者要有受罪的心理准备。

一个创业者要懂得人情事理。俗话说:“世事洞明皆学问,人情练达即文章。”创业的首要目的是为了合理合法地赚钱,不是为了改造社会。改造社会是等你发达以后,还需要你有那样的兴趣。创业更不是为了要跟谁赌气,你非要如何如何,非要让对方觉得你这个人如何如何,你才觉得心里舒服,你那是自己为自己设绊。

创业是一个在夹缝里求生存的活动，尤其处于社会转轨时期，各项制度、法律环境都不十分健全，创业者只有先顺应社会，才能避免在人事环节上出问题。作为对照，很多原先很牛气的外资企业，认为本地人才这样不行，那样不行，只有外来和尚才能念好经，现在也都认识到了人才本地化的重要。人才为什么要本地化？因为本地的人才更熟悉本地的情况，能够按照"本地的规矩"做事，也就是说更能入乡随俗。创业者一定要明势，不但要明政事、商事，还要明世事、人事，这应该是一个创业者的基本素质。

1.3.5　敏锐的的商业嗅觉，即商业敏感性

创业者的敏感，是对外界变化的敏感，尤其是对商业机会的快速反应。潘石屹现在是商场的红人，潘石屹成为红人有他成为红人的理由。有谁能够从别人的一句话里听出8亿元的商机，而且是隔着桌子的一句话，是几个不相干之人的一句话？

1992年，潘石屹还在海南万通集团任财务部经理。万通集团由冯仑、王功权等人于1991年在海南创立。冯仑、王功权都曾在南德集团做过事，当年都是"中国首富"牟其中的手下谋士。万通成立的头两年，通过在海南炒楼赚了不少钱。1992年，随着海南楼市泡沫的破灭，冯仑等人决定将万通移师北京，派潘石屹打前锋。

潘石屹奉冯仑的将令，带着5万元差旅费来到了北京。这天，他（指潘石屹）在怀柔县政府食堂吃饭，听旁边吃饭的人说北京市给了怀柔四个定向募集资金的股份制公司指标，但没人愿意做。在深圳待过的潘石屹知道指标就是钱，他不动声色地跟怀柔县体改办主任边吃边聊："我们来做一个行不行？"体改办主任说："好哇，可是现在来不及了，要准备6份材料，下星期就报上去。"

潘石屹立即将这个信息告诉了冯仑，冯仑马上让他找北京市体改委的一位负责人。这位领导说："这是件好事，你们愿意做就是积极支持改革，可以给你们宽限几天。"做定向募集资金的股份制公司，按要求需要找两个"中"字头的发起单位。通过各种关系，潘石屹最后找到中国工程学会联合会和中国煤炭科学研究院作为发起单位。万事俱备，潘石屹用刚刚买的4万元一部的手机打电话问冯仑："准备做多大？"冯仑说："要和王功权商量一下"。王功权说："咱们现在做事情，肯定要上亿。"潘石屹在电话那边催促冯仑快做决定，"这边还等着上报材料呢。"冯仑就在电话那头告诉潘石屹："8最吉利，就注册8个亿吧。"北京万通就这样，在什么都没做的情况下，拿到了8个亿的现金融资。

这就是潘石屹那个"一言8亿"的传奇故事。后来万通在海南做赔了本，多亏了潘石屹这一耳朵"听"来的8个亿，才有了万通的今天。潘石屹能赚到这笔钱不是出自偶然，而是源于他的商业敏感。

总之，更多人的商业感觉是依靠后天培养的。如果你有心做一个商人，你就应该像训练猎犬一样训练自己的商业感觉。良好的商业感觉，是创业者成功的最好保证。

1.3.6　拓展人脉

创业不是引"无源之水"，栽"无本之木"。每一个人创业，都必然有其依托的条件，也就是其拥有的资源。一个创业者的素质如何，看一看其建立和拓展资源的能力就可以知道。

创业者资源，可分为外部资源和内部资源两种。内部资源主要是创业者个人的能力，其所占有的生产资料及知识技能，家族资源等。拥有一份良好的内部资源，对创业者个人

来说无疑是重要的。

外部资源的创立。最重要的一点是人脉资源的创业,即创业者构建其人际网络或社会网络的能力。一个创业者如果不能在最短时间之内建立自己最广泛的人际网络,那他的创业一定会非常艰难,即使其初期能够依靠领先技术或者自身素质,比如吃苦耐劳或精打细算,获得某种程度上的成功,我们也可以断言他的事业一定做不大。

创业者人际资源,按其重要性来看,第一是同学资源。

在许多成功者的身后都可以看到同学的身影,有少年时代的同学,有大学时代的同学,更有各种成人班级如进修班、研修班上的同学。赫赫有名的福布斯中国富豪南存辉和胡成中就是小学和中学时的同学,一个是班长,一个是体育委员,后来两人合伙创业,在企业做大以后才分了家,腾讯马化腾也是与大学同学一起创业。

实际上,同学之间本来就有守望相助的义务,在现今这个时代,带着商业或功利的目的走进学堂,也并没有什么不妥当。

同学之间因为接触比较密切,彼此比较了解,同时因为少年人不存在利害冲突,成年人则大多数从五湖四海走到一起,彼此也甚少存在利害冲突,所以友谊一般都较可靠,纯洁度更高。对于创业者来说,是值得珍惜的最重要的外部资源之一。

与同学相似的,是战友;可以与同学和战友相提并论的是同乡。共同的人文地理背景,使老乡有一种天然的亲近感。曾国藩用兵只喜欢用湖南人,中国历史上最成功两大商帮,徽商和晋商不管走到哪里,都是老乡拉帮结派,成群结伙的。正是同乡之间互为犄角,互为支援,才成就了晋商和徽商历史上的辉煌。同学资源和同乡资源,可并称为创业者最重要的两大外部资源。

第二是职业资源。对创业者来说,效用最明显首推职业资源。所谓职业资源,即创业者在创业之前,为他人工作时所建立的各种资源,主要包括项目资源和人际资源。充分利用职业资源,从职业资源入手创业,符合创业活动"不熟不做"的教条。尤其是在国内目前还没有像美国或欧洲国家一样,普遍认同和执行"竞业避止"法则的情况下,选择从职业资源入手进行创业,已经成为了许多人创业成功的捷径和法宝。前中学数学教师、"好孩子"创始人宋郑还是通过一位学生的家长,得到了第一批童车订货,这才知道世界上原来还有童车这样一个赚钱玩意儿的。同时,宋郑还做童车的第一笔资金也是通过一位在银行做主任的学生家长获得的。如果没有学生家长的帮助,宋郑还可能会一事无成。

第三是朋友资源。朋友应该是一个总称。同学是朋友,战友也是朋友。老乡是朋友,同事一样是朋友。一个创业者,三教九流的朋友都要交,谈得来,交得上,就好像十八般兵器,到时候不定就用上了哪般。朋友尤如资本金,对创业者来说是多多益善。"在家靠父母,出门靠朋友"、"多一个朋友多一条路"是至理名言。一个创业者如果不能交朋友,没有几个朋友,肯定只有死路一条。人际交往能力应列在创业者素质的第一位。

1.3.7　谋略

商场如战场,一个有勇无谋的人,早晚会成为别人的盘中餐。

创业是一个斗体力的活动,更是一个斗心力的活动。

创业者的智谋,将在很大程度上决定其创业成败。尤其是在目前产品日益同质化、市场有限、竞争激烈的情况下,创业者不但要能够守正,更要有能力出奇。

对创业者来说，无所谓大智慧小智慧，能把事情做好，能赚到钱就是好智慧。当年，当蒋建平决定进军北京时，北京快餐业市场已近饱和。蒋建平剑走偏锋，从承包中科院电子所的食堂做起，做职工餐兼做快餐，这样投入少而见效快；由此推而广之，好像星火燎原，迅速将丽华快餐打入了北京市。假如蒋建平当初进入北京，依循常规，租门面，招员工，拉开架式从头做起，恐怕丽华快餐不会有今天。

谋略或者说智慧，贯穿于创业者的每一个创业行动中。

谋略其实就是一种思维的方式，一种处理问题和解决问题的方法。

对于创业者来说，智慧是不分等级的，它没有好坏、高明不高明的区别，只有好用不好用，适用不适用的问题。创业者智慧：不拘一格，出奇制胜。作为创业者，你的思维是否至今依然因循守旧？

1.3.8 胆量

创业本身就是一项冒险活动。要有胆量，敢下注，想赢也敢输，创业是最需要强大心理承受能力的一项活动。

很多创业者在创业的道路上，都有过“惊险一跳”的经历。这一跳成功了，功成名就，白日飞升；要是跳不成，就只好坠入地狱。当年周枫带人做婷美，一个500万元的项目，做了2年多，花了440万元还是没有做成。眼看钱就没了，合作伙伴都失去了信心，要周枫把这个项目卖了。周枫说，这样好的项目不能卖，要卖也要卖个好价钱。合作伙伴说，这样的项目怎么能卖到那么多钱，要不然你自己把这个项目买下来算了。周枫就花5万元钱把这个项目买了下来。单干的周枫带着23名员工，把自己的房子抵押，跟几个朋友一共凑了300万元。他把其中5万元存在账上，另外的钱，他算过，一共可以在北京打2个月的广告。从当年的11月到12月底，他告诉员工，这回做成了咱们就成了，不成，你们把那5万块钱分了，算是你们的遣散费，我不欠你们的工资。咱们就这样了！这些话把他的员工感动得要哭，当时人人奋勇争先，个个无比卖力，结果婷美就成功了。周枫成了亿万富翁，他的许多员工成了千万富翁、百万富翁。现在很多的大学教授、市场专家分析周枫和婷美成功有诸多原因，其实事情没有这么复杂。说白了，不过是一个合适的产品，加上一个天性敢赌的领导，加上一些合适的营销手段，才有了这样一桩成功的案例。

创业需要胆量，需要冒险。冒险精神是创业家精神的一个重要组成部分，但创业毕竟不是赌博。创业家的冒险，迥异于冒进。什么叫冒险，什么叫冒进？冒险是这样一种东西，你经过努力，有可能得到，而且那东西值得你得到。否则，你只是冒进，死了都不值得。创业者一定要分清冒险与冒进的关系，要区分清楚什么是勇敢，什么是无知。无知的冒进只会使事情变得更糟，你的行为将变得毫无意义。

1.3.9 与他人分享的愿望

作为创业者，一定要懂得与他人分享。一个不懂得与他人分享的创业者，不可能将事业做大。

只有当老板舍得付出，舍得与员工分享，员工的生存需要、安全需要、尊重需要就从老板这里都得到了满足。员工出于感激，同时也因为害怕失去眼前所获得的一切，就会产生“自我实现的需要”，通过自我实现，为老板做更多的事，赚更多的钱，做更大的贡献，回报老板。这样就构成了一个企业的正向循环、良性循环。这应该是马斯洛理论在企业层面的恰当解释。

做生意的人都会算账，只不过有些人算得是大账，有些人算得是小账。商业法则：算大账的人做大生意，做大生意人；算小账的人永远只能做小生意，做小生意人。

分享不仅仅限于企业或团队内部，对创业者来说，对外部的分享有时候同样重要。在南存辉的发家史上，曾经进行过4次大规模的股权分流，从最初持股100%，到后来只持有正泰股权的28%，每一次当南存辉将自己的股权稀释，将自己的股权拿出来，分流到别人口袋里去的时候，都伴随着企业的高速成长。但是南存辉觉得自己并没有吃亏，因为蛋糕做大了，自己的相对收益虽然少了，但是绝对收益却大大地提高了。

分享不仅是慷慨，对创业者来说，分享是明智。

1.3.10 自我反省的能力

反省其实是一种学习能力。创业既然是一个不断摸索的过程，创业者就难免在此过程中不断地犯错误。反省，正是认识错误、改正错误的前提。对创业者来说，反省的过程，就是学习的过程。有没有自我反省的能力，具不具备自我反省的精神，决定了创业者能不能认识到自己所犯的错误，能不能改正所犯的错误，是否能够不断地学到新东西。

成功创业者都有一个共同之处，就是都非常善于学习，非常勇于进行自我反省。

作为一个创业者，遭遇挫折，碰上低潮都是常有的事，在这种时候，反省能力和自我反省精神能够很好地帮助你渡过难关。曾子说："吾日三省吾身。"对创业者来说，应该时时刻刻警醒、反省自己，唯有如此，才能时刻保持清醒。

创业者需要的是综合素质，每一项素质都很重要，不可偏废。缺少哪一项素质，将来都必然影响事业的发展。有些素质是天生的，但大多数可以通过后天的努力改善。如果你能够从现在做起，时时惕砺，培养自己的素质，你的创业成功一定指日可待。

2　自主创业必须具备的能力

2.1　自主创业必备能力

2.2.1　自主创业必须具备的能力结构

创业是一种层次高、涉及面广且又复杂的劳动。这就要求创业者必须具有较高的素质，具备一定的创业能力。因此，自主创业应当具备一定的自主创业能力，而这种自主创业能力是属于高层次综合性的能力。现将其能力结构状况图表述如图7-1所示。

自主创业能力由以上五种能力组合而成，其中每一种能力都是很重要的，在创业中缺一不可。如果其中缺少某种能力或某种能力比较薄弱，这就会直接影响到创业是否能成功的重要问题。

2.2.2　自主创业能力分析

把握自主创业时机的能力分析。现代社会是一个信息社会，又是一个高科技社会，当处在科技发展日新月异、信息瞬息万变的社会里，形势复杂多变，处处有机会，但机会转瞬即逝。要想把握自主创业的时机非常不容易。在这把握自主创业时机的能力中，需要有相当丰富的知识（创业知识）和扎实的技能。这就要求自主创业主体有意识地加强自主

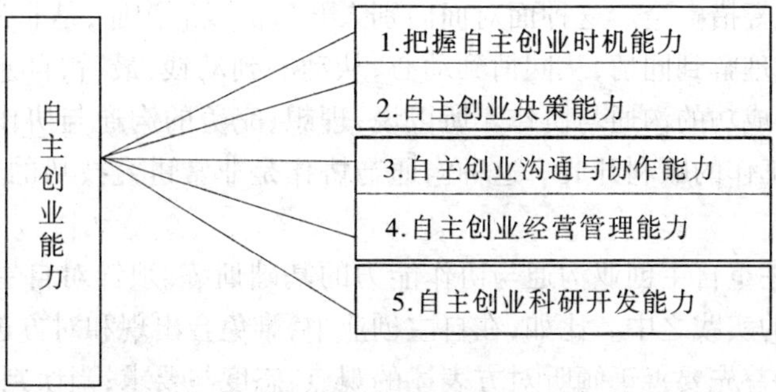

图7-1　自主创业能力结构图

创新学习技能与观察技能的训练，提高观察的敏锐性，及时捕捉创业机遇，提高把握自主创业时机的能力。

2.2.2.1　自主创业决策能力分析

是否具备这种自主创业决策能力，主要从以下两个方面来体现：

(1)自主创业者要对自己创业组织的内部环境和外界社会环境的情况了如指掌。要想做到这一点，自主创业者就必须深入第一线全面而广泛地调查了解，耐心而细致地观察现象，在大量获得第一手资料的情况下，再进行深入地研究分析。发展的方向、目标和战略都是创业的重大问题，做到因地制宜、科学与正确。首先，自主创业者要对当地(创业组织所在地)、创业的政策环境(创业的软环境)做到了解透彻，看看能否从政策中找到优势和动力，或者应该回避哪些不利的政策因素。然后，还须对创业定位(准备在哪个行业方面生产哪一类产品或提供哪一类服务和创业规模等问题的定位)、市场方面的各种不同的情况趋势作全面而深入地了解。最后，综合以上情况，研究分析各种因素，科学正确地确定自主创业的发展方向、目标和战略。

(2)自主创业者因地制宜地选择具体实施的自主创业方案。自主创业者在以上两点的良好基础上，制定出具体的自主创业的计划和步骤。制定方案时要充分利用当地的创业优惠政策。同时，还须充分考虑发挥每一个自主创业者各自的优势，形成一个最佳的搭配与组合。最后，制定出最优的自主创业的实施方案。

2.2.2.2　自主创业沟通与协作能力分析

沟通与协作在自主创业过程中的作用表现在：

(1)通过沟通与协作促进提高自主创业组织(单位)的凝聚力。沟通与协作对于一个组织(单位)内部来讲是一种黏合剂。作为一个自主创业组织(单位)的内部，特别需要沟通与协作。因为在自主创业过程中最容易碰到难题也最容易出问题，所以，该组织(单位)的人与人之间更需要互相理解和互相支持。这种理解与支持就是一种很好的沟通协作方式。因此，在自主创业过程中，需要内部各方面的沟通与协作，才能提高组织凝聚力，从而对自主创业产生推动力。

(2)通过沟通与协作能促进自主创业的社会各方面工作顺利开展。自主创业的艰难性和风险性都是很高的。从一开始摆在创业者面前的突出问题就是怎样与社会的方方面面去沟通。比如，创业资金问题，如果主要依靠自筹来解决，那么，就需要与相关的亲戚朋友沟通来筹措资金。如果想通过金融部门来解决，那么，就得与相关银行沟通，获得银行的支持,给予贷款筹措资金。这种面对面向别人开口借钱的沟通,是非常难的。怎样去说服对方,使对方从理解到同情,从同情到动心,从动心到动钱,最后,自愿地把钱借出或贷出,这才是真正的成功的沟通与协作。所以说,理想、完美的沟通与协作能促进自主创业在社会方方面面工作的顺利开展。这种沟通与协作是非常讲究技巧的,需要加强沟通与协作能力的训练。

学生平时要注重自主创业沟通与协作能力的基础训练,须针对自主创业特点的内容有机结合到创业的实践之中。比如,在自主创业中,难免会出现和对方进行关于业务方面的谈判,在谈判中首先要善于倾听对方表述的观点、态度与要求;当谈判进入紧张阶段,不妨巧用幽默语言来打破紧张的谈判气氛,起到调节双方情绪的作用;当谈判进入涉及双方经济利益的关键阶段,巧用赞美的语言赏识对方,使得对方心情愉悦而不再斤斤计较等。通过这种紧密结合自主创业特点内容训练出来的沟通与协作能力将更加符合需要,并在自主创业中发挥更大的沟通与协作的作用。

2.2.2.3　自主创业经营管理能力分析

自主创业经营管理,涉及的因素很多,其中首要的是自主创业者主要的理念因素,其次是在经营管理中的人、财、物、质量等方面的因素。

1)自主创业者的理念

主要的理念是创业者能否成功的关键性因素。其主要的理念有:

(1)诚信理念。诚信乃社会立身之本,“言而无信,不可交也”。自主创业者如果不讲信誉,说话不算数,别人就不愿交往,也不敢交往。久而久之,就会失去社会信用,到那时就会寸步难行。在这种情况下,哪能还谈得上创业的成功?所以,自主创业者从创业第一天开始,就得言出必行,说到做到,以诚信感人,以诚信服人。

(2)经营管理的理念。经营管理理念是指系统的、根本的经营管理的思想。经营管理是一个系统工程,涉及方方面面。如产品质量、售前与售后服务、人员调动、财务制度、广告效应和社会交际等。在进行这些经营管理活动中,必须有一个根本的原则,必须围绕一个根本的核心思想进行,这个核心思想就是经营管理的理念。台湾著名的称之为“经营之神”的台塑集团老板王永庆曾经说过这样一句话:“没有夕阳机构,只有夕阳管理。”这是从他的经营管理总结经验中的高度概括。其意是从事任何形式的生产经营活动,有好的管理才有好的效益,才会使“夕阳产业”创造出奇迹;但是,没有好的管理,即使是从事好的产业也会变成“夕阳产业”。这就是蕴藏在经营管理中的深刻哲理。

2)人才的选用和资金管理因素

人才的选用。现代企业的竞争,说到底是人才的竞争。谁拥有人才,谁就拥有顾客和拥有市场。选用人才首先要知人善任,就是不仅要全面了解认识人才,还要善于使用人才。我们到人才市场去物色人才,除了要细看资料,还要经过一至三次的面试,目的是要全面地深入地去了解人才。有的企事业招聘人才,还须经过严格的笔试。这也是为了增加一个了解人才的渠道和方法。通过现代人才市场招聘选定人才以后,就得考虑怎样使用人才。“金无足赤,人无完人”。要用其所长,避其所短,知人善任,因才施用。比如一个人在学术上非常有成就,把他安排到管理岗位上去当什么长,也许是埋没了他的才干;如果将他安排到科研或技术岗位上,可能如鱼得水,成绩出色。

资金管理。资金管理是企业的理财问题，关键是要开源节流。所谓开源节流就是指一方面培植财源，广辟资金来源，聚储资金；另一方面要节省开支，勤俭节约。另外，还要管理好资金。这里主要掌握好两点：一是要掌握好资金的预决算，做到用钱有计划，严防超支；二是要掌握好资金的进出口和周转，做到每笔资金来源和支出有账可查；三是掌握好资金投入的科学论证，做到资金投入科学而可靠，既规避风险，又有利可图。

3）生产中的质量和设备的管理因素

质量管理。在生产过程的各个环节始终要贯彻“质量第一”的理念。质量问题不但是产品本身的生命，而且是一个企业的生命。所以，在整个生产过程中必须实施质量管理的一整套科学措施，必须要求全体人员牢固树立“质量第一”的理念，全员参与质量管理。

设备管理。设备与质量是密切相关的。在设备管理方面，不但存在设备本身的质量问题，还存在设备的利用率、维修率和保养等问题。这些都会影响产品的质量。因为产品质量，除人的因素和管理因素外，还涉及生产该产品使用的设备。所以，要加强设备管理，就是要及时发现及时解决设备在运作过程中出现的问题。同时，做好设备的维修与保养工作，促使生产设备始终处于正常运转的状态。

2.2.2.4　自主创业科研开发能力分析

1）自主创业者要具有自主创新学习技能和自主创新能力

自主创新学习技能。所谓自主创新学习技能就是指人们不断地发挥自主能动作用，主动又快速地学习与应用创新知识、经验、创新事物和创新信息，并促进改变自己行为而形成新习惯过程的技术能力。一个人具备了自主创新学习技能就会相应地提高各种能力。同样，会有力地促进工作能力和自主创新能力的提高。

自主创新能力。所谓自主创新能力是指创新主体主要依靠自己的力量，能主动充分发挥智慧与能动作用，应用知识、经验与新的信息，通过观念的调整与转变，在独立开展引进与研究开发新事物和有益的创新活动过程中表现出来的综合性能力。具备了自主创新能力，就会在创新活动中发挥出极大的作用。

2）要具有良好的创新团队和先进的创新设施条件

良好的创新团队。良好的创新团队就是指由若干个创新人才组合形成的组织。一旦形成这样的组织，就具备了较强的自主创业的科研开发能力。

创新设施条件。创新也必须具备科研的基础设施，比如，实验设施、试验设施、制作样品设施等。具备了这些设施，自主创新就具备了良好的基础条件。

综上所述，在自主创业活动中，自主创业的主体具备了以上论述的几种能力所综合性地有机组合形成的自主创业能力，那么，自主创业的成功率就高，否则就低。

2.3　高职生创业素质与创业能力的培养

我国高等教育实施大众化教育后，高等职业院校数、在校生人数和毕业生人数持续增长。高等职业教育已成为我国高等教育的重要组成部分。高职院校满足了众多适龄青年接受高等教育愿望，提高了国民素质的同时，高职生就业问题也成为社会现实的难点和焦点。

创业教育是近20年来世界高等教育发展的大趋势，也是我国推进高等教育大众化进程的必由之路。毕业生将愈来愈不再是求职者，而首先将成为工作岗位的创造者，这是创业教育的宗旨。根据创业教育的宗旨和高职生的特点，探索高职院校开展创业教育的实施策略，提高高职生创业意识和创业能力，具有重大现实意义。

2.3.1 高职生创业的有利条件和不利因素

高职生创业有许多独特的有利条件，但是也有许多不利因素制约和影响着他们的创业计划与实践。

2.3.1.1 有创业动机，却缺乏理念

创业动机是创业实践的原动力，它是指在创业实践活动中对人起动力作用的个性心理倾向，包括需要、动力、兴趣、思想、信念和世界观等心理成分，它支配着创业者对创业活动的态度和行业，是创业素质的重要组成部分。

当代高职生较强的创业动机与创业理念的缺乏是一对矛盾。由于高职生创业动机主要来源于成功创业典范的影响、传媒的影响和身边人的影响，因此从他们的创业计划和实践中，我们可以看出许多高职生缺乏团队合作的理念、缺乏从小事做起的理念、缺乏诚信发展的理念。他们身上急功近利、只为赚钱，独享其成、不愿与他人共享，热衷干大事、不屑做小事的印痕十分明显。他们很难理解积累才有发展，合作才能共赢，小节成就大事的道理。

2.3.1.2 有危机意识却缺乏胆识

不少高职生意识到就业形势的严峻，进行创业不仅为了赚钱，在价值取向上也想通过创业更好地积累经验，完善自己，发展自己，甚至将创业作为自己的职业选择。所以，许多高职生在进行创业设想时会结合自己专业、兴趣、特长进行计划，想让自己所学知识技能如何更好地运用到创业实践中。

但是，在创业实践时高职生往往模仿的多，创新的少；担心风险，害怕失败；依赖性强，难以坚持。没有创新，是缺乏最为人先的奋斗精神；担心风险，是胆子太小，承受挫折能力差；依赖性强，是缺少吃苦耐老、坚韧不拔的精神。因此，高职生创业要学习温州人“四千”精神：千山万水多实践，不断积累经验；千方百计壮胆子，培养自己有胆有识；千言万语多沟通，交流也能产生生产力；千辛万苦勇创新，不仅要抓住机遇，还要创造机遇。

2.3.1.3 有技能专长，却缺乏自信

高职教育人才培养目标是坚持培养面向生产、建设、管理、服务第一线需要的“下得去、留得住、用得上”，实践能力强，具有良好职业道德的高技能人才。所以，高职院校学生实习、实训和参加社会实践机会多，工学结合的要求又使他们在社会、企业等实际工作岗位上接受更多的锻炼，娴熟的技能专长让他们比本科生更具创业优势。

然而，作为最后一批录取的高校生，高职生往往缺乏自信。他们不能全面了解自己，不敢相信自己，认为学校、家人、朋友和社会都看不起他们，总觉低人一等。许多高职生认为自己没有资金、没有经验、没有关系，创业真是难上加难，成功的可能性太小了。他们却忘了每个成功的创业者正是通过创业实践才积累了资金、经验和关系。

2.3.2 高职院校开展创业教育的方法、策略

2.3.2.1 明确高职生创业素质的基本内涵

联合国科教文组织在“面向21世纪教育国际研讨会”上明确指出：为方便毕业生就业，高等教育应关心培养创业技能和主动精神；毕业生不再是求职者，首先将成为职业岗

位的创造者,要求把创业能力提高到目前学术性和职业教育同等的地位。但是,创业是一个复杂的综合性很强的过程,需要许多知识和技能。所以,高职院校开展创业教育,首先需要明确一点:培养高职生良好的创业素质。

关于高职生的创业素质,比较认可的有四方面:一是创业意识。它是创业素质的重要组成部分,集中表现为主动、自立、自强,能自主学习,自我推销,产学合一,工学结合。二是创业品质。分为创业人格品质和创业心理品质两部分:创业人格品质包括诚信、踏实、合作等要求;创业心理品质包括坚韧、积极、乐观、宽容等要求,面对挫折与困难,能予以摆脱与超越的能力。三是创业知识。如企业管理、市场营销、税收税务、财务、法律等方面的知识。四是创业技能。包括创新能力、信息搜集处理能力、分析判断能力、交流能力等。

2.3.2.2　构建高职生创业教育课程体系

创业教育的目标主要是通过创业教育的课程来实现的,所以要构建合理的课程体系。在信息技术和知识经济为背景下的高职院校要普及高职生创业教育,应该将创业教育课程如KAB(Know About Business)作为必修课面向全校学生,让高职生接受系统的创业教育与培训,增强他们的创业意识与能力。创业教育的课程设置及其计划安排必须因区域差别,高职院校、专业等个体差异和创业目标区别对待,避免学术性纯理论的弊端。创业教育课程内容要包括上面所述的创业素质,即创业意识教育、创业品质教育、创业知识教育和创业技能教育。对创业课程的组织可以灵活多样,分阶段有侧重地进行:一年级重点组织学生参观创业成功的企业与案例研讨相结合,培养学生良好的创业意识与创业观念:二年级重点结合专业介绍本专业创业的领域与前景,并邀请自主创业成功的优秀毕业生代表到本校作互动讲座;三年级重点指导学生多进行市场调查,撰写创业计划,在课堂上模仿MBA教育进行创业对抗赛、创业展示赛。同时,高职院校教师在所有课程中都要渗透创业教育,使创业教育成为所有教育课程计划的组成部分,潜移默化地培养学生的创业情怀。

2.3.2.3　组织创业教育实训活动

(1)校内创业实训活动。许多高职院校在有限的校内空间内,开辟了创业街、创业园、创业楼等,为高职生创业教育提供实训平台。学生自己当"小老板",聘用同学做员工,为师生服务。这种做法既在校内形成良好的学生创业氛围,积累创业经验与树立创业信心,又达到勤工助学的效果,还培养了学生团队合作、诚信经营的职业品质。允许学生入股校办实训公司,参与公司的生产、经营管理与分红,在掌握创业本领的同时,也在经受经营风险的考验,为今后真正创业打下扎实的基础。

(2)校外创业实训活动。学生校外创业实训与学生的社会实践相结合,开展工学结合活动。学生管理部门与教务部门一起有计划地安排假期社会实践活动,以学校定点企业或学生自找企业的形式,让学生走出校门,进入社会,到企业、行业部门做市场调查,进行成本核算、利润分析、打工等工作,将专业知识运用到实践,由感性上升到理性,直接感受创业的艰辛与繁杂,创业的苦与乐。学生参与社会实践时间越长、次数越多,对社会和市场才有真正深入地了解,对创业风险的认识才会深刻,抵御风险的能力才能提升。

2.3.2.4　给予高职生创业政策优惠

高职院校创业教育的成功,还需要一个良好的政策环境。部分高校允许大学生休学保留学籍创办高新技术企业,以增强学生的创业意识和实践能力。如清华大学就制定了政策,允许一部分有创造力、有决心的学生,在创业的关键时期可以申请休学,让他们加入创业阵营,进入社会创办公司,学校为其保留一段时间的学籍,这就是"休学创业"。但是高职院校在学生管理及学籍管理上与普通高校存在较大差别,管理相对严格。由于办学类型、学生来源、传统管理等因素的影响,高职院校学生不一定要"休学创业",但也要根据高职特色给予一定政策优惠。建议:第一,对参加创业的学生在提供创业证明后,在早晚自习、周末以及作息时间上给予请假放宽要求;第二,在学校条件允许的情况下,给予创业学生资金、场地以及创业导师的支持;第三,实行学生社会实践学分制,没有按要求进行社会实践的学生要参加生产劳动实践补课得学分后才能获取毕业证书。

2.4　在实践中学习创业的技巧

相关链接

金点子

创业的点子与构想来源极多,经依据一项针对两百个杰出创业家的研究,创业点子的主要来源有四:

1. 针对现有的产品与服务,重新设计改良;
2. 追随新趋势潮流,如:电子商务与网际网络;
3. 机缘凑巧;
4. 透过有系统的研究,发现创业机会。

一般而言,改进现有商业模式比创造一个全新的商业模式容易。许多创业者都可以由过去任职公司的经验中,发现大量可以立即改进的缺失,包括:未被满足的顾客需求、产品品质上的瑕疵、作业程序上的不经济,等等。事实上,大部分离职创业者的动机,也是以为自己能够做得比原有公司更好,因此才有离职创业的把握。

当一个新兴产业出现之际,必然能够提供许多创业机会,引发大量创业热潮。不过追随新趋势潮流的背后,也存在相当的风险。因为,究竟这项新兴产业的规模有多大?如何具体发掘潜在的顾客需求?似乎都还不确定。

个人计算机产业出现时,曾引发大量的上下游相关产品与服务的创业机会,但也并非所有的创业都能获得成功。例如:WordStar2000,Atari,Commodore,IBMPCJr. 等产品,就未能获得市场的青睐。追随网际网络风潮的创业者,如今也遭受苦果。不过只要这项新兴产业确实具有前景,能掌握产业成长时机并及时投入的创业者,大都最后还是能够获得成功。

有一些人将创业点子的产生,归因于机缘凑巧,即所谓"无心插柳柳成荫"。不过,研究创意的专家以为,创意只是冰山上的一角,没有平日的用心耕耘,机缘也不会如此的凑巧。无数的人看到苹果落地,但却只有牛顿能产生地心引力的联想。所谓的机缘凑巧或第六感的直觉,主要还是因为创业者在平日培养出侦测环境变化的敏锐观察力,因此能够先知先觉形成创意构想。例如,在旧金山淘金热形成之际,无以计数的贫穷人满怀着美丽憧憬奔向金山,李维公司创办人(LeviStrauss)却机缘巧合地看到了"供应坚固耐用的帆布”这个商机。于是,他立即展开以帆布为布料制成牛仔裤的生产事业,把产品卖给众多淘金客,从而成为日后创业的美谈。

如果创业点子只是依赖改良设计现有产品、追随趋势潮流以及机缘巧合等,其来源仍然相对有限。因此,管理大师杜拉克(Peter Drucker)主张可以透过有系统的研究分析,来发掘可供创业的新点子。这种以科学方法进行系统化分析,进而产生大量创业点子,正是知识经济时代社会创业活力的主要来源。

所谓经由有系统研究分析来发掘创业机会的做法,又大致可归纳为以下七种方式:

(1)经由分析特殊事件,来发掘创业机会。例如,美国一家高炉炼钢厂因为资金不足,不得不购置一座迷你型钢炉,而后竟然出现后者的获利率要高于前者的意外结果。再经分析,才发现美国钢品市场结构已产生变化,因此这家钢厂就将往后的投资重点放在能快速反映市场需求的迷你炼钢技术。

(2)经由分析矛盾现象,来发掘创业机会。例如,金融机构提供的服务与产品大多只针对专业投资大户,但占有市场七成资金的一般投资大众,却未受到应有的重视。这样的矛盾,显示提供一般大众投资服务的产品市场,必将极具有潜力。

(3)经由分析作业程序,来发掘创业机会。例如,在全球生产与运筹体系流程中,就可以发掘极多的信息服务与软件开发的创业机会。

(4)经由分析产业与市场结构变迁的趋势,来发掘创业机会。例如,在国营事业民营化与公部门产业开放市场自由竞争的趋势中,我们可以在交通、电信、能源产业中发掘极多的创业机会。在政府刚推出的知识经济方案中,也可以寻得许多新的创业机会。

(5)经由分析人口统计资料的变化趋势,来发掘创业机会。例如,大陆的一胎化、单亲家庭快速增加、妇女就业的风潮、老年化社会的现象、教育程度的变化、青少年国际观的扩展,等等,必然提供许多新的市场机会。

(6)经由价值观与认知的变化,来发掘创业机会。例如,人们对于饮食需求认知的改变,造就美食市场、健康食品市场等的新兴行业;当人们对于两岸前景由独而转向统的时候,有关到大陆就学、就业、移居的市场商机,也会相继蓬勃发展。

(7)经由新知识的产生,来发掘创业机会。例如,当人类基因图像获得完全解决,可以预期必然在生物科技与医疗服务等领域,带来极多的新事业机会。

虽然大量的创业机会可以经由有系统的研究来发掘,不过,最好的点子还是来自于创业者长期观察与生活体验。创业就好像十月怀胎,创业构想在创业者心中不断地思索酝酿、反复钻研,一直到创业者感觉时间到了。

许多自主创业成功者也总结了创业成功者的六字真言——“稳、准、狠、短、平、快”。“稳”就是创业前通过详尽的市场调查、市场分析,了解你所要开发的项目发展空间、周期和相关的信息做一份详细的创业计划书,知道什么时间、什么地方、如何操作、如何赢利、如何管理等,有了这些东西,你的创业才会有了根基,有了发展的规划。“准”就是懂得在什么时间进入市场最佳、什么时候要全力一击、一击必中、什么时候该放弃市场转营其他项目,不能死守空城而血本无归。“狠”就是在创业过程中,找到最佳时期,比如销售的旺季、大量投入人力物力,为了实现利润的最大化,全力一击,让你的生意火暴起来,不要错失资本原始积累的黄金时间。“短”充分说明了资本原始积累的投机性和周期性,要在一个相对时间里,完成资本的快速增长,靠的就是对市场摸得透彻,也就是前面说的“准”,从出手到收手,中间的高回报带来的利润让你更有创业实力。这一点比较难,很多人是出手之后就处于满足回报的过程中,没有看到市场上更多的竞争对手出现,市场被大家瓜分的情况。“平”讲的是个风险相对性的大小,当你在为你全力一击大量备货的时候,你的风险就增大了,一旦货物积压,你能低价转手吗?可以折价销售吗?所以,在选择时一定要看清你做的事情风险在哪里,如何转嫁这些风险,找一两条后路,才会把成功率提高。“快”指资本的原始积累是一个由小到大的过程,如果做长线,回收期肯定慢,而且小资本能做的长线项目不多,等有看到大鱼的那天估计也在几年后了,我以为快者要么两三天,要么三个月、六个月,这是对不同的项目来讲,有些项目根本谈不上能快速原始积累,比如在大学校园附近开餐厅这种,做长线更实在点。又比如在节假日前期在一些旅游景区附近租几套平民房,然后节前节后都会有人来,时间在一到两个月。

相关链接

低成本创业成功案例分析

一、一边打工一边创业

这种方式一般是利用自己的专业经验和在自身的厂商资源在上班时间外进行创业尝试和增加收入,好处是没有任何风险,但应该处理好本职工作与创业的关系。

A先生是某服装企业采购员,从事了几年的采购工作后颇有心得,对服装有了一定的敏感并熟悉各种服装加工企业。由于服装企业现在很多是虚拟经营,即便是我们熟悉的知名品牌(如班尼路、美特斯邦威)也只是负责产品设计,本身并不设厂,设计出衣服样式后找服装厂加工制成成衣,然后加上品牌标识发往全国的零售终端。现在A先生就经常接一些“私活”,客户提供样式,然后A先生负责采购面料和找加工厂,最后交付成衣。一单下来少的几千,多则几万,的确非常惬意。这种方式的好处是没有风险,自己在有固定收入的同时可以创造更多价值。

可能有人认为此方法欠妥,有对公司不忠的嫌疑,我认为只要掌握一个度该方法还是非常可行的,利用闲暇时间去开拓自己的事业并且增加收入也无可厚非。

建议:

1. 应该知道自己发展的主次,在企业打工除了养家糊口也是个人能力和资历的增长,因此重心是完成好本职工作,推进个人能力和职业发展的进程。

2. 保持以下尺度,客户不要是你打工企业的竞争对手;不要占用任何上班时间,那个时间属于为你提供薪水的公司;不泄露任何公司的商业秘密。保持自己的职业操守和信用对将来个人发展有不可估量的作用。

二、依靠商品市场创业

专业的商品市场(比如眼镜批发市场、服装批发市场等)都会为租户代办个体工商执照,只需一次性投入半年或一年租金,以及店内货品的进货费,所以投入在3万~5万元。只要依靠人气旺盛的商品市场,风险也比较小,在调查中我们发现很多温州人起家就是从商品市场做起来的。

B小姐以前是服装设计师,后来从服装公司辞职后自己创业,转租别人的带照商户

(现在有很多商品市场可以买、可以租,有些人买下后通过出租赢利,并且经营的证照齐全),在一家服装市场中经营批发零售业务,凭借自身的设计能力和多年的行业经验,B小姐自己设计,找服装厂加工成衣后在自己的店铺内销售。目前销售良好,已经开出了第二家分店。

建议:

1. 一定要找人气旺的市场,可能比起经营较差的市场租金要高,可是人流量是该商品市场内你的小店存活的最基本条件。

2. 同样的市场也有生意好和差的区别,因此需要你对自己经营的产品比较熟悉(例如熟悉该类商品的消费者喜好;熟悉该商品的进货渠道,能以更低价格进货,等等)。

三、在大卖场租个场地创业

这种方式有点类似代理销售,不过必须眼光独到,风险比较大一点,但是回报也是非常可观。这种方式比较适合有营销经验的人员采用。

C先生出差X市发现松子在当地价格比较便宜,回家后经过简单调查就发现本地松子很少有人销售,而且价格昂贵,因此C先生在春节前很早就到X市订购了一批松子,并且在本地人流最大的家乐福争取到了进门的一块场地,春节期间开始用大缸装着松子进行销售,这一个月下来是令人瞠目结舌的30万元利润。

建议:

1. 用你所代理或销售产品的生产厂家相关证明(卫生许可证、厂商证明等)同卖场的办理手续。

2. 风险比较大,一定要对市场行情有所把握,并且注意产品的销售季节和保质期。有人从外地批水果到卖场销售,运输途中耽搁了一下,结果很多没卖完就烂掉了。

3. 考虑本地人对该产品的接受程度,最好做一个简单的调查。有些东西尽管本地是很少销售,但是可能不一定适合本地口味,例如有的商家曾经在一些城市推广槟榔,但是当地的人并不习惯槟榔的口味,因而失败。

四、加盟连锁创业

现在有很多小的饰品店、冷饮店等加盟的费用不高,但是选对了店铺和产品还是很赚钱的,加盟连锁一定要看准,并且早点介入成功的可能性比较大。

D小姐在某市加盟石头记饰品连锁店,由于当时此类产品市场上比较少见,属于竞争少、利润高的行业,因此短短两年就赚了接近百万,等到各种饰品连锁店低价竞争时,她早就关门转行,开了一家眼镜店。再如加盟有实力的房产中介公司,自己只需要租个门面,有简单的电话、桌椅等设备就可以开展业务,房源信息来自售房户、出租户在中介公司的免费登记,你可以在小区的信箱内投递一些征求房源的信息。

由于房源信息登记是免费的,所以很快你能找到一些房源信息,接下来通过门市会有求购、求租的客户上门,你提供信息并带领看房,双方成交时,出租户和租房者各支付月租金的30%作为佣金,一笔月租2 000元的项目中介成功就可以获得1 200元,收益非常可观,操作也很简单。

建议:

1. 选择行业门槛低但回报高的产业,例如房产中介。

2. 选择新兴产品，一旦竞争产品增多，营业额下降时，立即转向。如以前的小饰品店等。

3. 整个投资不宜过大，找利润高、投入少的小产品加盟，没有经验的人切忌加盟大的连锁项目，没有一定的经营经验注定要失败，千万别太相信加盟企业的“无经验”一样经营、“全程营销辅导”的谎言。

五、工作室创业

E先生与F小姐都是设计专业出身，在广告公司打工几年后想自主创业，他们一起开办一家设计工作室，工作室的好处是手续简便，正规点到工商局登记就可以了，有些工作室实际无须办理任何手续，也没有办公场地的费用支出，在家“生产”即可。他们主动到出版社、学校、印刷厂等机构联系，由于工作室除设计用的纸张和油墨外几乎没有其他成本，因而服务价格相当具有竞争力，再加上多年的设计经验，无论手绘和电脑设计都让客户比较满意，因此现在业务越做越大，几年下来已经买了属于自己房产和汽车。再有G小姐对时尚饰品比较有兴趣，自己买了许多珠子、贝壳、绳子等，在家开了工作室，专门创作手工饰品然后卖给饰品店，现在她的手工饰品，已经小有名气，供不应求。

建议：

1. 个人要有比较好的专业技能，因为性价比是你在市场中胜出的关键，价格再便宜作品让人不满意也不可能维持经营。

2. 刚开始必须通过各种关系，主动开展业务，同一些有需求的客户挂上钩你才能将自己的作品卖出去。以上的创业模式只是个人低成本创业的最简单模式，由于风险小、投入少而适合普通的创业人群，但需要强调的是任何创业行为都会存在一定风险，在创业前进行创业前的系统分析以及针对性的知识补充、能力培训等将大大提高创业的成功概率。

第八章 自主创业实务

1 自主创业前期准备

机会始终留给有准备的人。在自主创业的前期,准备工作是至关重要的,创业准备是创业者进入创业实践前所经历的物质力量和精神力量的聚集过程,它为日后的创业实践奠定了物质基础和思想基础。创业准备有助于创业者明确创业方向、找准创业目标,积极把握机遇,不失时机地进行决策,将计划付诸行动。创业准备充分与否,对创业者事业的成败起着决定性的作用,而大学生创业项目的选定是创业准备中最重要的一环,直接关系着创业的成败与否。

1.1 创业项目的选定

1.1.1 创业项目的来源

好的创业项目等于成功的一半。一般来讲,创业项目的来源主要有以下几方面:

(1)市场的需求。创业的根本目的是满足市场某方面的需求,随着社会的发展,社会市场中产生不同的需求,如何满足这些需求,正是创业项目的重要来源。寻找创业项目的一个重要途径是善于去发现和体会自己及他人在需求方面的问题或生活中的难处。比如,一位台商李先生本来在台湾与别人合作创办一家旅行社,他一面带着旅游团到内地游览,一面借机在内地寻找投资机会,他发现大陆沿海城市有许多鞋厂,制鞋所用的鞋布里全依靠进口,于是李先生看到了这里面蕴含的巨大商机,他当即与人合作在福州开办了一家无纺布工厂,专为各鞋厂提供高级鞋布里。

(2)社会的发展变化。创业的机会大都产生于不断变化的市场环境,环境变化了,市场需求、市场结构必然发生变化。著名管理大师彼得德鲁克将创业者定义为那些能"寻找变化,并积极反应,把它当做机会充分利用起来的人"。这种变化主要来自于产业结构的变动、消费结构升级、城市化加速、人口思想观念的变化、政府改策的变化、人口结构的变化、居民收入水平提高、全球化趋势等诸方面。比如居民收入水平提高,私人轿车的拥有量将不断增加,这就会派生出汽车销售、修理、配件、清洁、装潢、二手车交易、陪驾等诸多创业项目。

(3)科学技术的革新。当今世界科技的迅猛发展,造就了许多以高新技术为主导的创业型企业,当出现新的技术和新的科研成果时,就可能激发创业者的思维,形成新的创业项目。当今遍布全国各地的高科技园、开发区中的高新技术企业,正是科技的发展,新技术的出现而推动的创业过程。像计算机、互联网、无线通信、光触媒等技术正是科技的革新所带来的高新技术创业机会,并且它们各自还会衍生出其他更多分支创业项目。

(4)现有企业的薄弱环节。对于生产企业来说,产品存在缺陷是很不幸的事情,但对处于竞争对手地位的创业者来说却是绝好的机会,创业者通过对市场上竞争者已有的产品和服务进行追踪、分析和评价来发现现有产品存在的缺点,从而有针对性地提出改进的方法并以此开发出有巨大市场潜力的新产品。例如"南山奶粉"针对市场上绝大多数奶粉必须用热开水冲才能溶化并且喝后容易上火的缺陷,进行技术攻坚,最后开发出"凉开水即溶,喝了不上火"的新型奶粉,凭借这一优势,"南山奶粉"在奶粉市场中所占的市场份额迅速上升。

(5)发明和专利。发明和专利也是创业项目的重要来源。发明和专利都是具有特创的设想,它如果被开发出来进行产业化生产将会带来巨大的社会财富。现在各个国家为了激励发明创造,都制定了《专利法》来保护发明者,并取得较好的成效。当然也并不是说所有的发明和专利都能顺利地转化为实际的大规模生产,因为要实现产业化还受到许多条件和环境的制约。

(6)管理和经营创新。经营管理者思想、方法或运作模式的改变也可以形成新的创业项目。麦当劳并没有发明任何新事物,它提供的产品是美国任何一家餐馆每天都可以提供的,但是麦当劳运用新的管理方法,使产品生产过程和服务标准化,既大大提高了产品质量,又开拓了新的市场。

1.1.2 选定创业项目需考虑的因素

(1)个人兴趣与特长。一个人只有选择了他喜欢做又有能力做的事情,他才会自觉地、全身心地投入到工作中去,并忘我地工作,才有可能在遇到困难和挫折时百折不挠、勇往直前,千方百计克服困难,实现创业目标。所以,选择自己感兴趣、有特长的项目是创业成功的基础。

(2)对拟选行业的熟悉程度。一般的说,创业者应在自己熟悉的行业里选择创业项目,这样才能提高创业成功的把握度。大量的经验证明,许多工作需要的是熟悉,譬如开饭店、开茶馆、经营服装鞋帽、开办文化娱乐业等等,要深入地了解、熟悉,动动脑筋就可以总结出行业的规律,就可以找到生财的窍门,再加上勤奋和信心就能够取得创业的成功。

(3)市场机会及利用能力。选择创业项目在考虑了个人的兴趣与特长和对拟选项目是否熟悉之后,要认真调查分析拟选项目是否有市场机会以及你本人是否有能力利用这个市场机会。譬如你准备开办服装店经营服装,经过调查发现,很多老太太喜欢穿大襟的布衫,而当地市场上没有人经营这种服装。也就是说,老年妇女对这种服装的需求尚未达到满足,这就是一个市场机会。对于创业者来说,这种客观存在着的市场机会并不一定会成为你的创业机会。因为市场机会成为创业机会是有条件的,这就是:第一,创业者必须具有利用该机会的资源能力和技术能力;第二,创业者利用该机会能够足以实现其经营目标。

(4)能够承受的风险。创业是有风险的,因为创业过程中存在着许多不可控制的因素的影响,一旦把资金投入进去,谁也不敢保证一定能够成功、一定能够赚钱、一定能够长盛不衰。因此,在你选择创业项目投资之前,无论你对该项目多么有把握,都必须考虑"未来最坏的情况可能是什么""最坏的情况发生时,我能不能承受"等问题,如果以上的答案是肯定的,那么,只要项目的预期报酬率符合你的预期目标,就可以投资。

(5)国家的相关政策与法律。选定创业项目必须考虑国家相关政策和法律的因素,包括两个方面:一是拟选定的项目是否属于国家政策和法律禁止或限制的范围;二是拟选定的项目是否属于国家政策和法律鼓励的范畴。

1.1.3 创业项目选择的原则

创业项目的选择是一个非常复杂的系统工程,涉及许多方面,以下是创业项目选择的一般原则要求。

(1)创业项目的立意要新颖且独特。创业投资并不是盲目地乱投资,它对项目可行性的要求近乎苛刻。据统计,有95%以上的创业计划是因为不能得到风险投资者的支持而无法实施。风险投资是一种追求高利润回报率的资金,投资者在愿意承担风险的同时要的是极高的投资回报率。风险投资寻找的就是一些有新意的项目和一些从来没有出现过的项目。如果一个创业计划立意平平、没有什么独特之处,很难想象它将会得到风险投资。

(2)创业项目必须有市场前景。创业项目一般而言要有较高的技术含量,现在一般的风险投资基金和“孵化器”所感兴趣的项目主要有网络技术、软件信息、新材料、新能源、机电一体化、节能领域、生物医药及精细化工等,这些项目有技术含量,而且发展前景也较好。

(3)创业项目要符合国家的产业导向。我国目前还处在工业化程度逐步加深的阶段,但必须注意到一些西方国家,特别是美国已经进入了所谓的后工业化阶段,即所谓的信息经济阶段。为了不落后于西方一个时代,国家大力扶持发展高科技产业,给予政策和经济上的帮助。如果一个创业项目符合国家的产业导向,它成功的机会将会大大提高,反之则很容易夭折。

1.1.4 选定创业项目的方法

(1)分析市场供求差异,选定创业项目。市场需求不仅是多种多样的,而且是不断变化的,因此从宏观上看,市场需求总量和供给总量之间总是存在着一定的差距。创业者通过调查分析市场供求差异,可以从中找到创业机会,选定创业项目。例如,假定通过调查得知,我国城市家庭中洗衣机的需求量为100%,而市场供应量只有70%,那么,对于创业者来说就有30%的市场机会可以开拓。

(2)调查分析人们工作和生活中的困难,选定创业项目。创业者只要善于调查分析人们工作和生活中的困难,就不难找到合适的创业项目。譬如,上海的一位大学毕业生发现远在郊区的本校师生往返市区交通十分不便,创办了一家客运公司,就是把需求转化为创业机会的成功案例。因此,只要创业者能够掌握选定创业项目的基本策略,并能灵活运用这一策略,就可以说处处有创业项目、时时有创业项目。

(3)分析市场上热销商品背后隐藏的商机,选定创业项目。任何商品都有市场生命周期,所谓商品市场生命周期是指商品从投放市场到被市场淘汰所经过的时间。它可分为四个阶段,即投入期、成长期、成熟期和衰退期。当你看到市场上某种商品走俏热销时,通常情况下这种商品已经进入成熟期。这时,你再去经营这种商品往往是开业经营时间还不长、本钱还没有收回,生意就由热转冷了,最后也以赔钱失败而告终。正确的做法应是以热销商品为导向,认真分析热销商品背后隐藏的商机,再选定创业项目进行经营。例如,当看到市场上鸡蛋热销时,要学会分析预测鸡蛋热销背后隐藏的商机:一是马上会兴起养鸡热;二是当养鸡热兴起后,鸡饲料将会供不应求。因此,聪明的创业者,既不去卖鸡蛋也不去养鸡,而是跳过两个阶段去生产鸡饲料。

(4)调查分析市场上现销商品存在的问题,选定创业项目。市场上销售的商品总有一些这样或那样的问题,有的在功能和性能方面不够完善,有的在结构方面不够合理,有的样式呆板,有的颜色单一等。创业者经过调查分析,针对这些商品存在的问题,结合自己的兴趣、特长和熟悉的行业,选择一种有问题的商品进行改进、完善、提高,以此作为创业项目,往往成功率很高。

(5)进行市场细分,选定创业项目。所谓市场细分,就是通过市场调研,依据消费者的需求特点和购买行为及购买习惯等方面的差异,把某种商品的整体市场划分为若干个消费者群的一种市场分类方法。通过市场细分划分出的每个消费者群就是一个子市场。每个子市场都是由具有相同或类似需求倾向的消费者构成的群体。因此,属于同一子市场的消费者对同一商品的需求极为相似;分属不同子市场的消费者对某一商品的需求存在着明显的差异。进行科学的市场细分有利于发现市场机会、选定目标市场、确定创业项目,有利于集中人力、物力和财力生产经营适销对路的商品,有利于制定和调整市场营销策略。

1.1.5 市场调查

市场调查就是运用科学的方法,通过各种途径、手段,有目的、有计划、系统而客观地收集、记录、整理、分析有关市场营销的现状和历史资料,了解创业项目的外部环境、市场需求、现有资源、原材料、竞争对手及创业项目的投资成本并进行价格预测,预测其发展趋势,为企业经营决策和管理提出方案,为企业决策者进行科学决策提供依据的活动。在这里,市场调查主要是指创业项目的实施者在选择项目前所进行的市场调查,它是创业者正确地选择项目的前提条件。在创业的过程中,当预选好一个项目之后,紧跟着的就是要对此项目进行市场调查,以确定是否选择该项目进行投资开发,如不及时进行调查将直接影响后期项目的运作。

(1)市场调查的作用。一是市场调查是了解消费者需要的有效方法;二是市场调查是项目实施者进行市场预测和决策的前提;三是市场调查是企业正确制定市场营销策略的保证。

(2)市场调查的类别。市场调查的类别按调查要完成的任务划分,可分为描述性调查、解释性调查和预测性调查;按调查的基本方法划分,有定性调查和定量调查;按调查对象的特点划分,有宏观市场调查和微观市场调查。

(3)市场调查的主要内容。宏观市场调查的主要内容包括经济环境、政治环境、社会人文环境、自然环境和人口环境;微观市场调查的主要内容包括创业项目的市场需求调查、创业项目的购买力与供应量关系调查和创业项目的竞争力调查。

(4)市场调查的步骤。市场调查的目的和要求不同,其实施步骤也不尽一致,一般分为调查设计阶段、调查资料收集阶段和资料处理阶段。

(5)市场调查的手段。市场调查的手段主要有普查法、访谈调查法(包括走访调查、电话调查、书面问卷调查、邮寄调查法)和运用互联网调查等。

1.2 建立创业团队

1.2.1 团队的概念

不同的学者从不同的角度界定团队(Team)的含义。路易斯(Lewis)认为,团队是由一群认同并致力于去达成一共同目标的人所组成，这一群人相处愉快并乐于工作在一起，共同为达成高品质的结果而努力。其中，路易斯强调了三个重点，即共同目标、工作相处愉快和高品质的结果。盖兹贝克和史密斯(Katezenbach and Smith)认为，一个团队是由少数具有“技能互补”的人所组成。他们认同于一个共同目标和一个能使他们彼此担负责任的程序。盖兹贝克和史密斯也提到共同目标，并提到了成员“技能互补”和分担责任的观点，同时还指出团队是少数人的集合，保证相互交流的障碍较少，比较容易达成一致，也比较容易形成凝聚力、忠诚感和相互依赖感。但是，团队必定是以达到一个既定结果为最终目标，共同的目标是团队区别于群体的重要特征。

团队是介于组织与团体之间最流行的一种合作方式，其精髓是通过沟通、分工、合作、共同进步，以形成一个目标明确、有战斗力的集体。因此，团队可以定义为是由少数具有技能互补的人组成，他们认同于一个共同目标和一个能使他们彼此担负责任的规则，并相处愉快，乐于一起工作，共同为达成高品质的结果而努力。团队就是合理利用每一个成员的知识和技能协同工作，解决问题，达到共同目标的共同体。

1.2.2　创业团队的组成要素

(1)目标(Purpose)。创业团队应该有一个既定的共同目标，为团队成员导航。知道要向何处去。没有目标，这个团队就没有存在的价值。目标在创业企业的管理中以创业的远景、战略的形式体现。

(2)人员(People)。人是构成创业团队最核心的力量。三个及三个以上的人就形成一个群体，当群体有共同奋斗的目标就形成了团队。在一个创业团队中，人力资源是所有创业资源中最活跃、最重要的资源。应充分调动创业者的各种资源和能力，将人力资源进一步转化为人力资本。而目标又是通过人员来实现的，所以人员的选择是创业团队中非常重要的一个部分。

(3)定位(Place)。定位是团队通过何种方式同现有的组织结构相结合，如何产生出新的组织形式。它包含两层意思：一是创业团队的定位。创业团队在企业中处于什么位置，由谁选择和决定团队的成员，创业团队最终应对谁负责，创业团队采取什么方式激励下属。二是团队成员的定位。作为成员在创业团队中扮演什么角色，是制定计划还是具体实施或评估；是大家共同出资，委派某个人参与管理，还是大家共同出资，共同参与管理；或者是共同出资，聘请第三方(职业经理人)管理。这体现在创业实体的组织形式上，是合伙企业或是公司制企业。

(4)权限(Power)。创业团队当中领导人的权力大小与其团队的发展阶段和创业实体所在行业相关。一般来说，创业团队越成熟，领导者所拥有的权力相应越小，在创业团队发展的初期阶段领导权相对比较集中。高科技实体多数是实行民主的管理方式。

(5)计划(Plan)。计划就是将团队的职责和权限具体分配给团队成员，并明确团队成员如何进行分工合作。好的团队工作计划一般包括：团队需要多少成员、团队领导的特征、领导者的权限和职责、团队沟通的方式、团队沟通的工作任务、每位团队成员的工作时限、完成团队任务的界定、评价和激励团队成员的方式。这些内容的确定应根据组织本身特点和实际需要进行合理选择。

1.2.3 高效创业团队的特征

建立团队形式并不意味着一定能够实现高效率,如何管理高效团队,就成为一个重要问题,一般来讲,一个高效团队应具有以下特征:

(1)有坚强的凝聚力。团队是一个整体,成败关系到每个人的利益,如果成员能够同甘共苦,经营成果能够公开且合理地分享,团队就容易形成坚强的凝聚力,这样企业才能有着良好的发展。

(2)专业技能的完美搭配。高效的创业团队其成员在技能互补、领导能力、调研能力、公关能力、市场开拓能力、谈判能力、财务能力、协调能力等方面相互协调补充,充分发挥每个成员的优势,使团队各项工作完美无缺。并且各成员要有良好的合作精神和品质,这样才能达到精湛技能和良好品质的完美结合。

(3)成员之间相互信任。成员的目标与团队的目标是一致的,成员之间的个人愿望是统一的。在此基础上形成良好的信任关系是很稳定的,每个成员对其他人的品行和能力都应确信不疑。只有相互信任才能形成良好和高效率的工作氛围,实现团队目标。

(4)团队内部的有效沟通。团队内部,在前述特征基础上形成了良好的沟通基础、渠道与形式,包括各种语言和非语言信息的沟通。在成员之间和管理者与团队成员之间形成了规范的、经常的沟通。这种有效的沟通,有助于指导和协调团队成员的行为,消除误解,使成员之间能够迅速而准确地了解彼此的想法和情感,避免内部矛盾消耗企业的资源。

(5)经营成果的合理分享。创业团队通过恰当的形式将经营成果与团队成员进行合理分享是留住员工和招揽人才的关键因素之一。个人的努力需要通过经营成果的分享得到认可,这种认可是个人目标和企业目标相一致的体现,也是对成员的一种激励措施,能够促使成员更加努力工作,在实现团队目标的同时实现自我价值。

(6)正确的领导。正确的领导能够让团队成员跟随自己共同度过最艰难的时期,获得成员的信任,还能够不断鼓舞成员的自信心,使成员发挥自己的潜力,使企业最终能够实现自己的目标。

1.2.4 如何建立高效的创业团队

要使创业团队运作迅捷有效,除达到上述特征外,还需要从以下几个方面入手:

(1)形成一致的创业理念和创业思路。一致的创业理念和创业思路是形成团队凝聚力、相互信任和有效沟通的基础,如果没有达成一致的意见和形成共识,即使前面准备得再充分也很难保证创业计划的顺利实施。

(2)建立共同的行动纲领和纪律制度。一个创业团队如果没有大家认可的行动纲领就如同一盘散沙,各自为阵,形不成战斗力;如果没有有效的纪律制度,就不能保证各个成员之间相互协调一致,因而也就达不到企业的目标。

(3)设计合理的工作绩效评估和激励体系。在企业创立之初就要建立相应的工作绩效评估和激励体系,一个有效的绩效评估体系可以充分调动各成员的积极性,可以为企业的发展提供不竭的动力。绩效考评应是全方位的,主要包括对工作效果、工作潜能、工作态度、工作精神、人际沟通能力以及员工行为过程的考评。绩效考核的方式,可以采取量化或者面对面的交流两种形式,同时注意考核一定要与激励措施紧密联系起来,以最大可能地调动成员参与的积极性。

(4)动态地调整团队成员。优秀的创业团队并非一蹴而就,往往是在企业建立发展过程中逐渐孕育并形成的。对于在团队中不能认同理念、不称职或者有其他打算的成员,在发现问题以后要果断换人,使企业保持行为和意识的一致性,保持企业的活力。

1.3 拟订创业计划

"凡事预则立,不预则废"。创业计划是创业的蓝图,是创业融资的关键文件,一份完整的创业计划能充分体现创业者的创意或企业的价值,是全面介绍企业运作和未来发展前景及融资要求的书面文件,它对后期企业运作至关重要。

1.3.1 什么是创业计划

创业计划又称为"商业计划"(Business Plan),是对构建一个企业的基本思想以及与企业创建有关的各项事项进行总体安排的文件,它从企业内部的人员、制度、管理,以及企业的产品、营销、市场等各方面对即将创建的企业进行可行性分析。

对于创业者来讲,创业计划有四个基本的目标:①分析、确定创业机遇和内容;②说明创业者计划利用这一机遇发展新的产品或者服务所要采取的方法;③分析和确定企业能否成功的关键因素;④确定实现创业所需要的资源以及取得这些资源的方法。在创业之前做一个翔实的创业计划,不仅可以作为自己创业的行动指南,还可以作为吸引风险资本的"敲门砖"。

1.3.2 创业计划的作用

(1)创业计划具有指导作用。创业计划是创业者将要具体实施的计划,是实现其理想的具体实施方案。创业计划为创业者提供了一份全方位的规划方案,它从企业内部的人员、制度、管理以及企业的产品、营销、市场等各个方面对即将展开的商业项目进行全面的可行性分析。对初创企业来说,创业计划的作用尤为重要,一个创意或构思中的产品,往往很模糊,通过制定创业计划,把正反理由都写出来,再逐条推敲,这样将会对这一项目有更为清晰和具体的认识。

(2)创业计划具有争取创业资金支持的作用。一个好的项目需要融资时,仅仅靠创业者口头许诺和述说是不可能赢得潜在投资者的信任的,也不可能激发他们对创业项目的兴趣。美国一位著名创业投资家曾经说过:"创业企业邀人投资或加盟,就像离过婚的女人求婚,而不像和女孩子初恋,双方各有打算,仅靠口头许诺是无济于事的。"对于正在寻求资金的创业企业来说,创业计划就是企业的价值公告,是初步连接创业者和潜在投资者之间的桥梁,是通向成功的一个跳板。创业计划的好坏,往往决定了投资交易的成败。

(3)创业计划具有整合作用。创业计划书的整合作用是一个最根本、最重要的作用。在创业的过程中,各种生产要素是分散的,各种信息是凌乱的,各种工作是互不衔接的。通过编写创业计划书的过程,梳理思路,进行调研,完善信息,找到各种程序之间的衔接点,最终把各种资源有序地整合起来、调动起来,围绕着创造和形成商业利润,进行最佳要素的组合。只有这种整合,才能把各种分散的资源聚拢起来,形成一种增量资源,才能得到明显的经济效益。同时,在制定创业计划的过程中,会对产品、市场、财务、管理团队等进行进一步的分析和调研,能及早发现问题,进行事前控制,去掉一些不可行的项目,进一步完善可行的项目,提高创业成功率。

1.3.3 创业计划的主要内容

(1)计划摘要。计划摘要是创业计划一到两页的概括,一般要包括以下内容:公司介绍,主要产品和业务范围,市场概貌,竞争优势和劣势分析,销售计划,生产管理计划,团队概述,财务计划,资金状况,预计能达到的利益等。

(2)产业背景和公司概述。产业背景和公司概述一般包括:详细的市场分析和描述,对竞争对手的分析,市场需求,详细的产品(或服务)描述以及它如何满足目标市场顾客的需求,进入策略和市场开发策略。

(3)市场调查和预测。此部分内容一般包括:目标市场顾客的描述与分析,市场容量和趋势的分析、预测,竞争分析和各自的竞争优势,估计的市场份额和销售额,市场发展的走势。创业企业应尽量扩大收集信息范围,重视对环境的预测和采用科学的预测手段、方法,绝不能凭空想象出来。

(4)公司战略。公司战略主要是阐释公司如何进行竞争,它包括:公司各阶段的发展战略,通过公司战略来实现预期的计划和目标,公司的营销策略。

(5)生产和运营计划。创业计划中的生产和运营计划内容包括:产品制造和技术设备现状,新产品投产计划,技术提升和设备更新要求,质量控制和质量改进计划。

(6)管理团队及组织机构。介绍公司的管理团队,要注意介绍各成员与管理公司有关的教育和工作背景(注意管理分工和互补),介绍领导层成员、创业顾问以及主要的投资人和持股情况。在这部分企业计划中还应对公司组织机构做简要介绍,包括:公司的组织机构图,各部门功能与责任,各部门的负责人及主要成员,公司的报酬体系等。

(7)公司资金管理。公司资金管理包括:股本结构与资金规模,资金运营计划,投资收益与风险预测、分析。

(8)财务计划。财务计划是将市场机会转化为财务指标的实施方案,要使潜在投资者明确创业者怎样来满足各项资金需求,维持适当的流动性,保证债务的偿付,并获得良好的投资回报,财务计划中要详述财务需求,预测资金来源和支出,展示收入、成本和利润计划。财务分析中要体现现金流、本量利、比率分析等内容,会计报表要体现收入报告等。

1.4 创业资金筹措

万事开头难,资金短缺想创业更难,资金问题是创业准备期必须要解决的问题。当创业者资金不足时,除可以向亲朋好友寻求资助外,还可以向银行贷款和向政府机构寻求帮助,以满足创业资金的需求。

1.4.1 个人资金

个人资金来源主要是创业者自由资金、亲朋好友资助。创业者自有资金是创业者个人拥有的资金,它来自创业者的个人储蓄或其他收入,甚至是创业者变卖个人资产而获得的资金。在创办企业时,创业者必须投入一部分个人资金作为企业资本,这不仅是由于创业初期需要启动资金,而且是基于企业所有者地位的象征和吸引外部投资的基础,没有自有资金在企业中很难获得外部投资者的信任。

来自亲朋好友的资金是新创企业的重要资金来源,甚至往往是唯一来源。因为新创企业的高度不确定性和规模小、无知名度、所需资金数量不够大,很难吸引投资者和银行的资金。出于友谊、亲情,这类资金最易获得。但是,这种资金来源也潜伏着一些问题。如果是借债,则应注意尽早归还,以免影响双方关系,但在经营困难时可能会因不能按期归还而使双方关系紧张。如果所得资金是作为权益融资,则可能会导致这些人对企业的干预,具有家族企业的色彩,虽然增强了创业力量,但也可能导致分歧、矛盾以及影响其他员工的积极性。无论是借款还是参股形式,双方都应签订相关协议,规定权力与责任,以理智、规则代替感情和随意性。

1.4.2　银行贷款

商业银行贷款是新创企业获得资金的一个主要渠道,企业可以以一定价值的资产作为抵押或担保向商业银行贷款。抵押的资产可以是企业资产,如房地产、设备等,也可以是个人资产,如房地产、轿车、有价证券等。贷款人的品质是其中最重要的,一个有不良记录或不道德行为的贷款人是很难获得银行的信用和贷款的。此外,创业者与银行信贷人的关系也决定着能否得到贷款,这并不是说银行信贷人员可以把个人感情凌驾于对贷款进行细致分析的基础上,而是源于个人关系对创业者的信任将促使银行信贷人员做出贷款的决定。基于此种原因,创业者在申请贷款时应牢记以下几点:没有熟人引见不要贸然向不认识的贷款员申请贷款,勇气往往在此不起作用;不要等到急需要用钱时才匆忙申请贷款,“临时抱佛脚”是不受欢迎的;银行信贷人员不是风险投资者,不要指望他对你的企业同样充满热情;开拓更多的贷款渠道,即同时与几个银行的信贷人员进行接触,因为不同的商业银行的贷款政策是不完全一样的,有的敢冒一定风险,有的则相当保守。

同时,国家为了缓解就业压力,鼓励大学生自主创业并推出大学生自主创业贷款优惠政策。国家为大学毕业生提供的小额担保、抵(质)押创业贷款是政府贴息贷款,其期限为1~2年,2年之后不再享受财政贴息。

1.4.3　政府机构资助

尽管各国政府都已认识到新企业对经济增长、工作创造、市场创新和经济效率等方面具有重要的促进作用,都表现出支持新创企业的倾向,但对新创企业的支持程度和方式却有差异。政府的资助通常用于企业的初创阶段,此时投资资金最难获得,现金流十分紧张。政府机构除对有些项目提供直接资金外,还提供担保由商业银行向新创企业提供贷款,但这种贷款要由政府有关机构进行审批,因为它要承担担保引起的责任。上文提到的大学生自主创业贷款优惠政策就是我国政府对大学生新创企业所提供的优惠和帮助。

1.4.4　大公司投资

在过去,大公司只是在与新创企业合作时为了自身的利益为它们提供资金支持,是从长期合作的角度出发的。但是,现在更多的大公司凭借自己雄厚的资金实力来向有长期发展潜力的小企业投资。它们往往选择大的投资机会,从长远利益考虑。它们可能采取债权或股权的形式出资,这往往是双方合作谈判的重点,因为这涉及回报、风险和控制权问题,它们要求创业者做出重大的承诺和保证投资的安全性。

1.5　创业场地选择

确定了创业项目,组建了创业团队,制定了创业计划,筹集了创业资金,接着要寻找合适的创业场地了。众所周知,场地选择是决定创业成败的一大要素,那么该如何选择自己创业的“黄金宝地”呢?

1.5.1　选择创业场地的前期准备

很多创业者都习惯走街串巷地寻找场地,那样做会费时费力,而且效率较低,甚至在很多时候会“无功而返”,那么究竟该如何选择创业场地呢?

(1)充分利用政府创业指导部门获取信息。目前,几乎所有城市和地区的政府部门网站上都有相应的就业创业指导专栏,在上面可以查询到相关的创业指导服务,其中包括创业场地的选择。也可以到各市、区、县的开业指导服务中心等部门免费获取创业指导服务,里面也包括如何选择创业场地的信息。由于是政府部门所提供的服务,其信息来源非常可靠,而且在一定程度上具有宏观指导性,是获取创业场地信息的有效途径之一。

(2)委托专业的房产中介机构获取信息。现在市场上的房产中介机构中,有一些是专门从事商铺买卖租赁的房产中介公司,它与住房中介机构相比,能提供针对性更强的信息。创业者可以根据自己的创业要求,选择出一些有用的场地信息,再加以比较最终选择出能够适合创业要求的场地。

(3)登录商铺租赁专业网站获取信息。当今时代是网络信息时代,在选择创业场地时,要充分利用网络资源,如今有不少商铺租赁网站,信息丰富,搜索方便,这也是获取创业场地信息的有效途径。

1.5.2　选择创业场地的基本原则

(1)创业场地要与创业项目相适应。要开餐饮小店,店铺就需要卫生许可、环保许可和消防许可;如果开办公司,应该选择商务楼和创业园区。场地是创业项目的外部环境,没有好的场地环境,再好的创业项目和创业计划都会受到影响。

(2)创业场地要与创业方式相适应。创业方式影响着创业场地的选择,如果是开店零售商品,就要在临街寻找店铺;如果是家政、快递等服务方式,就需要找个办公室;如果在网上开店,从事电子商务,就不需要临街,只需找个小点的办公场地,这样可以节省开支。

(3)创业场地要与客户群体相适应。明确、稳定的客户群体是创业成功的重要保证,这也是选择创业场地时需要考虑的重要因素。如果客户群体是青年人,就要考虑场地选在大学附近;如果客户群体主要是老年人,就要考虑场地选在社区附近或者社区内,这样可以最大限度地方便客户需求,稳住相对固定的客户群体。

(4)创业场地要与环境商圈相适应。在特定的商圈,有着大量相近或者相关的集中商品,能形成规模效应。例如,在武汉想要从事电脑销售或者电脑耗材生意,场地就可以考虑选在电脑城;想要从事服装生意,场地可以选在光谷步行街。

(5)创业场地还要与经济承受能力相适应。创业者要根据自己的流动资金、成本来选择场地,店铺资金占到在创业初期资金的20% ~30%为宜,千万不要举债付房租,不要冒不必要的风险。

1.5.3　选择创业场地的技巧

对创业者来说,虽然只是租个创业场地,但其实就像买房子一样麻烦,有时候甚至更为烦琐,需要技巧性地处理地段选择、租金洽谈、合同签订等诸多问题,而这些都会影响创业的成败。一般来说,有以下几种方法技巧来选择创业场地。

(1)有的放矢选场地。创业者应根据创业项目的特性和各区域特色来确定场地落点,如涉足服务领域的一般应选在居民区,涉足餐饮行业应选在人流密集地区,这样才能保证一定的消费客流。

(2)由下至上谈租金。许多创业者习惯根据业主开出的价格由上至下砍价,结果被别人牵着鼻子走。最佳的做法是,在充分了解市场行情的基础上预先设定租金上下限,然后从最低心理价位谈起,这样有利于挤出价格"水分",获得最低租金。

(3)不宜选择转租场地。如今市场上有不少二次转租甚至三次转租的场地,这些场地在原价上加了多次转租利润,因此价格比同类场地高出很多,初次创业者一定要谨慎。

(4)租赁期限越长越好。在场地租金行情不断上涨的情况下,租赁期限当然越长越好,这样有利于控制预算,降低创业成本和创业风险。

2　企业注册登记与管理

2.1　创立企业的程序

要创办企业,创业者首先要确定适合自己创业的企业组织形式,按照有关法律和行政法规要求,到工商行政机关登记注册取得营业执照并到税务登记部门等机关办理相关手续后,一个新的企业就宣告成立了。

2.1.1　企业组织形式的选择

目前在中国,企业的组织形式有个人独资企业、合伙制企业、有限责任公司、股份有限公司等几种。合适的组织形式对于企业今后的发展壮大以及管理都有着重要的影响。因此,创业者要根据企业现有的人力、财力资源,并结合这几种组织形式的特点,选择合适的企业组织形式。

(1)个人独资企业。个人独资企业也称个人业主制企业,是依照《个人独资企业法》在中国境内设立,由一个自然人投资,财产为投资者个人所有,投资者以其个人财产对企业债务承担无限责任的经营实体。独资企业在小型加工、零售商业、服务业领域较为普遍。个人独资企业的特点是:一是投资者为一个人,企业财产为投资者个人所有;二是有合法的企业名称,不能使用"有限"、"有限责任"或者"公司"字样;三是企业的投资者承担无限责任;四是有固定的生产经营场所和必要的生产经营条件;五是有必要的从业人员。个人独资企业的优点在于企业的独立性非常强;企业的信息易于保密;税务负担较轻;企业主能够得到个人意愿的满足;企业成立和解散的程序简单。但个人独资企业由于是个人投资,只能由个人承担无限财产责任,且投资规模有限,承担的风险也很有限成为其共同的缺点。

(2)合伙制企业。合伙制企业又称合伙企业,是由两个以上合伙人订立合伙协议,共同出资,合伙经营,共享收益,共担风险,并对合伙企业债务承担无限连带责任的经营性组织。成立合伙企业,应当遵循自愿、平等、公平、诚实信用原则。合伙人可以采取货币、实物、土地使用权、知识产权或者其他财务权利出资,经全体合伙人协商一致,合伙人也可以用劳务出资。各合伙人对执行合伙企业事务享有同等的权利,可以由全体合伙人共同执行合伙企业的事务,也可以由合伙协议约定或者全体合伙人决定,委托一名或者数名合伙人执行合伙企业事务。合伙企业的特点是:一是有两个以上合伙人,并且都是依法承担无限责任者;二是有合伙协议;三是有各合伙人实际缴付的出资;四是有合伙企业的名称;五是有经营场所和从事合伙企业经营的必要条件。合伙企业的优点在于有利于扩大资金来源和信用能力;有利于提高决策能力和经营管理水平;有利于保护小股东的利益。但是合伙企业的缺点也较突出:合伙人要承担无限连带责任;合伙人不能随意转让自己所拥有的财产份额,产权流动难度大;每个合伙人都有决策权导致管理协调成本较高;企业规模仍然受到限制。

(3)有限责任公司。有限责任公司是经政府相关部门批准,由股东共同出资设立,股东以其出资额为限对公司承担责任,公司以其全部资产为担保对外承担责任的法人组织。公司股东作为出资人按投入公司的资本额享有所有者的资产收益、重大决策和选择管理者的权利。公司享有由股东投资形成的全部法人财产权,依法享有民事权利、承担民事责任。有限责任公司这种企业组织形式一般适合于中小企业,它的显著特点是:一是公司的股东仅以出资额对公司承担责任;二是股东人数有最低和最高限制,如我国《公司法》规定有限责任公司由 2 个以上 50 个以下股东共同出资设立;三是有限责任公司不能公开募集股份,不能发行股票;四是有限责任公司有股东共同制定的公司章程,章程必须经全体股东同意并签名盖章,报登记主管机关批准后,才能正式生效;五是有限责任公司兼有人合性和资合性的特点,既要考虑股东的身份、地位、信誉等方面的因素,又要考虑股东的出资情况。有限责任公司的优点在于:由于各出资人只以出资额为限承担公司的经营风险,使得投资人风险有限,资本相对集中;产权主体多元化,有助于形成有效的公司治理机构;公司经营稳定,有利于企业扩张和保持连续性;设立程序简单,内部机构设置灵活。但有限责任公司仍然摆脱不了企业规模有限的缺点,并且公司和股东要双重纳税。

(4)股份有限公司。股份有限公司是指全部资本分为等额股份,股东以其所持股份为限对公司承担责任,公司以其全部资产对公司的债务承担责任的企业法人。大型企业和较大的中型企业一般采取这种组织形式。股份有限公司的特点主要有:一是它是典型的资合公司,任何愿出资的人都可以成为股东,不受资格限制;二是股东人数有法律上的最低限制,我国《公司法》规定,设立股份有限公司应当有 5 人以上为发起人,但没有上限规定;三是股份有限公司的资本总额均分为每股金额相等的股份;四是股东以其认购的股份对公司承担有限责任,公司以其全部资产对公司债务承担责任;五是股份有限公司的所有权与经营权相分离,股东投资企业,但并不一定参与企业的经营活动。股份有限公司是最典型的现代企业组织形式的高级形态,产权关系明晰、权责界定明确,具有规范的公司治理机构和良好的运行机制,与其他企业形式相比其优点在于:它是迅速聚集资本的最便利的形式,更易于大规模地吸收社会闲置资本以筹集资金;股票易于转让,股份有良好的流动性;股份有限公司所有的信息公开,有利于社会监督,提高企业的经营效率。但是,股份有限公司的设立手续比较复杂,组建费用较高,公司股东也要缴纳双重所得税。

2.1.2 企业的登记注册

企业登记注册,是确认企业的法人资格或营业资格,是企业成立的法定程序,即企业依照有关法律、行政规章，履行登记注册手续，经工商行政机关核准登记，取得法人资格或者营业资格的过程。企业登记注册包括企业法人登记和营业登记。企业法人登记是登记注册主管机关依照法定程序，对具备法人条件的企业确认其企业法人资格所进行的核准登记。营业登记是对不具备法人条件，但有条件进行经营活动的单位（如合伙联营企业、企业法人的下属经营机构、学校、科研机构兴办的不具备法人资格，但对外营业的招待所、印刷厂等）确认其合法经营资格所进行的核准登记。

（1）企业登记的一般程序。企业登记机关是指国家授权的依法对企业进行登记注册和监督管理的机关。我国国家授权的企业登记注册机关是国家工商行政管理总局和地方各级工商行政管理局。我国企业登记注册的一般程序如图8-1所示。

简言之，企业登记注册程序是由受理审查、核准登记、颁发执照、登记公告四个环节组成。企业设立时，凡国家有专项规定要求企业办理手续在先、申请登记在后的，应先按专项规定办理专项审批手续，然后再按登记注册程序提出申请。专项审批程序和登记程序属于不同的办事程序，前者是对企业某方面条件、能力、水平的确认过程；后者是企业取得法人资格和合法经营权的过程，相对前者来说，后者具有最终的和最高的法律效力。

申请登记企业应按照法律、法规规定将申请登记报告及应提交的文件、证件和填报的“登记注册书”送交登记主管机关，之后登记主管机关对其进行初审。提交的文件、证件齐备的予以受理，否则不予受理。登记主管机关对申请企业填报的“登记注册书”和提交的有关文件、证件进行全面的审查、检查，即审查所提交资料的真实性、合法性和有效性，并核实有关登记事项和开办条件。

经审查和核定后，登记主管机关应在规定的期限内做出准予登记或不予登记的决定，应在“登记注册书”上签署准予登记的意见或不予登记的原因和理由，及时通知申请登记单位。对申请登记注册有异议的，经讨论，做出予以核准登记或不予核准登记的决定，再按有关程序通知申请登记企业。

对于核准登记的申请登记企业，登记主管机关颁发《企业法人营业执照》或《营业执照》。登记主管机关对执照编制注册号，并通知法定代表人或者负责人领取执照，办理法定代表人、负责人签字备案手续。申请登记单位领取执照后，凭执照刻制公章，开立银行账户，并向登记主管机关备案，按照核准的登记事项从事生产经营活动。登记主管机关将有关登记注册材料及时建立企业登记档案。

对核准登记注册的企业法人，由国家工商行政管理总局和省、自治区、直辖市工商行政管理局，依法统一组织发布企业法人登记公告。

（2）个人独资企业的设立登记。申请设立个人独资企业，应当由申请人向企业所在地的工商行政机关进行申请名称预先核准登记，然后办理开业登记注册，并提交以下有关文件、证明：投资者签署的“个人独资企业设立申请书”；投资人身份证明；企业住所证明；“名称审核表”及“名称核准通知书”；开办申请书；申请开业登记注册书；申请人身份证明；场地使用证明；验资证明等。

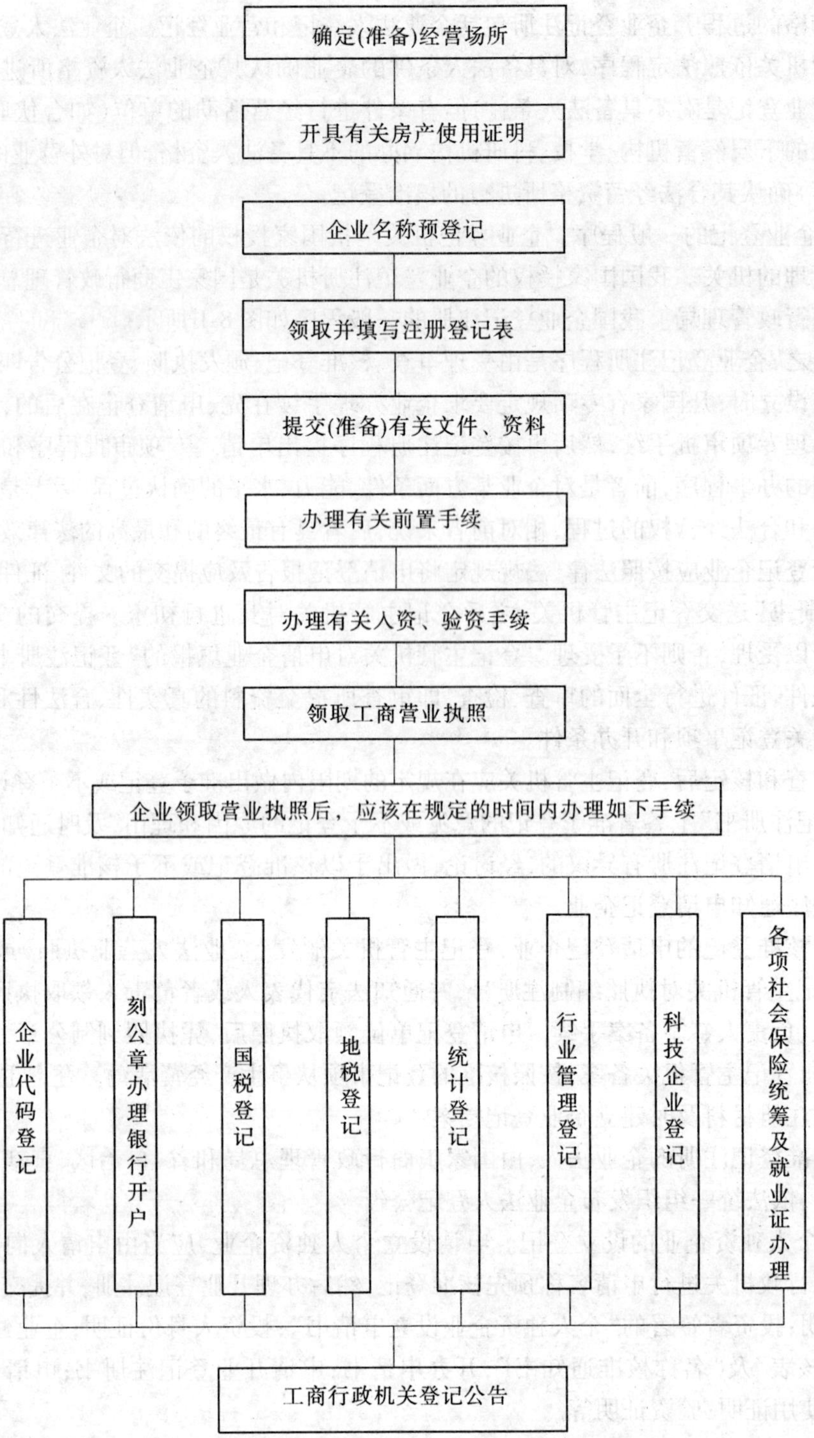

图 8-1　企业登记注册的一般程序

(3)合伙制企业的设立登记。申请设立合伙制企业,应当向企业登记机关提交以下文件、证明:全体合伙人签署的设立登记申请书;全体合伙人的身份证明;全体合伙人指定的代表或者共同委托的代理人的委托书;合伙协议;出资权属证明;场地使用证明;法律、行政法规定设立合伙企业须报经审批的,还应当提交有关批准文件。

(4)有限责任公司的设立登记。设立有限责任公司,应当由全体股东指定的代表或者共同委托的代理人向公司登记注册机关申请设立登记。法律、法规规定必须报经审批的,应当自批准之日起90日内向公司登记机关申请设立登记。设立有限责任公司,应向公司登记机关提交以下文件:公司董事长签署的设立登记申请书;全体股东指定代表或者共同委托代理人的证明;公司章程;具有法定资格的验资机构出具的验资证明;股东的法定资格证明或者自然人身份证明;载明公司董事、监事、经理的姓名、住所的文件以及有关委派、选举或者聘用的证明文件;公司法定代表人任职文件和身份证明;企业名称预先核准通知书;公司住所证明;法律、行政法规有规定的还应当提交有关批准文件。

(5)股份有限公司的设立登记。设立股份有限公司,董事会应在创立大会结束后30日内,向公司登记机关申请设立登记,并向登记机关提交以下文件:公司董事长签署的设立登记申请书;国务院授权部门或者省、自治区、直辖市人民政府的批准文件,募集设立的股份有限公司还应当提交国务院证券管理部门的批准文件;创立大会的会议记录;公司章程;筹办公司的财务审计报告;具有法定资格的验资机构出具的验资证明;发起人的法人资格或者自然人身份证明;载明公司董事、监事、经理的姓名、住所的文件以及有关委派、选举或者聘用的证明文件;公司法定代表人任职文件和身份证明;企业名称预先核准通知书;公司住所证明;国家法律、行政法规规定应提交的其他文件。

2.1.3 企业变更登记

对企业登记的某些事项来说,一旦发生变动,就需要到登记机关进行变更登记。根据我国的《公司登记管理条例》规定,需要进行变更登记的事项包括:公司改变名称;公司改变住所;公司改变法定代表人;公司改变注册资本;公司改变经营范围;公司改变类型;有限责任公司改变股东;股份有限公司发起人改变姓名或名称;公司因合并、分立,其登记事项发生变化的。

公司申请变更登记需提交下列有关文件:公司法定代表人签署的变更申请书,依照《公司法》做出的变更决议或决定;企业变更住所应提交新住所使用证明;企业变动注册资本,应提交验资机构出具的验资证明;企业变动经营范围涉及法律、法规有特殊规定的,应提交有关部门批准文件;公司合并、分立进行变更登记,应提交合并协议或合并、分立决议以及登记报告的证明,股份公司因合并、分立进行变更登记,还应提交政府批准公司合并、分立的文件。

2.2 创业的相关政策法规

2.2.1 国家和各级政府支持创业的资金政策

国家和各级政府出台的支持创业资金政策有很多,下面介绍的是几种比较常见的资金政策。

(1)中小企业发展专项资金。根据财政部国家发改委印发的《中小企业发展专项资金管理办法》规定，中小企业发展专项资金是由中央财政预算安排，采用无偿资助或贴息两种支持方式，主要用于中小企业专业化发展、与大型企业协作配套、技术进步和改善中小企业发展环境的项目，一般采取无偿资助方式；以金融机构贷款为主投资的固定资产建设项目，一般采取贷款贴息方式。每个项目无偿资助和贷款贴息额度最多不超过 200 万元，贴息期限最长不超过两年。

(2)中小企业服务体系专项补助资金。根据财政部《中小企业服务体系专项补助资金使用管理办法(暂行)》规定，中小企业服务体系专项补助资金，由中央财政预算安排，主要用于中小企业服务机构开展培训服务、信用服务、创业服务、管理咨询服务等业务的补助。采取按业务支出类别无偿资助方式予以适当补助。具备中小企业服务机构条件的组织可按规定申请补助。享受补贴的是服务机构，但真正受惠的是分享四类服务的中小企业。

(3)中小企业国际市场开拓资金。根据财政部、对外贸易合作部《中小企业国际市场开拓资金管理(试行)办法》及实施细则规定，国家支持鼓励中小企业参与国际市场竞争，以降低企业经营风险，中央财政设立中小企业国际市场开拓资金，重点用于支持具有独立企业法人资格和进出口经营权的中小企业，开拓国际市场的各种活动。高新技术和机电产品出口、拥有自主知识产权等条件的中小企业优先支持，由中央、地方两部门组成，两级管理，主要支持内容是：举办参加境外展览会、质量管理体系、环境管理体系、软件出口、产品认证、国际市场推介、开拓新兴国际市场、组织培训研讨、境外投标等，具备条件的中小企业可按程序申请支持。分无偿支持和风险支持两种，中央和地方均由中小企业国际市场开拓资金管理办公室负责此项申报工作。

(4)科技型中小企业技术创新基金。为了扶持和促进科技型中小企业技术创新，经国务院批准，设立用于支持科技型中小企业技术创新项目的政府专项基金。该基金主要用于支持科技型中小企业技术创新活动所需支出。根据科技型中小企业和项目的不同特点，分别以无偿资助、贷款贴息、资本金投入等方式支持中小企业技术创新。该基金对每个项目无偿资助或贷款贴息，数额一般不超过 100 万元人民币，个别重大项目不超过 200 万元人民币。其中无偿资助主要用于技术创新项目研发及中试阶段的必要补助，包括人工费、仪器设备购置和安装费、商业软件购置费、租赁费、试制费、材料费、燃料及动力费、鉴定验收费、培训费等与技术创新项目直接相关的支出。其中，贴息贷款主要用于支持产品具有一定的技术创新性、需要中试或扩大规模、形成小批量生产、银行已经贷款或有贷款意向的项目，资本金投入主要对少数起点高、具有较广创新内涵、较高创新水平并有后续创新潜力、预计投产后具有较大市场需求、有望形成新兴产业的项目。

2.2.2　国家和各级政府支持大学生创业的优惠政策

为支持大学生创业，国家和各级政府相继出台了许多优惠政策，涉及融资、开业、税收、创业培训、创业指导等诸多方面。

(1)大学毕业生在毕业后两年自主创业，到创业实体所在地的工商部门办理营业执照，注册资金在 50 万元以下的，允许分期到位，首期到位资金不低于注册资本的 10%(出资额不低于 3 万元)，1 年内实缴注册资本追加到 50% 以上，余款可在 3 年内分期到位。

(2)大学毕业生新办咨询业、信息业、技术服务业的企业或经营单位，经税务部门批准,免征企业所得税2年;新办从事交通运输、邮电通信的企业或经营单位,经税务部门批准,第一年免征企业所得税,第二年减半征收企业所得税;新办从事公用事业、商业、物资业、对外贸易业、旅游业、物流业、仓储业、居民服务业、饮食业、教育文化事业、卫生事业的企业或经营单位,经税务部门批准,免征企业所得税一年。

(3)国家要求各国有商业银行、股份制银行、城市商业银行和有条件的城市信用社要为自主创业的毕业生提供小额贷款,并简化程序,提供开户和结算便利,贷款额度在2万元左右。贷款期限最长为2年,到期确定需要延长的,可申请延长一次。贷款利息按照中国人民银行公布的贷款利率确定,担保最高限额为担保基金的5倍,期限与贷款期限相同。

(4)政府人事行政部门所属的人才中介服务机构,免费为自主创业大学毕业生保管人事档案(包括代办社保、职称、档案工资等有关手续)2年;提供免费查询人才、劳动力供求信息,免费发布招聘广告等服务;适当减免参加人才集市或人才劳务交流活动收费;为创办企业的员工优惠提供一次培训、测评服务。

以上优惠政策是国家针对所有自主创业的大学生所制定的,各地政府为了扶持当地大学生创业,也出台了更为细化和更加贴近实际的相关政策法规。

2.2.3　与创业密切相关的几个法律问题

2.2.3.1　合同的基本知识

合同是当代社会进行各种经济活动的基本法律形式,其含义是平等主体之间设立、变更、终止权利义务关系的协议。在社会生活中,商家通过合同来确定交易各方的权利义务,并以此约束对方进行经济活动,达到交易的目的;公民个人利用合同去买房、租赁或购物、消费等,达到满足社会文化生活的需要。因此,可以说合同随处存在,只要有经济交往,就必然有约束各方行为方式的依据,它不论采取法律规定的形式还是自制的形式,甚至根本没有看得见摸得着的凭据(如一手交钱一手交货),但都有意无意中包含着合同的内容。合同在社会生活中起着重要的作用。我们倡导在社会生活中,人与人之间的交往要坦诚,讲信用,但由于经济生活的复杂多变,不能避免某些人投机取巧,言而无信,因此从客观上就需要一种行为规范来约束交易各方的交易行为,以避免损害各方的预期利益,这种规范就是合同。在经济生活中,合同具有重要的作用,首先在具有长期性、阶段性的经济合作关系中,如订立长期供货合同,其合同履行期长,容易受其他因素影响,双方的权利义务关系复杂,因此必须订立合同,以指导、约束各方合作行为,以达到其经济目的。其次,作为经济交往的重要凭证,合同也是证明交往过程的重要凭据。这样可以保证我们购买的商品能退货、保修,保证交易对方按约定履行义务,保证向违约方要求承担违约责任等。

(1)签订合同需要遵守的基本原则。签订合同时要遵守以下基本原则:合同双方当事人之间平等的原则;合同双方当事人之间自愿的原则;合同双方当事人之间公平合理的原则;订立合同时要遵守诚实守信的原则;合同本身的合法性原则和合同尊重社会公德的原则。

(2)合同的形式。合同的形式主要有口头合同和书面合同两种。口头合同是指发生经济交易时,没有可资证明交易双方权利义务的书面凭证,而直接进行实际履行的情况。

采用口头合同的主要原因:一是认为口头交易便捷,省事;二是基于特殊的信用关系,无须用合同来约束;三是没有订立合同的习惯;四是有其他证据能证明交易关系的存在,如销售小票、发票。口头合同的主要优点就是方便快捷,其缺点主要反映在发生纠纷以后证据力欠缺。前述的四种原因中,倘使一方反悔,“翻脸不认人”,则处理起来比较麻烦。因此,口头合同一般适用于标的额较小的交易或即买即卖的交易等。书面合同,一般是指合同书。但在实际生活中,由于交易情况复杂多变,能够证明交易关系存在以及交易各方权利义务的书面文件,种类繁多,五花八门,只要文件所载内容是与当事人的权利和义务密切相关的,或者补充,或者修改,都应当认定为是书面合同。根据合同规定,法律、行政法规规定采用书面形式的,应当采用书面形式。当事人约定采用书面形式的,应当采用书面形式。在社会实践中,对于合同标的大、履行时间长、合同交易各方不太熟悉的合同,双方一般约定采用书面形式。

(3)合同的内容。由于经济交易内容不同,合同的内容就会不同,但各种合同均有共同的、基本的条款,缺少这些基本条款,合同的效力或履行就会存在问题。合同的基本条款有:①当事人的基本情况,包括当事人的姓名(自然人)或名称(经济组织)、法定代表人(负责人)、委托代理人、住所(自然人的户口所在地或经常住所地、经济组织的主要办事机构或主要经营场地)、电话、传真、银行账号等。这些因素应当尽量注明,主要是为了经济交易的一般需要(如发货收货地、通信地址、联系地)和经济管理的特殊需要(如发生纠纷时司法文书送达地、强制措施的执行地)。②合同标的。标的是指合同各方当事人权利义务指向的对象。如买卖合同中的具体买卖的物品、演出合同中的演出行为等。③数量。数量是衡量合同权利义务大小的尺度,如物品的数量(如吨、台、量、个、间),劳务的数量(如工作多少天、小时),有些标的的数量是概括性的,如承建一幢大楼,仓储一批货,中间涉及个别物品的单价,也涉及工作、服务的时间等多种数量标准。概括性数量常用于以劳务作为标的的合同中。在社会生活中,通常没有数量约定的合同,是没有效力的合同,在阶段供货合同中,可以约定以收货单计算合同数量;在大宗交易的合同中,还应当约定损耗的幅度和正负尾差。④质量。质量是对合同标的品质的内在要求,如货物属于优等品还是合格品,技术服务是一般技术服务还是特殊技术服务,质量高低直接影响到合同履行的质量以及价款报酬的支付数额。质量标准有不同类型,应当谨慎适用,一旦选择其一,必须忠实履行,不能“偷梁换柱”。在社会生活中,质量条款能够按国家质量标准进行约定的,则按国家质量标准进行约定;没有质量标准的标的,可约定按样品来规定质量。⑤价款或者报酬。在约定中,除应当注意采用大小写表现合同价款外,还应当注意在大写文字的表示方式上,不能有错误、简写等情况,以免对以后的履行造成障碍。⑥履行期限、地点和方式。履行期限是合同中确定的各方合同当事人履行各自义务的时间限度,是确认合同当事人是否违约的一个主要标准。履行期限可以有先有后,也可以同时履行。经双方协商还可以延期履行。在连续性的交易中,有些可以不规定期限。履行地点是当事人一方履行义务另一方享受权利的地点。履行地可以是合同当事人的任何一方所在地,也可以是第三方所在地,如发货地、交货地、提供服务地、接受服务地,具体选择由当事人协商确定。确立履行地主要是为了安全、快捷、方便地履行合同义务。履行方式是当事人履行义务采取的方式。履行方式主要有两方面内容:一是合同标的的履行方式,这种方式主要有自提、送货上门、包工包料、代运、分期分批、一次性缴付、代销、上门服务等；二是价款或报酬的结算方式。这种方式有托收承付、支票支付、现金支付、信用证支付、按月结算、预支(多退少补)、存单、实物补偿等。⑦违约责任。违约责任是合同当事人一方或各方不履行合同或没有完全履行合同时，违约方应当对守约方进行的救济措施。违约责任是为了保证合同能够顺利、完整履行而由双方自主约定的。它可以给合同各方形成压力，促使合同如约履行。违约责任的种类有：违约金、赔偿金、继续履行等。⑧解决争议的办法。解决争议的办法是当事人就纠纷解决协商的一种可取途径。争议的解决主要有四种：一是当事人双方自行协商解决；二是由第三人介入进行中间调解；三是提交仲裁机构解决；四是向人民法院提起诉讼。

基本条款是一般合同常用的条款，除此之外，根据不同的情况，一些合同中也有特别约定的条款，如货物买卖中的标的物包装条款等。总之，合同条款由当事人自由约定，法律规定的基本条款具有指引性，不具有强制性。对于遗漏条款，当事人可以通过订立补充协议(合同)的方式进一步加以规定。

(4)合同成立与生效要件。在合同签订以后，什么时候可以要求对方履行义务，什么时候可以向对方履行义务，这就取决于合同是否成立，合同是否生效。合同成立表明合同当事人对合同内容的一致认可。合同生效则是指合同符合国家法律规定，开始对当事人各方产生约束力。合同成立并不一定会生效，有些成立的合同是无效合同或者效力不确定的合同。一般而言，依法成立的合同，自成立时生效。法律、行政法规规定应当办理批准、登记等手续生效的，依照其规定办理手续。合同成立的表现形式是多样的：①采用书面合同形式订立的，自双方当事人签字或者盖章时合同成立。有时候合同需要单位法定代表人、授权委托人、单位三方面的签名(或盖章)，有的还要有见证人。法定代表人、授权委托人签名，应当提供能够证明身份的法律文件，如法定代表人身份证明书、授权委托书、身份证、工作证等。单位盖章的，要注意单位盖的是哪一种类型的章，单位常常有专门的合同专用章，没有合同专用章的，用单位的公章。有些单位常会以合同上的盖章是否有效来肯定或否认合同的成立或效力。因此，在签订合同时，双方有必要问清楚对方签订合同使用什么章。②当事人采用信件、数据电文等形式订立合同的，可以在合同成立之前要求签订确认书。签订确认书时合同成立。确认书是确认合同内容完整、充分，受要约方同意要约内容的证明文书，一般由受要约人出具。采用信件、传真等形式进行要约、再要约比较方便、安全、省时，但信件、传真所载内容常是双方争议较大的部分，长期的协商可能会使合同内容分散，形式、数量繁多，为保证将协议中各个时段双方达成一致意见的内容统一起来，使合同内容更加明朗化，一方可要求对方签订确认书。确认书是一种概括性的合同文书。③法律、行政法规规定或者当事人约定采用书面形式订立合同，当事人未采用书面形式但一方已经履行主要义务，或采用合同书形式订立合同，在签字或者盖章之前，当事人一方已经履行主要义务，对方接受的，该合同成立。如 A 向 B 银行借款，在未正式签订合同以前，B 银行即先向 A 提供了首期贷款，A 已经获得这批贷款并已实际使用。这里，借款形式应当采用书面合同的形式，银行在未订立合同的情况下先贷款，借款人接受，银行已实际履行了其主要义务，合同实际上已经成立，只是没有用书面形式表现出来。A 不能因为没有书面合同而否认银行贷款的事实，因为 A 接受贷款是以行动方式表示其承诺。当然,如果一方履行义务另一方不接受,则承诺不存在,合同不成立。但是需要注意的是,如果合同履行时间长、标的大、法律关系比较复杂,最好还是再继续完成合同的签订工作。一次成交或即买即卖的,可以不再签订合同。但涉及产品质量、“三包”等特殊要求的,还是要签个合同,即使是一个简单的合同。

合同生效因合同的性质不同,生效的条件也不同。一般有下列三种情况:①依法成立的合同,合同自成立时生效。所谓依法成立的合同,是指合同订立的各个要件不存在瑕疵,也不存在违法行为,具体表现为:订立合同的主体是合法主体,没有虚假主体(如未经过工商登记的组织、被撤销的组织)情况;订立合同各方的意思表示一致,没有强迫表示的情况;合同各方的意思表示是真实的,没有虚假表示情况(如谎称有外贸经营权、谎称自己对某件财产有所有权);合同采取了法定或约定形式;合同中所涉及的经济交易是合法的,生产流通的财产是国家允许的。如果合同不具备前述所有的条件,则合同存在订立的瑕疵,可能影响合同的效力。②依法律规定,合同在成立之后需要办理批准、登记手续的,合同自批准或登记之日起具有法律效力。主要是指一些如房产转让合同、车辆买卖合同等。③当事人还可以约定如合同经过公证、见证或鉴证后生效等。

2.2.3.2　知识产权基本知识

知识产权是人们基于自己的智力活动创造的成果和经营管理活动中的经验、知识而依法享有的权利。知识产权对于企业来说是企业的核心竞争力,通常包括著作权、商标权和专利权,此外字号、域名、非专利技术、技术秘密、商业秘密、动植物新品种、集成电路布图设计等也已纳入知识产权保护领域。企业应当在律师的帮助下设计知识产权保护的整体方案,根据不同知识产权的不同特征、不同的法律规定,从不同角度、不同层次综合保护知识产权,将知识产权保护落实到企业经营管理的各个环节。

(1)著作权。著作权又称版权,是指自然人、法人或者其他组织对文学、艺术或科学作品依法享有的财产权利和人身权利的总称。著作权是无形财产权,是基于人类智慧所产生之权利,是知识产权的一种。在我国,受著作权法保护的作品包括下列创作的文学、艺术和自然科学、社会科学、工程技术等作品:文字作品,口述作品,音乐、戏剧、曲艺、舞蹈、杂技艺术作品,美术、建筑作品,摄影作品,电影作品和以类似摄制电影的方法创作的作品,工程设计图、产品设计图、地图、示意图等图形作品和模型作品,计算机软件和法律、行政法规规定的其他作品。不受著作权法保护的有法律、法规,国家机关的决议、决定、命令和其他具有立法、行政、司法性质的文件,官方正式译文,时事新闻,历法、通用数表、通用表格和公式,依法禁止出版、传播的作品。著作权包括发表权、署名权、修改权、保护作品完整权、复制权、发行权、出租权、展览权、表演权、放映权、广播权、信息网络传播权、摄制权、改编权、翻译权、汇编权以及应当由著作权人享有的其他权利等17项权利。著作权的保护期限为作者有生之年加死后50年。我国实行作品自动保护原则和自愿登记原则,即作品一旦产生,作者便享有版权,登记与否都受法律保护;自愿登记后可起证据作用。国家版权局认定中国版权保护中心为软件登记机构,其他作品的登记机构为所在省级版权局。

(2)商标权。商标权是商标专用权的简称,是指商标注册人取得的在指定商品上独占地、排他地使用商标的权利。当今整个世界的工商业几乎完全建立在制造或交易商标的概念之上，有些著名企业与其持有的著名商标成了同一概念；与此同时，广大的消费者也生活在商标每时每刻起着快速区别市场上的产品和服务的无法替代作用的环境之中。因此，不论是在某一个国家之内，还是在国与国之间的经济交往中，商标都发挥着巨大的作用。商标包括注册商标和未注册商标，目前我国只对人用药品和烟草制品实行强制注册，通常所讲商标均指注册商标。商标注册申请人必须是依法成立的企业、事业单位、社会团体、个体工商户、个人合伙以及符合《商标法》第九条规定的外国人或者外国企业。注册商标，包括商品商标、服务商标和集体商标、证明商标。文字、图形、字母、数字、三维标志和颜色组合，以及上述要素的组合，均可以作为商标申请注册。注册商标的有效期为10年，可以申请续展，每次续展注册的有效期也为10年。

(3)专利权。专利权是发明创造人对其依法授予专利的发明、实用新型和外观设计所享有的权利。专利权是一种知识产权，它与有形财产权不同，具有时间性和地域性限制。专利权只在一定期限内有效，期限届满后专利权就不再存在，它所保护的发明创造就成为全社会的共同财富，任何人都可以自由利用。专利权的有效期是由专利法规定的。专利权的地域性限制是指一个国家授予的专利权，只在授予国的法律有效管辖范围内有效，对其他国家没有任何法律约束力。每个国家所授予的专利权，其效力是互相独立的。专利权并不是伴随发明创造的完成而自动产生的，需要申请人按照专利法规定的程序和手续向国家知识产权局专利局提出申请，经国家知识产权局专利局审查，认为符合专利法规定的申请才能授予专利权。如果申请人不向国家知识产权局专利局提出申请，无论发明创造如何重要，如何有经济效益都不能授予专利权。取得专利权的发明创造必须将发明内容在权利要求书、说明书或图片、照片中充分公开，因为在把无形的发明创造变成专利权这种权利时，要靠权利要求书或图片、照片来划定保护范围，而这些公开的内容是支持权利存在的唯一依据。记载发明创造内容的说明书、权利要求书或者图片、照片就是专利文献中最重要的部分。专利在国际上通常指发明专利。我国专利法除发明专利以外，还规定有实用新型和外观设计专利，并规定发明专利批准以后有效期为从申请日起算20年，实用新型和外观设计专利的有效期为从申请日起算10年。

(4)商业秘密。商业秘密是指不为公众所知悉，能为权利人带来经济利益，具有实用性并经权利人采取保密措施的技术信息和经营信息。具体商业秘密的范围通常被定义得比较宽泛，包括销售方法、分销方法、消费者特征、广告策略、供货商和客户名单，以及制造方法。虽然哪些信息构成商业秘密的最终确定将取决于每个个案的情况，但关于秘密信息的明显不公平行为一般认为包括工业或商业间谍行为，合同的违约和泄密等。与专利相反，商业秘密的保护无需注册。也就是说，对商业秘密进行保护不需要任何程序上的手续。因此，一个商业秘密可以被无限期地保护。鉴于这些理由，商业秘密的保护对于中小企业来说可能显得特别具有吸引力。然而，把信息认定是商业秘密有一些条件，遵循这些条件比预想的要困难和昂贵得多。虽然这些条件因国家不同而变化，但它们具有与贸易有关的知识产权协议(TRIPS协议)第39条所述的某些一般的标准：如该信息必须是保密的(即它通常不为一般涉及这种信息的圈内人所知，或容易地得到)；因为该信息是保密的，所以它必须具有商业价值；信息的合法持有人必须对该信息采取了合理的保密步骤(例如通过签订保密协议)。

2.3　创业有风险,投资需谨慎

创业风险与其他事件的风险相比,其特点是创业风险发生的链条长。从项目选择、资金筹措、团队组建、产品生产,市场开拓以及事业发展壮大等,战线长,变数大,任何一个环节都有可能存在风险。而成功的创业者是有计划地冒风险,精明的创业者让其他团队人员一起共同分担风险。这就要求创业人才,在创业的过程中要学会规避风险、转移风险、补偿风险,提高抑制风险、评价风险、预测风险和管理风险的能力。那么在创业过程中要注意以下方面的问题:

(1)积极利用现有资源。不少创业者都选择了与工作密切相关或者自己"熟悉的领域创业,工作中积累的经验和资源是最大的创业财富,要善于利用这些资源,以便近水楼台先得月"。对能帮你生存的项目,要优先进行考虑。不要在只能改善形象或者带来更大方便的项目上乱花费用。切不可误用资源,唯利是图,冒道德上的风险,而且很可能会受到法律的制裁。在你的地盘,时间、金钱和才能任由你使用。但是,如果乱搞一气,你的生意就会逆转而下。

(2)如果选择合作经营的创业方式,你需要合伙人的钱来开办或维持企业,或者这个合伙人帮助你设计了这个企业的构思,或者他有你需要的技巧,或者你需要他为你鸣鼓吹号,那么就请他加入你的公司。这虽能使创业者轻松上阵,但要慎重选择合作伙伴,在请帮手和自己亲自处理上,要有一个平衡点。首先要志同道合,其次要互相信任。不要聘用那些适合工作,却与你合不来的人员,也不要聘用那些没有心理准备面对新办企业压力的人。此外,和合作伙伴之间的责、权、利一定要分清楚,最好形成书面文字,有合作双方和见证人的签字,以免起纠纷时空口无凭。

(3)细致准备必不可少。创业是一项庞大的工程,涉及融资、选项、选址、营销等诸多方面,因此在创业前,一定要进行细致的准备。通过各种渠道增强这方面的基础知识;根据自己的实际情况选择合适的创业项目,为创业开一个好头;撰写一份详细的创业计划书,包括市场机会评估、赢利模式分析、开业危机应对等,并摸清市场情况,知己知彼,打有准备之仗。不要将未经试验的创意随手扔在一边。如果用这种创意来做生意,也得留心其中可能的陷阱。自问一下:你是否得花大力气来宣传你的产品或者服务? 你具有足够的财经资源、技能、人手和业务关系吗?

(4)尽量用足相关政策。政府部门有很多鼓励创业的政策,是对所有创业者的扶持以及专门针对大学生创业的鼓励和支持,创业时一定要注意"用足"这些政策,如免税优惠、在某地注册企业可享受比其他地区更优惠的税率等。这些政策可大大减少创业初期的成本,使创业风险大为降低。

(5)经商之道,以计为首。所有商业经营活动,如果从表面上来看,好像是一种仅仅同物质打交道的经营活动,但是,透过现象看本质,在今天的食脑时代里,商业经营活动实质上已经变成了是一种人与人之间的智力角逐,是一场斗智斗勇的智力游戏,是人与人之间的谋略大比试。因此,正如古代军事家所说的"用兵之道,以计为首"一样,经商之道也应该以计为首。面对空前惨烈的市场竞争,你想要找准自己的立足点和切入点、站稳脚跟、生存下来、谋取利益、发展壮大,那么就必须首先考虑如何运用自己的商业智慧制定全面系统的、可执行的、可操作的和切实有效的经营策略和实施方案，以便确保每战必捷，战无不胜。

(6)决策失误时，不要对失误过于敏感。你的失误会带来直接后果，如发错货可能致使一个客户立刻与你断绝关系。作为企业家，冒风险时，要谨而慎之。如果出现失误，不要过于敏感，接受事实，从中吸取教训。

(7)不要被胜利冲昏头脑。你第一步的成功全靠你的创意好、时机合适、运气不错和良好的业务关系。不过，这一切随时都可能离你而去。因此，不要太过自信，投入过量的资金，使自己陷入泥沼之中。

附录1　大学毕业生就业案例分析

案例1:期望值过高

2008 届毕业生小王来自云南罗平,直到当年3月份他还未落实工作单位。刚好罗平有一家监理公司要他,专业对口,又是家乡,然而他本人的择业意向却是:单位地点必须是在昆明市,至于到昆明的什么单位、具体做什么工作都无关紧要,除此以外,什么单位都不考虑。在这种心态下,结果自然难以如愿。

分析:小王的思想在当前毕业生的择业过程中具有一定的代表性。不少毕业生过于向往经济发达地区,尤其是沿海地区的中心城市,最低的期望也是回自己家乡所在地的中心城市。他们只注重经济文化发达、工作环境优越的一面,而忽视了人才济济、相对过剩的一面,择业期望值居高不下,甚至还有逐年上升的趋势,从而导致主观愿望与现实需求之间的巨大落差。像小王这样过分看重单位所在地的毕业生不在少数。根据对某校 2008 届毕业生的抽样问卷调查,在衡量单位是否符合自己的标准时,有 92% 的毕业生要选择效益好、工资高的单位,超过 85% 的毕业生要求单位地处大中城市,愿意到急需人才的边远地区和艰苦行业的毕业生仅占 2%。

案例2:自主择业能力差

在学校3月份的一场招聘会上,毕业生小李的父母在招聘会尚未开始时,就早早地到会场打听单位的情况。招聘会开始很久以后,小李才姗姗来迟,并由家长陪同前往用人单位摊位前面谈。面谈过程中,小李发言的时间还没有其父母多,结果谈了一家又一家,最终仍一无所获。

分析:小李的问题出在择业过程中过分依赖他人,其实,依赖他人是难以选择到一份满意的工作的。现在的毕业生中,独生子女所占的比例越来越大,他们的生活一帆风顺,没有经历过什么波折,再加上父母的过分呵护,客观上也培养了他们的依赖心理。这些毕业生大多缺乏主见,自我意识模糊,在择业中常会茫然不知所措,自己独立进行择业决策的能力差,以致在人才市场上,父母代替子女、亲友代替本人与用人单位洽谈的场面屡见不鲜。难怪有用人单位对依赖性过强的毕业生说:"你本人都要靠别人来推销,企业还能靠你来推销产品吗?"

案例3:信心不足,缺乏主动

毕业生小刘学习成绩和其他方面条件都不错,在就业的初期满怀信心。但由于专业冷门等原因,找过几家单位都碰了壁,结果产生了自卑感,在后来的择业过程中表现越来越差,陷入恶性循环而不能自拔,以至于到了新的用人单位那里,只能被动地问人家:"学某某专业的要不要",其他什么话都不敢讲,最终未能落实就业单位。

分析:小刘的失败是由于自卑心理在作怪。在择业遭受挫折后,一蹶不振,对自己评价过低,丧失了应有的自信心,择业时缺乏主动争取和利用机遇的心理准备,不敢主动、大胆地与用人单位交谈,也就不能很好地表达自己。越是躲躲闪闪、胆小、畏缩,越不容易获得用人单位的好感。这种心理严重妨碍了一部分毕业生正常的就业竞争,使得那些原本在某些方面比较出色的毕业生也陷入"不战自败"的困惑。

案例4:自负而失败

毕业生小张口才不错,在与用人单位代表面谈时自我感觉良好。一番海阔天空的高谈阔论以后,当对方问他的个人爱好是什么时,他竟得意洋洋地宣称是“游山玩水”,结果被用人单位毫不犹豫地拒之门外。

分析:小张的失败是典型的自负心理造成的。自负在心理学上指过高地估计个人的能力,从而失去自知之明。在这种心理的支配下,不少毕业生在求职择业过程中,总是自以为是,自负自傲,自以为自己什么都懂,什么都会,夸夸其谈,胡吹海侃,结果留给用人单位的是浮躁、不踏实的印象。试想,有哪家单位肯要一个不知天高地厚、自命不凡、眼高手低的毕业生呢?

案例5:要求苛刻令单位无法接受

某校现代财务管理专业某毕业生与某集团公司经过双选、面试考核,终于进入签约阶段,协议书首先由毕业生本人签署应聘意见,该生在“应聘意见”一栏中写下了以下6条要求:①从事财会工作;②每周工作五日,每日八小时工作制;③解决户口,提供单身住房;④住房公积金、劳动保险、养老保险等相关支出均由公司负担;⑤每半年调薪一次;⑥公司不限制个人发展(例如考研等)。单位鉴于以上条件不能完全答应,将协议书退回,并建议修改后再签。最终,该生因坚持自己的意见而未能被录用。

分析:该生未被上述单位录用,根本原因在于所提要求过于苛刻。该集团人事部负责人说:这位同学提出的6条要求,有些我们是可以满足,也应该做到的,比如:安排专业对口的工作,八小时工作制,解决户口,提供各种福利等。但有的款项就无法答应,比如,每半年调一次薪,这种要求恐怕任何单位都无法答应。又比如“公司不限制个人发展”一条,从毕业生角度来看,提出这样的要求可以理解,但从用人单位来讲,在不影响正常工作的前提下,我们鼓励个人提高自身素质,但如果服务期内想考研就考研,不受单位任何约束,单位肯定是不能答应的。尽管这位同学各方面条件都不错,但这种苛刻的条件我们是无法接受的。

案例6:被动等待坐失良机

浙江某单位向学校发布了要来校招聘大量人才的信息,校就业指导中心迅速公布并电话通知了各学院,各学院反应不一,有的学院书记亲自打电话与对方联系,推荐自己符合条件的毕业生,有的则主动邀请对方到学院来选毕业生,有的则用特快专递寄出了学生的推荐材料。而与此同时,部分同学却在等待面试通知,认为反正该单位要来校招聘,等来了再投材料也不迟。后来,这家单位真的来了,人事部门负责人却非常抱歉地说:“真对不起,其实,我们几天前就已到贵校,但刚跨进贵校校门,就被贵校某学院盛情‘拦截’而去,晚上住在贵校招待所,闻讯而来的毕业生一拨又一拨,结果我们的计划提前录满了。”在场的毕业生后悔不已,机会就这样在等待中错过了。

分析:在求职择业过程中,机会应该说对每个人都是均等的,就看你如何把握它。各种招聘人才的信息,每时每刻经过各种渠道在发布、在传递,好比一条河流,信息是一朵朵浪花,你抓住了,就归你所有,你错过了,就无法回头。因此,只要你认准这条信息对你有用,你感兴趣,就必须主动以最快捷的方式向发出信息方作出反应,让对方知道你、了解你,才有可能看中你。机会往往就是这样被主动者拥有。

案例7:巧妙回答打开求职之门

在上海某单位组织的一次面试中,主考官先后向两位考生提出了同样的问题:“我们单位是全国数一数二的大集团公司,下面有很多子公司,凡被录用的人员都要到基层去锻炼,基层条件比较艰苦,请问你们是否有思想准备?”毕业生A说:“吃苦对我来说不成问题,因为我从小在农村长大,父亲早逝,母亲年迈,我很乐意到基层去,只有在基层摸爬滚打才能积累丰富的工作经验,为今后发展打下基础。”毕业生B则回答:“到基层去锻炼我认为很有必要,我会尽一切努力克服困难,好好工作,但作为年轻人总希望有发展的机会,不知贵公司安排我们下去的时间多长? 还有可能上来吗?”结果前一学生被录用,后一学生被淘汰。

分析:在面试过程中,回答问题的技巧非常重要。对有些问题的回答,表面上看来合情合理,无可厚非,但却令考官反感。这是因为:考官并不在乎你回答内容的多少,而在于考察你对问题本身的态度,进而了解你对职业的态度,等等。显然,这一案例中,毕业生A对下基层态度端正、诚恳,令主考官欣赏;而毕业生B思想上明显有顾虑,尽管是人之常情,但这种场合下他的回答显然不合时宜。

案例8:不要放弃任何一次机会

某毕业生赶到杭州某次人才市场时,已是下午3点多钟,此时,许多单位已录满人员撤摊而去,剩下的单位也在整理材料考虑收场,他抱着试试看的心态向自己感兴趣的某单位递了最后一份材料,并诚恳地说明了自己晚来的原因。谁知刚过两天他就收到了该单位面试通知,一周之后便签订了正式协议,真是“山重水复疑无路,柳暗花明又一村”。

分析:外出参加人才招聘,一般来说应赶早不宜迟,但有些客观因素是无法预测的,在这种情况下要随机应变,要沉着、有耐心。有时,耐心等到最后,好戏就在后头。总之,要么赶早,给对方留下深刻的第一印象;要么耐心等到最后压轴,同样也会给单位以深刻的印象。

案例9:口头协议无效

某单位接收某毕业生,当时已通过体检、政审考核等程序,该单位表示同意录用该生,但提出因没有带公章,请学校先盖章签署意见。他们同意之后再补办有关手续。校就业提导中心为慎重起见,反复提醒毕业生最好等单位先盖章,学校再盖章。但单位和学生本人都很急,单位说:“反正我们已同意接收,只要方便同学,简化手续,谁先盖章无所谓。”学生说:“我体检、政审都通过了,请给我一次机会,我愿写保证,保证因手续不全后果自负。”且该生所在院领导也打电话为之说情。鉴于此,学校先盖了章。谁知刚过两天,该单位将该生协议书退回。

分析:签协议一定要慎重,必须把双方的约定以文字形式写下来盖章签字方生效,“君子协议”、“口头协议”都是空头支票,没有任何法律效力,一旦发生纠纷,毕业生的利益无法得到保障。因此,毕业生必须学会保护自己。一般来说,毕业生最好是亲自前往单位签约盖章,如果一定要将协议书寄去签,那应该要求单位先出具书面接收函,以确保万无一失。

案例10:脚踏两只船,咎由自取

某高校毕业生用学校发的协议书跟浙江某单位签了约,又擅自用其他同学的协议书跟广州某单位签约,B单位协议书已到学校盖章鉴证,该生反悔又想去A单位,不得已,只好到B单位谎称学校要其将协议书取回补办手续,并保证什么时间之前一定办好,单位也相信他,将协议书全部还给了他,而他本人一拿到协议书即到学校又谎称是该单位欺骗了他,解决不了户口将其退回,要求学校在A单位协议书上盖章。学校为谨慎起见,出面与B单位联系,得知该生有不诚实的行为,对其作出严肃批评,并责令其向该单位道歉,请求谅解。谁知该生以学法律专业自居,声称单位没有任何证据(即协议书不在手),B单位一气之下,一个电话告到学校:状告该生行为太不像话,欺骗单位,又欺骗学校,道德品行败坏,希望学校给予严厉处分,否则将影响学校的声誉。最后,该生以“身败名裂”告终。

分析:签约是一件非常严肃的事情,各方一经签字盖章即具法律效力,任何一方都有履行协议的责任和义务,不得随意变更协议。上述案例中学生违背了诚信原则,知法违法,多头签约,且到处撒谎,逃脱责任。这是一种极不道德的行为,既损害自己利益,又败坏学校名声。

案例11:顾此失彼,得不偿失

某校经济学院某毕业生因外出找工作单位,后又在该单位实习,竟然错过了该学期某课程的考试,由于缺考,这门课没有成绩,只好重修,酿成了无可挽回的损失。由于重修,毕业证还不能按期拿到,由此必须推迟到单位报到,少拿几个月工资不算,还有可能被单位退回学校。

分析:毕业生一定要正常处理好求职与求知的关系,求职固然重要,但切忌影响正常学习。上述案例中的学生显然没有处理好这对关系,以致顾此失彼,得不偿失。

案例12:不良习惯、不良性格的危害

小许是某大学水利水电建筑工程专业的毕业生,毕业后参加了多家公司的应聘,都没有成功。起初,他想去政府机关工作,并参加了公务员招聘考试,笔试涉险过关;但第一次面试,因其口头表达能力欠佳,又加之平时不太关心时事,对国家政策与方针了解甚少,所以未能如愿。第二次,某部队招聘毕业生,他也参加了应试,成绩尚可,但在体检时,身体不合格。据了解,小许在读书期间就不爱体育活动,早晨经常懒散不起,所以体检过不了关,又只得望“业”兴叹了。最后,他经过多方努力,好不容易找到了可望落实就业的某单位。试用期间,由于小许养成了“天马行空,独来独往”、“我行我素”的性格,以致走向社会后表现出对集体不关心、对公益活动不热心、组织纪律涣散,在该单位员工中留下了“团队意识淡薄、组织观念不强”的印象。同时,小许又不爱岗敬业,经常利用上班时间私自上网,一次被领导发现后批评。该单位经过对小许的几个月试用考察后,最终以“试用期内不合格”将其退回了学校。

分析:小许“我行我素”的性格,是个人性格的不足和缺陷。性格对人生发展影响很大,必须予以重视,尽量减少其对人生的负面影响。譬如,一个独立性强的人会很难与他人默契合作,而一个优柔寡断的人难以担当组织管理的重任。“金无足赤,人无完人”。由于个人经历的不同,环境的局限,任何人都存在这样或那样的欠缺和不足。卡耐基曾说:“人性的弱点并不可怕,关键要有正确的认识,认真对待,尽量寻找弥补、克服的办法,使自我趋于完善。”一个人要想提高自己的素质,就必须从注重完善自我做起,虚心接受别人的指导、帮助,逐渐改正自己的缺点,完善自己的性格,这样才有助于自我提高。

案例13:细节决定命运

在一次招聘会上,北京某外企人事经理说,他们本想招一个有丰富工作经验的资深会计人员,结果却破例招了一位刚毕业的女大学生。让他们改变主意的起因只是一个小小的细节:这位女大学生当场拿出了两块钱。

人事经理说,当时,女大学生因为没有工作经脸,在面试第一关就遭到了拒绝,但她并没有气馁,一再坚持。她对主考官说:“请再给我一次机会,让我参加完笔试。”主考官拗不过她,就答应了她的请求。结果,她通过了笔试,由人事经理亲自复试。

人事经理对她颇有好感,因她的笔试成绩最好,不过,女孩的话让经理有些失望。她说自己没工作过,唯一的经验是在学校掌管过学生会财务。找一个没有工作经验的人做财务会计不是他们的预期,经理决定收兵:“今天就到这里,如有消息我会打电话通知你。”女孩从座位上站起来,向经理点点头,并从口袋里掏出两块钱双手递给经理:“不管是否录取,请都给我打个电话。”

经理从未见过这种情况,问:“你怎么知道我不给没有录用的人打电话?”“您刚才说有消息就打,那言下之意就是没录取就不打了。”经理对这个女孩产生了浓厚的兴趣,问:“如果你没被录取,我打电话,你想知道些什么呢?”“请告诉我,在什么地方我不能达到你们要求,在哪方面不够好,我好改进。”“那两块钱……”女孩微笑道:“给没有被录用的人打电话不属于公司的正常开支,所以由我支付电话费,请您一定打。”经理也笑了:“请你把两块钱收回,我不会打电话了,我现在就通知你:你被录用了。”

分析:这些面试细节反映了她作为财务人员具有良好的素质和人品,人品和素质有时比资历和经验更为重要。第一,她一开始便被拒绝,但却一再争取,说明她有坚毅的品格。财务是十分繁杂的工作,没有足够的耐心和毅力是不可能做好的。第二,她能坦言自己没有工作经脸,显示了一种诚信,这对从事财务工作尤为重要。第三,即使不被录取,也希望能得到别人的评价,说明她有直面不足的勇气和敢于承担责任的上进心。员工不可能把每项工作都做得很完美,我们接受失误,却不能接受员工自满不前。第四,女孩自掏电话费,反映出她公私分明的良好品德,这更是财务工作不可或缺的。

案例 14:潜能的力量

汉代名将李广喜爱打猎。一天黄昏时分,天色暗淡,他忽然看见草丛中蹲着一只猛虎。李广大惊,情急中立即拉弓搭箭向虎射去,正中虎身。殊不知,这哪里是虎,实则是一块酷似虎形的大石,而箭头已深深地射进了石头之中。当李广第二天再射这块石头时,却怎么也射不进去了。

为什么李广不知道“老虎”是石头时他能够把箭射进石头,而当他知道“老虎”是石头时却不能够把箭射进石头?原因就在于他不知道“老虎”是石头时,在情急之下的一箭射出了自己的最大力量;而当他知道“老虎”是石头时,他已经不自觉地把潜能的大门关闭了,我怎么可能把箭射进石头?

分析:每个人身上都蕴藏着无穷无尽的潜能,只是人们不知道而已,而这也恰恰验证了一句名言:不是因为有些事情难以做到,我们才失去自信;而是因为我们失去了自信,有些事情才显得难以做到。

案例 15:无畏才能有为

有一个心理学家想知道自信对行为到底会产生什么样的影响,于是他做了一个试验。首先,他让 10 个人穿过一间黑暗的房子,在他的引导下,这 10 个人都成功地穿了过去。

然后,心理学家打开房内的一盏灯。在昏暗的灯光下,这些人看清了房内的一切,都吓出一身冷汗。这间房子的地面是一个大水池,水池里有十几条大鳄鱼,水池上方搭着一座窄窄的小木桥,刚才他们就是从小木桥上走过去的。心理学家问:“现在,你们当中还有谁愿意再次穿过这间房子呢?”没有人回答。过了很久,有 3 个胆大的站了出来。其中一个小心翼翼地走了过去,速度比第一次慢了许多;另一个颤巍巍地踏上小木桥,走到一半时,竟从在小木桥上爬了过去;第三个刚走几步就一下子趴下了,再也不敢向前移动半步。

心理学家又打开房内的另 9 盏灯,灯光把房内照得如同白昼,这时,人们看见小木桥下方装有一张安全网,由于网线颜色极浅他们刚才根本没有看见。“现在,谁愿意通过这座小木桥呢?”心理学家问道。这次又有 5 个人站了出来。“你们为何不愿意呢?”心理学家问剩下的两个人。“这张安全网牢固吗?”这两个人异口同声地问。

分析:这 10 个人为什么第一次都能够顺利地通过小木桥,不就因为他们不知道自己面临的险境吗,如果每个人都像这 10 个人首次穿过房子一样,无视自己面临的险境,勇往直前,这个世界也许会有更多的成功者。

面对不可避免的竞争趋势,不能只喊“狼来了”,每个人还应磨好自己的利剑,打造好自己的核心竞争力,增强自己的竞争优势,这样才能面对竞争毫不畏惧。

案例 16:网上求职,大学生找工作的新方式

小王是农村出来的孩子。俗话说“穷人的孩子早当家”,这话一点没错。正当同学们还在无忧无虑地消磨时光的时候,小王已经开始找工作了。同学们都说,找工作是需要花钱的,而且是大把大把地花钱,他们说这叫“求职经济”。但是,小王家经济十分困难,父母不可能再提供“求职的经济”。小王没钱去买好的衣服撑门面,也没钱到各个人才市场买门票,更不用说去上海、北京、深圳这些大城市去找工作。然而最根本的是没钱去制作精美的简历。

这时候,小王想到了平时校园里宣传得风风火火的“网上求职”,小王在网上轻轻点击鼠标,可以检索到千里之外的招聘信息,什么信息都一览无遗了。廉价的网络求职成了找工作的首选,这种方式方便快捷,既不用制作书面简历,又不用到处奔波,既省时又省力。小王把英语等各种等级证书和照片,统统扫描了一遍,然后传到网上,这样扫描一次就可以重复使用了,然后上网登录一些大型求职网站。小王按要求填写简历,附上求职信和照片,然后选择中意的公司,把个人资料以“点击”的方式发送出去。小王先后发出了10份这样的求职邮件。这样,先期投递简历的过程就算是完成了,既经济又实惠。参加网络招聘就只有上网一项费用,不用四处奔波赶招聘会,比邮寄简历省事也省钱。现在大学生找工作不容易,找一份理想的工作更难,网上求职基本不用什么费用,而且方便。许多同学还将自己制作的网页直接放在就业网上,不少同学用电子邮件与用人单位取得了联系。没多久,小王的努力就有了回报,每次上网,总会发现信箱里有一封或几封面试通知。“永不落幕”的网上招聘,既省了钱,又找到了满意的工作。

分析:现在很多求职者都会保存两种版本的简历:一种用来网上求职,另一种用来实际面试。你的简历只要出现在公司的搜寻名单中,你就有可能获得面试机会,但网上求职投递电子简历也要注意以下问题。

第一,求职信和简历都要求用文本格式(txt),将求职信保存在个人的电子邮箱里,针对申请的不同职位只需稍加修改就又可使用。

第二,发送简历时,同时要发送一封求职信。

第三,网上招聘一般是通过键入关键字的方式来搜索应聘者的材料,因此要重点突出。

第四,简历发送不要采用附件的形式。否则,因为技术原因而无法打开附件时,将会耽误最佳的应聘时机。

第五,为了满足不同公司的需求,电子简历一定要避免“千人一面”的模式。要根据个人的专业、爱好和特长,有目的地投递简历,目的不明确、定位模糊的求职者会最先被淘汰。

第六,大学生网上求职,可变被动为主动,充分利用自己的技术优势,在互联网上建立个人主页,展示个性特色,提高自身的竞争能力。

第七,合理选择网上发送简历的时间,找一些正规大型的网站投递电子简历,谨防上当受骗。

第八,简历发出之后,要主动与用人单位联系。在网上招聘会结束后几天,要主动通过E-mail或打电话询问情况,向用人单位表示诚意,也让自己心中有数。

案例17:见异思迁,“束之商阁”

电气自动化技术专业的毕业生小柯在开始选择就业单位时,既怕找不到工作,又怕签约后会有更好的单位,更担心由于等待而坐失良机。看着同学们一个个地签了约,为了给自己留一条后路,他带着复杂而矛盾的心理,在学校举行的招聘会上与核工业第二四集团公司签了约。小柯与用人单位双方均在协议书的备注栏中注明了各自提出的附加条件,其中包括毕业后在单位工作的服务期限、年工资酬金以及违约方必须承担的违约责任。当时,小柯对该单位也比较满意。之后,武汉钢铁集团来招聘,小柯又参加了该单位的面试,并被录用。这家单位的年薪比先前签约单位高,小柯心动了,他选择了违约。用人单位知情后打电话给学校,表示对小柯的做法极为不满,要求小柯履行违约责任,按约赔偿。

事不凑巧,后来的用人单位听说了小柯原来与原单位签约又违约的事,对小柯持怀疑态度,认为“小柯见异思迁,这山望着那山高,倘若发现还有更好的单位,小柯又要违约,怎么办?”这家单位索性也要放弃选用小李的打算。小柯心里很沮丧。

分析:学生违约是用人单位最反感、最头痛的事情,打乱了用人单位的工作程序,贻误了选择优秀毕业生的时机。学生违约,也严重地影响了用人单位与学校的合作关系。违约是一种不守信用、违背承诺的行为,用人单位会对学校的教育、管理提出质疑,有损学校的形象,有损于学校全体毕业生的利益,应当为违约造成的后果承担责任。

附录2　大学毕业生成功就业案例

大学是一笔财富

——记某某学院2007届毕业生

时间过的确实很快,几年前所有中国人都期待的2008年就在眼前。就在这个时候我大学毕业已近半年。半年的时间里感慨万千,有说不完的新感受,离开学校第一次独自走向并认识社会,第一次正式面对来自社会的各种挑战,第一次尝试孤独。平日的生活少了在校时那种欢快、放松的气氛,更多的是严肃与机械的生活方式。刚开始很难接受,总是一个人仰望着天空回想着昨天。感叹做学生时望着有工作,而真正工作了又想再回到学校。经过了半年调整稍微有些改善,但是学校的点点滴滴还是时时浮在我眼前。问过不少同学,大家的答案几乎一致:毕业了才知道学校生活是多么美好、毕业了才知道同学之间的感情那么的真挚、毕业了才知道生活其实是很辛苦的,毕业了才知道……大家都有说不完的感慨。

我是计算机信息管理专业的一名毕业生,很幸运我的工作也是计算机管理类的。基本上专业对口了。但是学习跟实践跟正式的上班是完全不一样的,这是我工作后最大的感受。在学校我们专业开设的课可谓是包罗万象。由于自己不愿意去钻,所以工作之后我才知道自己什么都会,但是都只是一点点。所以我也深刻地体会到:如果选择了计算机专业,当然可以什么都去接触,但是同时必须有自己独到的一面。记得在公司的时候老总跟我们说过这样一句话:一个人在公司生存下去的东西就是他独到的一面,如果能做到一件事非你不行的程度,你也就可以继续生存下去,继续发展下去!这句话对我来说很受用,我认清了自己的状态,把握住了自己的方向!

说到自己的方向,这又是我在毕业后的又一大感受。我觉得现在在校的许多大学生都找不到自己的方向,当然毕业之前的我也是一样。现在想来都觉得不可思议,我甚至在临近毕业之前都没确定自己的方向,不是我没想,而是我不知道往哪里确定,我也不知道到底都有什么方向。唯一我有的就是坚定的信心。

自上班之后很短的时间内我就把握住了自己的方向。所以我觉得:要把握自己的方向就要多了解社会,多看看多听听,只有知道了有什么方向才知道自己要选择的方向。在学校可以少花一点时间睡觉,少花一点时间上网,抽出一点时间亲自去"研究"社会。这是我第二大感受。

还记得在学校上课的时候,很多老师都跟我们讲过:在学校,老师教给我们的知识很少,教给我们更多的是学习的方法,为人处事的道理。毕业了之后我才算真正地理解到了,其实从很多面试也可以看出,就在你接受面试的时间里,考察你完整的知识水平是很不现实的,更多的是从你的语言中去理解为人处事的态度。所以我觉得在学校里上课学到的更多的是无形的东西。上课其实很重要,跟老师沟通也相当重要!还有就是在学校有过很多可以表现的机会,但是我都很少去把握。现在才知道原来学校你那些大大小小的表现机会其实很重要。因为每一次的表现都可以训练你的胆量,你的表达能力,你的处事态度,更重要的是你可以从中发现自己的长处,认识自己的缺点。只有知道了自己的长处才能知道怎么去展现它,怎样去用自己的长处掩盖掉短处。

还有一点我觉得是大学到社会有一个很难的转折点。学校可以懒散,但是到了社会等待我的却是时时的紧张。工作了不能再像学校里那样,睡晚了可以请个假或者干脆逃课,上班不是这样,上班的时候你得尽早,下班的时候你得不急。上班的时候得尽可能地把心思都放在工作中。

离开学校半年,深刻地体会到学校里的同学、朋友、老师都是人生中一笔莫大的财富。在工作之余经常会想起他们,经常会把和他们之间的故事拿出来玩味,有时候想着想着都会发现自己在笑。大学确实是一段美好的经历,所以在学校应该好好珍惜身边的一切,你的木板床,你的同学老师,学校的花花草草,以及很多很多在你身边发生的事情。当你毕业之后回忆起这些你会感觉心里无比的温暖!

我认为:大学是人生中彩色的一笔,还在学校的应该好好去写下这一笔,让它趋于完美,不要留下任何的遗憾!大学是一笔财富,它为你走向社会打好了坚实的基础,应该好好地把握。

知己知彼 百战不殆

——记某某学院2008届毕业生

随着社会生产力的日益提高,社会分工愈来愈精细,日臻完善的人才市场,各种职业都对同学们提出了更高的要求,要想在竞争激烈的人才市场上脱颖而出,赢得“伯乐们”的青睐,并非一纸文凭、几份简历所能做到的。参加过人才交流招聘会的同学应该知道现在很多企业单位都要求应聘人员要有相应的工作经验。通过社会的现实,我们感觉到大学毕业生就业压力很大,就业的形势很严峻。因此,我们要认清形势,用客观、现实、积极的态度来对待就业问题。对于大学毕业的我们来讲,同时也要客观地评价自己,准确定位,把握住市场需求,努力提高自身素质,做一个有准备的人,使自己获得更多的机遇。大学已经毕业的我有几点心得,希望能给同学们一点启示:

一、做好准备,调整心态,轻松上阵。虽然当前就业形势相当的严峻,可是同学们要有一个良好的心理状态,困难在有准备的人面前是毫无作用的。可适量看些励志以及人生哲理方面的书,端正自己的人生观、世界观,尤其对成功、失败、挫折以及如何应对变化方面的看法,以调节、增强自己的心理承受力。

二、面试时要注意精神状态,面试时要灵活,不要死背书本上的理论,可用实际的例子来回答所遇到的问题,尽量把自己最好的精神状态面貌表现出来。当你踏入考场的那一刻,一定要时刻注意自己的精神状态和一言一行,说不定你旁边坐着的或同一部电梯上的那位貌不出众的“仁兄”就是“主考官”之一呢!另外,还要提醒同学们在面试的时候要注意自身的穿着打扮,确保干净整洁。

三、辨别方向并准确定位,从容应对。找准自己的定位,清楚地了解自己未来希望的发展方向,并在此基础上了解自己想要应聘公司的详细情况。“我找工作,还是工作找我?”后者对大多数同学来说是天方夜谭,但事实上总是有这样的幸运儿在金字塔尖选择自己职业生涯的起点。他们不一定是成绩最好的,但一定是知道自己想要得到什么的人。无论天才还是蠢才,只要关键的路走对,就能成为有用的人。

四、有明确的职业规划。对人生、对自己的职业有明确规划的人,一定是一个对生活、对工作抱有责任心、自我能力强的人。在面对突发事件或外来压力时,他们也具备一定的承受力和应变力,不轻易退却。一般这类人选择企业、职业时不会盲从,清楚了解自身的优势和不足,会选择适合自己的岗位,并能发挥主观能动性,以达到自己设计的规划目标。一个人选择什么样的职业,常与他(她)本人的兴趣、爱好、性格、气质及能力等有密切关系。从某种意义上来说,兴趣、性格等是一个人在选择职业时首先要考虑的问题。所以,求职者在择业过程中,应对自己各方面的情况作出客观且全面的自我分析。

在职业生涯发展道路上,重要的不是你现在所处的位置,而是迈出下一步的方向。喜欢不喜欢这份工作是一件事,应该不应该做好这份工作、是否有能力做好这份工作是另一件事。在职业生涯早期,对自己锻炼最大的工作是最好的工作;在职业生涯中期,挣钱最多的工作是最好的工作;在职业生涯后期,实现人生价值最大的工作是最好的工作。在就业初期,我们要知道锻炼能力、处理人际关系、学习专业技术和提升自身水平的重要性。

五、成为企业愿意为你投资的人选。当你得到一份工作,跨进企业的大门,一切才刚刚开始,千万不能有非我莫属的思想,而应该有这样的观点:自我雇用,成败在己。

试用期是新员工与企业相互接纳的一个过程。这一阶段受工作性质、部门类型、领导风格、组织文化、新员工实绩等诸多因素的影响。若想顺利发展，就必须未雨绸缪，做好自己职业生涯的规划，做一个诚实、守信、尽职敬业的人，使企业领导确信你是一个值得信任值得投资的好员工。

切忌频繁跳槽，自我炫耀人才的流动日趋频繁，虽然大多数单位要求应聘者有相关的工作经验，但同时与之相矛盾的是，很多领导忌讳跳槽很频繁的人，即使不从一而终，也应安于本职工作，老是这山望着那山高的人，不肯埋头工作以求进取，只是单纯要求回报，必然被用人单位所唾弃。

因此，我们在选择职业时，必须了解自己的优势所在，了解自己能力的大小、自己的能力在哪方面表现得更突出之后，再做出选择，这样有助于我们择业的成功，并保证在今后的工作中做到扬长避短，取得更大的成就。

要知道我们的起点并不是我们的终点！

勇于尝试 让金子发光

——记某某学院 2007 届毕业生

转眼间，几乎已经工作一年了，现在我想把自己的心得写出来，与大家分享分享，让学弟学妹也能有个借鉴，得到些启示。

即将毕业就面临着两个问题：继续深造还是就业、创业？就业无疑是大多数人的选择，现在大学毕业生越来越多，大家面临的就业压力也越来越大，这时候选择就业应该以一种什么心态去看待择业、就业？何去何从？

我个人认为首先自己要有一个清晰的目标，要明白自己想干什么？能干什么？应该干什么？把问题明确了，有着具体的目标才会有良好的着力点，才能向着目标努力，到达理想的彼岸。有清晰的目标是到达彼岸的一个先决条件，这只是我们知道它就在河的那边，我们还需要能渡我们到对岸的筏，这就是我们所掌握的技能与自身的综合实力，我们要努力掌握必需的技能、提高自身综合实力，每个人都会有一个良好的愿望，但是它是否适合作为我们的目标就需要我们自我审视，做到清楚地自我定位。

在就业的时候我们还会遇到一种情况，就是我们有了清晰的目标，而且自我定位比较准确，但是就是没有找到自己心目中最理想的工作。这样的情况是有的，而且也有很多同学碰到。有些同学可能是完美主义者，没有找到最理想的工作绝不将就，有一种宁缺毋滥的心理，这是一种很好的想法，成功的人就是敢于坚定自己想法的人。可是成功更属于善于思考的人，有些同学也许并不急于找到工作，可能会向家里求助，这本是无可厚非的。可是我们在这段时间中不能白白地把时间浪费了，或许我们可以去掌握些技能，又或者我们能积累些工作经验？这里就是我们常常涉及的择业与就业了。我们可以先就业然后比较从容地去找心中最理想的工作，既可以让自己有工作经验也不会让自己这么窘迫，一举两得，何乐不为？

再者就业还涉及待遇的问题，人们都希望自己能得到认可，会有一个较好的待遇，可是许多同学走向招聘会的时候可能会发现现实是比较严峻的，待遇好的工作竞争也是非常激烈，几乎达到白热化，而待遇较差的工作则感觉是埋没了这几年自己所学。对于自己有信心而且掌握多项技能、自身综合素质高的人（例如：得过很多奖励、有着很多证书的人）尽可能去尝试竞争，因为在竞争中也更能发现自己的不足、完善自身，而且招聘方也会比较重视。

那么是不是没有得过很多奖励、拿过很多证书的人就不要去试了呢？不然，我认为尝试还是可以的，因为也存在这样的人——综合素质高但是却没有去考证之类的。首先你对自己应该有充足的信心，世上无难事，只怕有心人。最后无论待遇如何，如果是自己感兴趣的工作，是显示出自己才能的工作都可以去做。人生是一个不断自我完善的过程，黄金总不会一直埋没在黄土堆里。

总之，我们要对自己有充足的信心，正确地定位自己，树立清晰的目标，然后为之奋斗。当理想碰壁时，我们不妨暂时向现实低头，守，可潜于九地；攻，可翔于九天。终有一天我们会实现自己的理想。看，理想的彼岸正在向我们招手。

勿以善小而不为 勿以恶小而为之

——记某某学院2007届毕业生 现就职于南昌市商业银行

我2007年毕业于高职学院计算机网络专业，现工作于南昌市商业银行，和大家一样，有着平凡的人生，而却走着不平凡的路。在学校里，我担任学干，组织和参加过许多活动，也获得过很多荣誉，也成为一名中共正式党员，但这些只是人生路上的一个过程，而自己在这个过程中所得到的经验才是最值得的，这是学院给我的荣耀，我会好好珍惜的；临近毕业了，学校又为我们提供了一个很好的就业平台，加上自己平时的所学，我被南昌市商业银行录取了，这是我难得的机遇；我想说的是有付出才有回报，人生道路坎坷，要想成功，必须要有行动，一步一个脚印，炫出自己美妙的人生。

成功，一个多么令人心动的字眼，尤其是在个人能力被充分尊崇的今天，它的出现几乎是与高品质的生活方式联系在一起的；也正因为此，它是无数人一生奋斗的梦想。站在人生起跑线上的我们和那些正在途中寻找方向的人们，谁不渴望心想事成，体验那激动人心的时刻。但曾几何时，我们却沉迷于将自己的誓言写在昨天的阴影中，更习惯于把今天的行动推给明天又明天……于是，时光日复一日地流着，而成功时的欢欣也在日复一日中离的越来越远。

我们应该从现在起，出发、行动，不怠慢、不自欺、不苟且，大胆坚定地确立自己的奋斗目标，然后脚踏实地地前进。千里之行始于足下；成功之人成于现在；昨天跌倒并不可怕，可怕的是跌倒后的今天你还站不起来，曾经有多少不如意的事情也并不可悲，只要你从现在起发奋努力，自强不息。

已经失败的人和已经成功的人之间，一个很重要的不同之处在于他们不同的习惯。良好的习惯是一切成功的钥匙；坏的习惯是通向失败的敞开的门。因此，培养好的习惯能给我们带来原则，好的习惯是要我们在日常生活中慢慢养成的。

在我们刚毕业时还有许多人没有确定的目标和抱负，没有规划良好的人生计划，而只是一天天地得过且过，持有这种人生态度的人，不要说取得全面的成功，即便是想取得某一领域的成功也是不可能的。在生活的海洋中，我们随处都可以看到这样一些年轻人，他们只是毫无目标地随波逐流，既没有固定的方向，也不知道停靠在何方，他们虚度了多少宝贵的光阴，荒废了多少青春的岁月，他们在做任何事时都不知道其意义的所在，他们只在拥挤的人流中被动前进。他们只是在那儿漫无目的地等待机会，希望以此改变生活。

我想，任何人都应该对自己有严格的要求，特别是即将毕业的学生们。不能一有机会就无所事事地打发时光，也不能只在感到有工作的心情时才去工作，而必须学会控制自己的情绪，不管是处于什么样的心境，都应当强迫自己去工作，并做好工作。也有这样一些人，他们有着最良好的装备，具备一切最理想的条件，而且也似乎是正在整装待发，然而，他们行动的脚步却迟迟不能挪动，他们并没有抓住最好的时机。原因就在于他们身上没有前进的动力，没有远大的抱负。

在我们的生活中，最大的挑战之一就是如何保持对生活的激情，远离盲无目的的生活，坚定明确的奋斗目标，永远让炽热的火焰燃烧，并且保持这种高昂的境界。

在今后的人生道路上，要全面培养自己的能力，要有技术能力、概念性能力，交际能力，正确发现问题的洞察力，影响他人的敏感力，开创未来的远见力、应变力，有效执行计划的集中力、忍耐力，然而，要培养这些能力，更要求自己学会自省，学会自控，多读书、多实践、多思考。

走出校门，步入社会，这是我们必经的一条路，自己所走的路是要靠自己努力付出的，没有平平坦坦的路让你走；我感谢学院的栽培，感谢老师们给我的支持和帮助，给了我良好的锻炼机会，是她指引我一步一步向前迈进。学校为我们提供的良好环境，为什么自己不去好好地争取呢？抓住现有的学习机会，为今后的道路奠定好的基础。

不管道路怎么走，做什么事，我会时刻记住一句话，“勿以善小而不为，勿以恶小而为之”。

职场新人需要做好的几门功课

——记某某学院 2008 届毕业生

新单位工作给新人们带来新鲜感，同时也面临着巨大转型压力。悠闲的校园生活方式被紧张的职场打拼所代替，使这些处于在家里备受呵护的“80 一代”独苗进入“断乳期”，由于二十几年的娇惯成性，可一到了社会上没人再惯坏脾气，自己就受不了，显得与社会、与职场、与企业、与同事都格格不入。用不了多久，就存在许多形形色色的问题，像心理承受力差、不懂人际交往、礼仪文化缺欠等问题，已成为不少刚工作大学生的通病。

宏威职业顾问认为：职场新人的问题，责任并不完全在他们，学校、家长、企业对他们的教育都应负有不可推卸的责任，如果学校给了他们更多实际操作的机会，他们在经验上就不会是空白；如果家长当初不是进入误区的疼爱，他们就不会像现在这样脆弱；如果企业给他们成熟的机会，他们也会重新振作。所以，解决这个问题需要职场新人、教育机构和企业管理者三方面的共同努力。教育机构要教给年轻人怎样应对职场挫折的方法；企业的领导者和管理者也应该改变和调整管理方式；而家长在孩子步入社会后，要支持和帮助他们克服在工作上、在人际关系上碰到困难和挫折，在他们表现出不适应打退堂鼓的时候，家长不要将他们重新搂回“翅膀”之下，而是让他们自己练硬“翅膀”，否则，他们将永远飞不起来。

过渡过程是个时间的概念，大学生适应职场需要时间，既然承认是“断乳”，那就应该给练习吃饭的时间，完成从“学校人”到“职业人”的转型需要时间，与企业的磨合需要时间，积累经验也需要时间，具备竞争力同样需要时间。要给他们融入职场的时间，他们需要过渡过程。哪怕时间很短，这个过渡过程必须经过。职场对大学生有偏见，但不能固化为成见，要鼓励他们跌倒了爬起来，继续蹒跚学步，当他们有了进步的时候，要给他们鼓掌加油。

宏威职业顾问认为：职场新人进入企业，过渡过程越短，发展得越快，这个过渡过程时间的缩短，要靠新人们自己的努力，别人只能帮你，而不能替代你。所以，你要做好职场各门功课。

1. 熟悉自己的行业、企业、部门、岗位

大学生就业，如果选择去一个根本不了解的公司，这是一种冒险，不要轻易决定第一份工作，一般来说，新人的第一次职场体验是相当重要的，它会使新人对职场产生一种固定印象，形成固定心理状态，从而影响到今后的职业心态和职业规划。所以，入职前和入职后都要进行尽快探险。探险的结果最终决定了你以什么形象出现在公司、用什么样的方式进行日常工作、怎样与领导和同事们打交道。

2. 学会冷静思考，丢掉幻想、面对现实

年轻人容易将事情看得简单而理想化，在跨出大学校门之前，都对未来充满憧憬，初出校门的大学生不能适应新环境，大多与其事先对新岗位估计不足、不切实际有关。当他们按照这个过高的目标接触现实环境时，许多所谓的“现实所迫”让他们在初入职场时就走了弯路，以至于碰了壁还莫名其妙、不知所措。往往会产生一种失落感，感到处处不如意、事事不顺心。这类年轻人对自己的职业生涯规划大多呈现两种极端的态度：一种是职业生涯规划目标过于远大，另一种则是完全没有规划。因此，毕业生在踏上工作岗位后，要能够根据现实的环境调整自己的期望值和目标。先要站好眼前的岗位，做好负责的每项工作，让你的老板发现你有做经理的潜质，有培养的价值，并让老板因为你的出色业绩而不断做出提升职位的决策，最后成为公司独当一面的挑大梁人才。

3. 脚踏实地、从小事做起、从基层做起

职场新人在自己部门可以从整理报纸文件、接听电话等做起，为其他同事做些辅助性工作，如打印资料、填写简单表格等，业余时间打扫一下卫生、帮老同事倒杯水，给人留下勤快的印象，又易于融入同事圈中，和同事们相处和谐，得到大家的帮助支持。不但要完成好属于自己的每一项工作，还要做自己不愿做的事情。一是诚信、正直的态度，二是求真踏实的工作状态。不仅需要具有创新意识的人才，更需要脚踏实地、认真做事。要督促自己、观察别人，只要是交办自己的事情就非要踏踏实实做好不可。

4. 最大限度地表现自己的能力

能力素质，是一个人能否进入职业的先决条件，是能否胜任职业工作的主观条件。无论从事什么职业总要有一定的能力作保证。没有任何能力，根本谈不到进入职业工作，对个人来讲也就无所谓职业生涯可言。能力，是指完成一定活动的本领。经济的快速发展，职场对人才要求标准越来越高，每个职业人，都将面对就业市场上“质”与“量”的双重压力。

5. 要虚心学习，提高应对压力的能力

公司鼓励的是学习意识和钻研氛围，其实最重要的学习来源是在工作实践中，自己多问、多学。相对于社会求职人员来说，大学生群体工作热情高，激情饱满，求知欲和接受新知识的能力都非常强。所以，企业在招聘时一般会根据其职位需要，选择具有一定专业背景知识，具备某些专业特长，思路开阔，善于与人合作的大学生。一个充满热情的人是很容易受人欢迎的，他的活力和热情是很容易感染别人的，和这样的人在一起工作，是一件让人快乐的事情，同时这样的人也是老板所喜欢的类型。做任何事情都要满怀热情，你需要从公司中学习的东西很多。你从上班第一天开始，锻炼自己各方面的能力，取长补短，为下一份工作积极做好准备。要保持谦虚心态：虚心、耐心、热心、诚心，这是职场新人必须具备的基本素质。

6. 熟读办公室政治，妥善处理人际关系

与周围同事处理好关系，同事们不仅可以帮助你、指点你、向你传授经验，而且在试用期结束时，可以帮你“说好话”。在所有的时候，都管好自己的嘴。一个只知道抱怨的员工是不会得到老板赏识的。如果你能心甘情愿做杂人、干杂活，那么，你就是在给自己加分，很快就会被老板“相中”。因为许多老板都认为：能把公司的不起眼的事都认真做好的人，肯定是敬业有责任感的员工，不久，他就会安排大任于你，为你施展才华创造机会。

“80一代”，自己要争气呵，做个像样的职场新人给大家看看。

命运掌握在自己手中

——记某某学院毕业生写给学弟学妹们和在路上的朋友及自勉

我们不能改变环境，但可以改变自己；不能改变过去，但可以改变现在；不能延长生命的长度，但可以拓宽生命的宽度！人的一生，重要的不是永远一副好牌，而是怎样去打好一副坏牌！

曾看过一个故事，说的是在一个古老的寺庙里，住着一位远近闻名的老和尚。一天，有一位年轻人忧心忡忡地跑到庙里找老和尚，当时老和尚还正在打坐，可年轻人没顾那么多，径直走到老和尚跟前，迫不及待地说：“老方丈啊，我是一位在家待业的青年，很想干一番大事业，可有的人说我适合从政，有的人又说我适合经商，有的人还说我适合做老师，可我就不知道自己干什么好？所以想测一下我的命运到底何如？”见老和尚半天没反应，年轻人又重复了一遍刚才的话，半响，只见老和尚悠悠地转过身来，面对年轻人，微微地睁开双眼，说道：“请把你的双手伸出来”，年轻人略带迟疑地伸出了双手，“人的命运是由生命线、事业线、婚姻线这三条线组成的。”老和尚边指划着边说道，“现在，当你的双手握起拳头的时候，你，想到了什么？”老和尚摸着胡须说道。这时，年轻人突然恍然大悟，原来，命运就掌握在我自己手中啊！

诚然，在这个物欲横流的世界，命运是掌握在我们自己手中；但环顾生活，面对现实，却发现：生活很苦累，现实很残酷。就像著名作家周国平所言：“生，容易；活，容易；生活却不容易。”无独有偶，列夫·托尔斯泰在其名著《安娜·卡列尼娜》的开头就感叹：“每个幸福的家庭是一样的，而不幸的家庭各有各的不幸。”但是，人，只要还活着就是好的，活着是一种坚强，而好好活着则是一种财富。没命一切免谈，有命一切皆有可能！

记得有一个人，在读大一下学期的时候，他报名参加了某高校的暑假招生工作，到了暑假的时候，他激情澎湃，满怀壮志，一心想着多招几个学生，不但可以解决大二的生活费，甚至学费，还可以买到电脑，最重要的是还可以为父母争气！于是，没有招生经验的他，每天早出晚归，天天去做宣传，天天去寻找生源，天天去做学生的思想工作……结果，到了9月份开学的时候，他，不但没有招到一个学生，还把借来的五千块钱花光了。天啊！这下子可怎么办呢？要知道，他还是一个在校刚读大二的学生，一没社会经验，二没固定收入，到哪里去筹这么多钱还给别人啊！万一被在外打工的父母知道怎么办呢？……最后，他没有告诉任何人，更没有告诉他的父母，而是一方面利用晚上的时间在外面找了两份家教，另一方面利用周末的时间在外面找了兼职，与此同时，他学习更刻苦，各种比赛和活动也更积极参加。老天不负有心人，正如，上帝对你关了一扇门，一定会为你打开另外一扇窗！半年下来，他不但还清了所有债务，而且学习也保持在班上前几名。

这个人，就是我。我一直深信凯撒的那句话："最困难的时候就是我们离成功不远的时候"。危机，其实是好事，绝对是好事，因为危险的环境中往往蕴涵着机遇；正所谓没有绝望的处境，只有对处境绝望的人。或许我们有过悲伤，但所有的悲伤总会留下一处欢乐的线索；或许我们有过遗憾，但所有的遗憾总会留下一处完美的信念；或许我们现在很烦，但即使再烦，我们也要想开点，看远点，做到"三不烦"——昨天过去了，没有必要再烦；明天没有到来，暂时烦不着；今天正在度过，不能烦。与其烦是一天，快乐也是一天，倒不如快快乐乐活下去。当然，长命也许不够好，但美好的生命却够长！正如：平凡但不平庸，简约而不简单！

生活如此，求职亦如此。在如今竞争异常激烈的职场里，也许我们遇到过挫折和打击，也许我们此时正在徘徊中，但只要我们摆正心态，仍存希望，我们就还有机会，我们就还可以从头再来，即使不是金子，也可以做一块碳，因为碳也会发光和发热！

记得，我一位学中文的朋友，在大学的三年时间里，他锻炼了很多，也收获了很多，什么班干、系干、院干，甚至是校干他都干过，而什么"三好学生"、奖学金、各种比赛的大小奖他也都拿过，最后还拿到了自考本科，呵呵，够成功吧！可就在他毕业之际，他犯愁了，原因是他不知道是去当老师，还是去沿海跑业务，还是不去工作安心考研，他甚至还怀疑自己是不是当初选错了专业……当然，这跟他性格有关，因为他是天秤座的，而天秤座最大的缺点是犹豫不决。后来，他清醒地认识到：今天不努力工作，明天努力找工作，诚如美国钢铁大王、著名励志大师卡内基说的："人的不幸在于，他们往往不想走自己的那条路，而总想走别人的路。其实，每个人都有适合自己的路要走。"没有没用的专业，只有没用的人。于是，他选择先干后悟，先就业后择业。然后为了增加求职经验，他开始到处求职，后来，他在某民办大专院校当过一段时间老师，最后，他在省电台跑业务，又在朋友开的科技公司兼职。现在，每次见到他，他都满脸笑容的，他还告诉我两句话：人，一定要经历走弯路，才会成长，才会成熟，否则再一种人不会走错路，那就是原地踏步的人！另一句话是拿破仑说的，你兴趣所在的地方，就是你能力所在的地方！

我的这个朋友就是：之前的我。其实，我总是喜欢把自己当成另一个朋友对待，甚至当成另一个敌人对待。记得曾经有人问希腊哲学家芝若："谁是你的朋友。"他回答："另一个自我。"

的确，在职场我们更要成为自己的朋友。当没有阳光的时候，你自己便是阳光；当没有人支持你的时候，自己可以成为最大的支持者；而当脚不能到达的地方，眼睛可以到达；当眼睛不能到达的地方，心可以到达。当然，身在职场，有时候是如履薄冰，稍有不慎，就会丢了饭碗。所以，我们不光要学会做事，更重要的学会做人；高调做事，低调做人。拓展我们的人脉，建立我们自己和谐的人际关系，就像台湾著名成功学家陈安之所说的沟通定律："少说话会更有威严，不揽权会有权，无亲属会更密切，勤交心会更同心。"在职场，我们还要善于抓住机遇，有机会就要上，给台阶就要下，懂得抓住机遇的人即使被别人踩在脚下，也会拽住别人的鞋带爬起来！

古人云："高筑墙，广积粮，缓称王。"所以，话又说回来，打铁还需自身硬，天助自助者，在职场，终究还是要靠实力的。只有不断为自己充电，才能使自己站稳脚跟，笑傲职场；只有甘于沉下去，才能浮上来！

世界在不断向前发展，人类也在不断进步；我们需要进步，更需要创新。也许你不满足于做一名老师,也许你不满足于跑业务,甚至不满足于当一名经理……那就创业吧！什么老板、老总大都也是从小职员起家的。“朝为田舍郎,暮登天子堂,将相本无种,男儿当自强”。我们就自己当老板,就像温商(温州商人)所言:“宁做鸡头,不做牛尾;鸡头虽小,却啄米,牛尾虽大,却出粪”。可创业,却需要资金和经验,怎么办？不怕,资金可以由小到大,经验也可以慢慢地学。其实,最关键的问题是我们脖子上的东西:脑袋空空,口袋空空;脑袋满满,口袋满满;观念一新,万两黄金。著名经济学家茅于轼也说:“重复别人的想法那不是贡献,但能看到与别人不一样的问题,这就是创新和贡献!”当然,诚信非常重要,如果说美貌是介绍信,那么诚信则是信用卡。诚,能打动别人;信,则能带来长远利益！有了诚信,才能使我们在社会浪潮中“弄潮儿向涛头立,手把红旗旗不湿”！

很喜欢蜗牛,因为蜗牛告诉我:“我,走得很慢,但我没有停止脚步……”我们是年轻的一代,年轻没有失败;与其在泪水中懊悔昨天,不如在汗水中把握今天！也很喜欢黑夜,因为“黑夜是深思之母”(古希腊谚语),更因为在黑夜,我蓦然发现:把别人白天的阴影都集中起来,你会感到他的白天没有你的黑夜光明;而把自己黑夜的亮色都收集起来,你会认为你的黑夜比别人的白天更少一点阴影。所以,我愿意做时代的夜行者!

著名成功学家余四维说过:“读万卷书,不如行万里路;行万里路,不如阅人无数;阅人无数,不如名师指路;名师指路,不如踏着成功人的脚步”。实践出真知,态度决定高度,思路决定出路,问路,才不会迷路!

改变你一生的二十四个字:“最重要就是不要去看远方模糊的,而要做手边清楚的事情”(卡内基),行动不一定带来快乐,但是无行动决无快乐!

命运就掌握在我们自己手中,现在,就开始行动!

了解自己,掌握信息,理性择业

——记某某学院2007届毕业生

从2006年11月份走出学校,在IT行业做销售员开始,一场没有硝烟的战争拉开序幕。从期望,到失望,到彷徨,再到希望,我想这是每个在求职路上踽踽前行的人必有的心路历程。一路走来,酸、甜、苦、辣样样俱全,曾经苦苦挣扎过,迷茫过,当时我默默告诉自己:每个人都有属于自己的路,既然选择了,那么就一直坚持下去路会越走越宽。我坚持下来了,并且在做销售员3个月后就被公司提升为部门经理。喜悦从心底发出,因为对于我来说,就业好像没有太大的波折,也许有人会说这只是幸运,但是只是靠幸运是不可能的,很多时候是要靠我们自己去努力、去争取。

在这条求职路上我学到了很多东西。求职路上,几家欢乐几家愁,的确,能尽早签约,并且是自己所中意的单位,当然是皆大欢喜。然而,人生不可能那么的一帆风顺,毕竟职位总是有限,僧多粥少的现实下,我们应该如何应付呢？我觉得最重要的是摆好自己的心态,相信自己,是金子总会闪光,而不能在一两次的求职失败中便心灰意冷,怨天尤人。能找到优秀的单位固然值得欢喜,可是即使只能进入普通的单位也不要气馁。人生几十年,现在的一切并不代表将来。谁能保证你就永远的普通呢,也许某天你要感谢现在的选择呢。因此,只要我们选择了,就尽力做好,不要给自己后悔的借口。

虽然没经历过太多场应聘,不能像许多同学那样滔滔不绝地述说自己的实战经验。可是毕竟也曾是局中人,多少有一点自己的体会。面对如此激烈的“竞技场”,如何在面试中脱颖而出呢？

一、“简历”是打开应聘之门的钥匙。许多应聘单位选拔的第一步往往是从“简历”筛选开始。因此,作为应聘的我们必须慎重对待简历的制作。个人觉得,简历无需花俏、无需厚重,而应重在突出你的亮点,让就业单位在数以百计、千计的简历中,快捷、清晰地掌握你的优势所在。

二、“面试”是就业成功的奠基石。许多人就是在面试这一关被淘汰出局的,很多人对面试也存在不同程度的恐惧心理。的确,面试是十分重要的一槛。因为我们无法知道考官们将如何出题,如何去判定我们。然而,通过许多同学成功的面试经验,我们不难发现在这一过程中心态起着十分重要的作用,越能轻装上阵的往往成功的概率越高。俗话说，战术上我们要重视敌人，战略上我们要藐视敌人。做好充分的准备，然后以平常心对待，是面试成功的关键。

三、身体，革命的本钱。健康的体魄是每个就业单位对人才的基本要求，在整个求职过程中，它通常被安排在最后一个环节。而这一环节也是最容易被大家忽略的。今年就听到好几个同学因过不了体检这一关，而被就业单位拒之门外。因此，在此建议大家要多保重自己，千万不要忽视健康。

四、理性的择业观。一些人失败，很多是因为从开始的择业上就犯了错误。现在大学生有一些不理性的择业观念，要么是"找不到金"，觉得干什么都不会成功；要么是"遍地是金"，头脑发热；要么是"别人手里的才是金"，盲目跟风，别人做什么就跟着做什么，自己没有思考。我们要积累一些属于自己的经验，在奋斗的过程中不断地提高自己，市场竞争太残酷太无情，而对于缺乏经验的人来说，最好不要去直接参与激烈的竞争。时间是有限的，所以要把时间用在最有价值的地方，不要花在不必要的竞争上。

大学生求职，实际就是求职信息传播，大学生通过书信、上网、登门或引荐等渠道，向可能的聘用单位，表达欲求任职的意愿。我们大学生怎样才能成功求职呢？从信息传播成功关键因素分析，主要有以下六个方面。

一、自己首先是合格的大学毕业生。也就是，自己本身是有用之才。是才或非才，主要体现在三个方面：①有无过硬的专业知识和技能，如外语、计算机等级证书是高或低，有无其他的如编程、会计、律师等任职资格证书或获奖证书。②是否具备较强的敬业爱岗和开拓进取精神，如为什么向贵单位求职。③是否具有巨大的发展潜力，如有何特长爱好，当过学生干部没有，是否吃苦耐劳。

二、能够较准确地找到自己与聘用单位的共同点。即自己的志向、知识、能力、特长、兴趣、爱好等与聘用单位有没有共同之处，自己比较适合的那类单位有没有聘用大学毕业生的计划、指标。若要能够比较准确地找到双方的共同点，那么，至少应有两个条件：一要认清自己，个人离自己最近，然而最难以认清自己；二要下番工夫，认真搜集、分析和利用聘用信息。同时，眼界还要放宽些，不宜局限在某个行业或某些单位，以增加成功概率。

三、要具备一定的求职技能，尽管求职技能多种多样，错综复杂，但对大学生而言，最常见和最主要的技能就是"两会"：一会写自荐书信，写出的自荐书信能扬长避短，重点突出，简明扼要，措辞巧妙、精辟，能引起阅读者的重视等；二会说话，面对聘用单位的人员说话时，能够心不慌，脸不红，知道哪些该说、详说，哪些该回避、简谈，说话当中能给人以诚实、谦虚、稳重和成熟之感等。

四、要有一定的抗干扰能力。干扰大学毕业生正常求职的因素目前还不少，如不正之风、设骗欺诈、信息泛滥等等。因此，大学生成功求职，还应具备抗干扰能力。抗干扰能力当中，最重要的有两项：一是能够较准确地鉴别信息的真伪，防止受骗上当；二是能够捕捉最佳决策时机，防止因脚踏两只、三只船等丧失最佳机遇。

五、团队精神至关重要 。没有众人的帮助，没有人能单独完成一项事业。一个人要想成功，必须加入团队中。一块主板从电子线路设计到 Layout 的 PCB 设计，接着做样品，再到测试。每一步精推细凿，如果一个环节出了一点问题，都不是一块好产品。因此，一切成绩都是大家共同努力的结果。如果没有同事的帮忙我也不会有今天的成就。

六、自动自发，敬业勤力，是一个人首要的基本素质要求。自小我们都有自己的理想，并为之不懈求学，努力攀登。长大工作了，是我们实现理想和人生价值的时刻。不是让你做，而是你要做。无论工作生活，都要有合理的规划，并付诸行动。敬业爱岗更是公司发展的基石和动力。要有责任心。成功者找方法，失败者找借口，上司交给你任务的时候，争取在有限的时间内独立思考完成。现成的东西会叫你头脑僵化，有时类似的东西照搬会出现严重的问题。出现问题时，不要推卸责任，要勇于承担它们，想办法补救和解决它们才是最根本的。注意时常总结经验和教训，以便以后更好地工作。做一行就要爱一行，要深入下去，把自己的事情做好，哪怕是自己不愿做的工作，这就是起码的职业道德。

而我们大学生总会陷入几个就业心理误区。

误区一:自我期望值过高。

不少大学生自认为学识渊博,从政、经商、做学问不费吹灰之力,伸手就可以出成果。因此,他们在择业时极容易出现"高不成,低不就"的现象,自然择业困难。陕西来的陈先生到深圳多年了,他本来在一家合资企业找到一份人事文员的工作,但是他认为这是一个高中生就能胜任的位置,如果让他屈驾于此岂不是"浪费人才"?于是,一个星期不到就主动拜拜了。后来几经辗转,他凭着"丰富的理论知识"在一家台资厂找到份做行政主管的"美差",但由于他没有大型外资企业的实际管理经验,不能顺利开展工作,试用期一到就被老板炒"鱿鱼"了。不要过高地估计自己,什么事情都要有根基,如果一栋大楼没有坚实的根基,空中花园是很难实现的。

误区二:过多的物质要求。

许多大学生过多考虑物质条件,不但要求月薪高,生活好,还讲究住房、奖金等林林总总的物质享受,如果用人单位稍不满足他们的要求,他们便潇洒地"移情别恋"。一位企业老总说:"企业竞争也是人才竞争,我们公司急需几个具有经济管理人才的大学生,可是他们太傲,动辄讲待遇,眼光这么高,我还敢用他们吗?"到那里都是要务实的人才,现在每年的毕业生如过江之鲫,想要找到一份好的工作我们就要踏实肯干显现自己的才华,让老板觉得我们是人才,这样物质待遇就不用我们来提自然就会有。新形势下,允许人才流动,提倡双向选择,但并不意味着爱岗敬业精神已经过时,相反,在讲求效率和效益的今天,任何一个企业都不会录取那些没有敬业精神和只为金钱而活着的人。相反,发扬爱岗敬业精神,立足本职,扎实工作,与企业共同渡过难关,用智慧重塑企业辉煌的人,把握着属于自己的每一分钟,争取着每一次机会,将自己的才华在工作中充分展现,用行动实现自己的理想,体现自己的人生价值。

误区三:迷恋大型企业。

有相当一部分大学生认为,只有到大型企业去干,才能充分发挥出聪明才智。他们的理由咄咄逼人:大型企业具备了实现人生价值的物质和精神条件,机遇好,福利好,工作稳定,而小企业只有那么几十或几百号人,奖金不雄厚,更谈不上什么发展前途了。其实,有些大型企业里面人才济济,竞争十分激烈,而一般的小企业,对人才的需求如饥似渴,事实上近年,大企业里的大学生"大材小用",而小企业却多"小材大用"。其实,不管在大企业里,还是在小企业里,只要有真才实学,脚踏实地,同样能干出一番事业来。

误区四:追求热门职业。

行政、人事、财会是大学生追求的热门,可毕竟僧多粥少,人才济济,用人单位只好"百里挑一",落选者甚众。而一些冷门职业尽管急需大批人才,但问津者寥寥无几。这样,在人才市场就出现了"热门难进,冷门更冷"的怪现象。

大学毕业生的择业误区,是在社会、个人双方合力下形成的。其实,作为大学毕业生的我们,此时应该多一点"大丈夫能屈能伸的豁达",不要过分计较一时的顺逆,坚信"天生我才必有用"的信念,从"零"做起,从基层做起,最终定能在社会上找到自己的位置。

人生充满了选择,而就业正是大学毕业生一次重大而严肃的选择。许多大学生的职业选择都不是一次完成的,需要多次不懈地选择才能实现个人的职业理想。也许,重大的、决定性的选择仅有几次,所以我要慎之又慎地对待每一次择业,坚持科学择业、理性择业。

一个人有一技之长,有傍身之技,那是最好的,走到哪里,都能有一口饭吃,还吃的不错,这是传统的观点。

任何技术都是要在某个行业去应用,这个行业市场越大当然越好;要在一个领域之内,做深做精,成为绝对的专家,这是走技术道路的人的选择。不要跳来跳去,在中国,再小的行业你要做精深了,都可以产生很大的利润。

我们要对自己的职业生涯发展有明确的考虑和充分的认识,做好自己职业生涯的规划,打好职业生涯的发展基石。

毕业后 我选择了创业

——记某某学院毕业生自主创业

所创公司名称:南昌德成高新技术开发有限公司

经营项目 :晋业软件江西代理 点击网络金牌代理 方正电脑经销商 HP 打印机耗材经销商

2007 年我毕业了,毕业后到了苏州、无锡、常州、张家港、南京等城市去找工作。结果吓我一跳,就不了业！开始我怀疑自己心态没有调整好,要求高,后来发现不是。在外转了快一个月了,工作还是没有着落,心里开始着急,人都快疯了。身上仅仅剩余 56 块钱,这个数字我永远记得,因为没钱,我在无锡火车站睡了三个晚上,第四天我决定回南昌。

回到了南昌,我应聘上了江西农业大学的班导,工作虽然比较轻松,但觉得自己还年轻,人生应该是充满激情的,于是辞职了。找了份推销软件的工作,那段时间股市很火,我选择了卖股票软件,经过自己努力发现软件这东西成本低、利润高,只要销售方法正确,目标客户准确,销售不是问题,那一刻我的心里就在谋划建立自己的公司。

我把我所有的储蓄都拿了出来,向家里借了几万,向朋友筹集了几万,注册了一家属于我的公司——南昌德成高新技术开发有限公司。那一刻我感觉到身上担子重了,压力大了,但是那一刻我也深深地感觉到前途的美好。现在公司运营的很好,以下是我的个人一点个人创业的心得:

要是你有干成大事业的欲望和白手起家的决心,选择你感兴趣的事业作为你终身奋斗的目标,一心一意地坚持下去,运用正确的方法去思考和行动,你就一定会成功。

中国现在尤其需要白手起家的英雄。经济的低迷,国有企业的不景气,下岗人员的增多,许多单位的人浮于事、效益低下以及大学扩大招生后造成的就业压力增大等,所有这一切都表明中国不仅需要一大批资深职业经理人带领现有的企业走出困境,同时需要一大批白手起家的英雄创造出新的经济增长点和新的就业机会,使中国经济有一个较大的增长,使我们在国际竞争中处于更加有利的地位。

做大企业的经理人也许你不够条件,或者说你具备了条件,但没有人了解你,没有人赏识你,或者你没有社会背景,没有人提拔你。所有这些都可能会使你做大企业经理人的梦想破灭。然而你可以白手起家创造出属于自己的一片天地,而且任何人也不能阻挡你。

我们这个时代特别呼唤白手起家的英雄。无论你是学士、硕士或博士,还是只上到中专毕业,甚至只是中学毕业,无论你是正在上班的在职一族,还是正在找工作的毕业学子或下岗职工,无论你二十多岁,还是已到不惑之年或者已经五十岁出头,所有这些都不会影响你的创业梦想。

附录3　中华人民共和国劳动法

（1994年7月5日第八届全国人民代表大会常务委员会第八次会议通过）

第一章　总　则

第一条　为了保护劳动者的合法权益，调整劳动关系，建立和维护适应社会主义市场经济的劳动制度，促进经济发展和社会进步，根据宪法，制定本法。

第二条　在中华人民共和国境内的企业、个体经济组织（以下统称用人单位）和与之形成劳动关系的劳动者，适用本法。

国家机关、事业组织、社会团体和与之建立劳动合同关系的劳动者，依照本法执行。

第三条　劳动者享有平等就业和选择职业的权利、取得劳动报酬的权利、休息休假的权利、获得劳动安全卫生保护的权利、接受职业技能培训的权利、享受社会保险和福利的权利、提请劳动争议处理的权利以及法律规定的其他劳动权利。

劳动者应当完成劳动任务，提高职业技能，执行劳动安全卫生规程，遵守劳动纪律和职业道德。

第四条　用人单位应当依法建立和完善规章制度，保障劳动者享有劳动权利和履行劳动义务。

第五条　国家采取各种措施，促进劳动就业，发展职业教育，制定劳动标准，调节社会收入，完善社会保险，协调劳动关系，逐步提高劳动者的生活水平。

第六条　国家提倡劳动者参加社会义务劳动，开展劳动竞赛和合理化建议活动，鼓励和保护劳动者进行科学研究、技术革新和发明创造，表彰和奖励劳动模范和先进工作者。

第七条　劳动者有权依法参加和组织工会。

工会代表和维护劳动者的合法权益，依法独立自主地开展活动。

第八条　劳动者依照法律规定，通过职工大会、职工代表大会或者其他形式，参与民主管理或者就保护劳动者合法权益与用人单位进行平等协商。

第九条　国务院劳动行政部门主管全国劳动工作。

县级以上地方人民政府劳动行政部门主管本行政区域内的劳动工作。

第二章　促进就业

第十条　国家通过促进经济和社会发展，创造就业条件，扩大就业机会。

国家鼓励企业、事业组织、社会团体在法律、行政法规规定的范围内兴办产业或者拓展经营，增加就业。

国家支持劳动者自愿组织起来就业和从事个体经营实现就业。

第十一条　地方各级人民政府应当采取措施，发展多种类型的职业介绍机构，提供就业服务。

第十二条　劳动者就业，不因民族、种族、性别、宗教信仰不同而受歧视。

第十三条　妇女享有与男子平等的就业权利。在录用职工时，除国家规定的不适合妇女的工种或者岗位外，不得以性别为由拒绝录用妇女或者提高对妇女的录用标准。

第十四条　残疾人、少数民族人员、退出现役的军人的就业，法律、法规有特别规定的，从其规定。

第十五条　禁止用人单位招用未满16周岁的未成年人。

文艺、体育和特种工艺单位招用未满16周岁的未成年人，必须依照国家有关规定，履行审批手续，并保障其接受义务教育的权利。

第三章　劳动合同和集体合同

第十六条　劳动合同是劳动者与用人单位确立劳动关系、明确双方权利和义务的协议。

建立劳动关系应当订立劳动合同。

第十七条　订立和变更劳动合同，应当遵循平等自愿、协商一致的原则，不得违反法律、行政法规的规定。

劳动合同依法订立即具有法律约束力，当事人必须履行劳动合同规定的义务。

第十八条　下列劳动合同无效：

（一）违反法律、行政法规的劳动合同；

（二）采取欺诈、威胁等手段订立的劳动合同。

无效的劳动合同，从订立的时候起，就没有法律约束力。确认劳动合同部分无效的，如果不影响其余部分的效力，其余部分仍然有效。

劳动合同的无效，由劳动争议仲裁委员会或者人民法院确认。

第十九条　劳动合同应当以书面形式订立，并具备以下条款：

（一）劳动合同期限；

（二）工作内容；

（三）劳动保护和劳动条件；

（四）劳动报酬；

（五）劳动纪律；

（六）劳动合同终止的条件；

（七）违反劳动合同的责任。

劳动合同除前款规定的必备条款外，当事人可以协商约定其他内容。

第二十条　劳动合同的期限分为有固定期限、无固定期限和以完成一定的工作为期限。

劳动者在同一用人单位连续工作满10年以上，当事人双方同意续延劳动合同的，如果劳动者提出订立无固定限期的劳动合同，应当订立无固定限期的劳动合同。

第二十一条　劳动合同可以约定试用期。试用期最长不得超过6个月。

第二十二条　劳动合同当事人可以在劳动合同中约定保守用人单位商业秘密的有关事项。

第二十三条　劳动合同期满或者当事人约定的劳动合同终止条件出现，劳动合同即行终止。

第二十四条　经劳动合同当事人协商一致，劳动合同可以解除。

第二十五条　劳动者有下列情形之一的，用人单位可以解除劳动合同：

（一）在试用期间被证明不符合录用条件的；

（二）严重违反劳动纪律或者用人单位规章制度的；

（三）严重失职、营私舞弊，对用人单位利益造成重大损害的；

（四）被依法追究刑事责任的。

第二十六条　有下列情形之一的，用人单位可以解除劳动合同，但是应当提前30日以书面形式通知劳动者本人：

（一）劳动者患病或者非因工负伤，医疗期满后，不能从事原工作也不能从事由用人单位另行安排的工作的；

（二）劳动者不能胜任工作，经过培训或者调整工作岗位，仍不能胜任工作的；

（三）劳动合同订立时所依据的客观情况发生重大变化，致使原劳动合同无法履行，经当事人协商不能就变更劳动合同达成协议的。

第二十七条 用人单位濒临破产进行法定整顿期间或者生产经营状况发生严重困难,确需裁减人员的,应当提前30日向工会或者全体员工说明情况,听取工会或者职工的意见,经向劳动行政部门报告后,可以裁减人员。

用人单位依据本条规定裁减人员,在6个月内录用人员的,应当优先录用被裁减的人员。

第二十八条 用人单位依据本法第二十四条、第二十六条、第二十七条的规定解除劳动合同的,应当依照国家有关规定给予经济补偿。

第二十九条 劳动者有下列情形之一的,用人单位不得依据本法第二十六条、第二十七条的规定解除劳动合同:

(一)患职业病或者因工负伤并被确认丧失或者部分丧失劳动能力的;

(二)患病或者负伤,在规定的医疗期内的;

(三)女职工在孕期、产期、哺乳期内的;

(四)法律、行政法规规定的其他情形。

第三十条 用人单位解除劳动合同,工会认为不适当的,有权提出意见。如果用人单位违反法律、法规或者劳动合同,工会有权要求重新处理;劳动者申请仲裁或者提起诉讼的,工会应当依法给予支持和帮助。

第三十一条 劳动者解除劳动合同,应当提前30日以书面形式通知用人单位。

第三十二条 有下列情形之一的,劳动者可以随时通知用人单位解除劳动合同:

(一)在试用期内的;

(二)用人单位以暴力、威胁或者非法限制人身自由的手段强迫劳动的;

(三)用人单位未按照劳动合同约定支付劳动报酬或者提供劳动条件的。

第三十三条 企业职工一方与企业可以就劳动报酬、工作时间、休息休假、劳动安全卫生、保险福利等事项,签订集体合同。集体合同草案应当提交职工代表大会或者全体职工讨论通过。

集体合同由工会代表职工与企业签订;没有建立工会的企业,由职工推举的代表与企业签订。

第三十四条 集体合同签订后应当报送劳动行政部门;劳动行政部门自收到集体合同文本之日起15日内未提出异议的,集体合同即行生效。

第三十五条 依法签订的集体合同对企业和企业全体职工具有约束力。职工个人与企业订立的劳动合同中劳动条件和劳动报酬等标准不得低于集体合同的规定。

第四章 工作时间和休息休假

第三十六条 国家实行劳动者每日工作时间不超过8小时、平均每周工作时间不超过44小时的工时制度。

第三十七条 对实行计件工作的劳动者,用人单位应当根据本法第三十六条规定的工时制度合理确定其劳动定额和计件报酬标准。

第三十八条 用人单位应当保证劳动者每周至少休息1日。

第三十九条 企业因生产特点不能实行本法第三十六条、第三十八条规定的,经劳动行政部门批准,可以实行其他工作和休息办法。

第四十条 用人单位在下列节日期间应当依法安排劳动者休假:

(一)元旦;

(二)春节;

(三)国际劳动节;

(四)国庆节;

(五)法律、法规规定的其他休假节日。

第四十一条 用人单位由于生产经营需要,经与工会和劳动者协商后可以延长工作时间,一般每日不得超过1小时;因特殊原因需要延长工作时间的,在保障劳动者身体健康的条件下延长工作时间每日不得超过3小时,但是每月不得超过36小时。

第四十二条 有下列情形之一的,延长工作时间不受本法第四十一条规定的限制:

(一)发生自然灾害、事故或者因其他原因,威胁劳动者生命健康和财产安全,需要紧急处理的;

(二)生产设备、交通运输线路、公共设施发生故障,影响生产和公众利益,必须及时抢修的;

(三)法律、行政法规规定的其他情形。

第四十三条 用人单位不得违反本法规定延长劳动者的工作时间。

第四十四条 有下列情形之一的,用人单位应当按照下列标准支付高于劳动者正常工作时间工资的工资报酬:

(一)安排劳动者延长工作时间的,支付不低于工资的百分之一百五十的工资报酬;

(二)休息日安排劳动者工作又不能安排补休的,支付不低于工资的百分之二百的工资报酬;

(三)法定休假日安排劳动者工作的,支付不低于工资的百分之三百的工资报酬。

第四十五条 国家实行带薪年休假制度。

劳动者连续工作1年以上的,享受带薪年休假。具体办法由国务院规定。

第五章 工 资

第四十六条 工资分配应当遵循按劳分配原则,实行同工同酬。

工资水平在经济发展的基础上逐步提高。国家对工资总量实行宏观调控。

第四十七条 用人单位根据本单位的生产经营特点和经济效益,依法自主确定本单位的工资分配方式和工资水平。

第四十八条 国家实行最低工资保障制度。最低工资的具体标准由省、自治区、直辖市人民政府规定,报国务院备案。

用人单位支付劳动者的工资不得低于当地最低工资标准。

第四十九条 确定和调整最低工资标准应当综合参考下列因素:

(一)劳动者本人及平均赡养人口的最低生活费用;

(二)社会平均工资水平;

(三)劳动生产率;

(四)就业状况;

(五)地区之间经济发展水平的差异。

第五十条 工资应当以货币形式按月支付给劳动者本人。不得克扣或者无故拖欠劳动者的工资。

第五十一条 劳动者在法定休假日和婚丧假期间以及依法参加社会活动期间,用人单位应当依法支付工资。

第六章 劳动安全卫生

第五十二条 用人单位必须建立、健全劳动安全卫生制度,严格执行国家劳动安全卫生规程和标准,对劳动者进行劳动安全卫生教育,防止劳动过程中的事故,减少职业危害。

第五十三条 劳动安全卫生设施必须符合国家规定的标准。

新建、改建、扩建工程的劳动安全卫生设施必须与主体工程同时设计、同时施工、同时投入生产和使用。

第五十四条 用人单位必须为劳动者提供符合国家规定的劳动安全卫生条件和必要的劳动防护用品,对从事有职业危害作业的劳动者应当定期进行健康检查。

第五十五条 从事特种作业的劳动者必须经过专门培训并取得特种作业资格。

第五十六条 劳动者在劳动过程中必须严格遵守安全操作规程。

劳动者对用人单位管理人员违章指挥、强令冒险作业,有权拒绝执行;对危害生命安全和身体健康的行为,有权提出批评、检举和控告。

第五十七条 国家建立伤亡和职业病统计报告和处理制度。县级以上各级人民政府劳动行政部门、有关部门和用人单位应当依法对劳动者在劳动过程中发生的伤亡事故和劳动者的职业病状况,进行统计、报告和处理。

第七章 女职工和未成年工特殊保护

第五十八条 国家对女职工和未成年工实行特殊劳动保护。

未成年工是指年满16周岁未满18周岁的劳动者。

第五十九条 禁止安排女职工从事矿山井下、国家规定的第四级体力劳动强度的劳动和其他禁忌从事的劳动。

第六十条 不得安排女职工在经期从事高处、低温、冷水作业和国家规定的第三级体力劳动强度的劳动。

第六十一条 不得安排女职工在怀孕期间从事国家国家规定的第三级体力劳动强度的劳动和孕期禁忌从事的劳动。对怀孕7个月以上的女职工,不得安排其延长工作时间和夜班劳动。

第六十二条 女职工生育享受不少于90天的产假。

第六十三条 不得安排女职工在哺乳未满1周岁的婴儿期间从事国家规定的第三级体力劳动强度的劳动和哺乳期禁忌从事的其他劳动,不得安排其延长工作时间和夜班劳动。

第六十四条 不得安排未成年工从事矿山井下、有毒有害、国家规定的第四级体力劳动强度的劳动和其他禁忌从事的劳动。

第六十五条 用人单位应当对未成年工定期进行健康检查。

第八章 职业培训

第六十六条 国家通过各种途径,采取各种措施,发展职业培训事业,开发劳动者的职业技能,提高劳动者素质,增强劳动者的就业能力和工作能力。

第六十七条 各级人民政府应当把发展职业培训纳入社会经济发展的规划,鼓励和支持有条件的企业、事业组织、社会团体和个人进行各种形式的职业培训。

第六十八条 用人单位应当建立职业培训制度,按照国家规定提取和使用职业培训经费,根据本单位实际,有计划地对劳动者进行职业培训。

从事技术工种的劳动者,上岗前必须经过培训。

第六十九条 国家确定职业分类,对规定的职业制度职业技能标准,实行职业资格证书制度,由经过政府批准的考核鉴定机构负责对劳动者实施职业技能考核鉴定。

第九章 社会保险和福利

第七十条 国家发展社会保险事业,建立社会保险制度,设立社会保险基金,使劳动者在年老、患病、工伤、失业、生育等情况下获得帮助和补偿。

第七十一条 社会保险水平应当与社会经济发展水平和社会承受能力相适应。

第七十二条 社会保险基金按照保险类型确定资金来源,逐步实行社会统筹。用人单位和劳动者必须依法参加社会保险,缴纳社会保险费。

第七十三条 劳动者在下列情形下,依法享受社会保险待遇:

（一）退休；

（二）患病、负伤；

（三）因工伤残或者患职业病；

（四）失业；

（五）生育。

劳动者死亡后，其遗属依法享受遗属津贴。

劳动者享受社会保险待遇的条件和标准由法律、法规规定。

劳动者享受的社会保险金必须按时足额支付。

第七十四条　社会保险基金经办机构依照法律规定收支、管理和运营社会保险基金，并负有使社会保险基金保值增值的责任。

社会保险基金监督机构依照法律规定，对社会保险基金的收支、管理和运营实施监督。

社会保险基金经办机构和社会保险基金监督机构的设立和职能由法律规定。

任何组织和个人不得挪用社会保险基金。

第七十五条　国家鼓励用人单位根据本单位实际情况为劳动者建立补充保险。

国家提倡劳动者个人进行储蓄性保险。

第七十六条　国家发展社会福利事业，兴建公共福利设施，为劳动者休息、修养和疗养提供条件。

用人单位应当创造条件，改善集体福利，提高劳动者的福利待遇。

第十章　劳动争议

第七十七条　用人单位与劳动者发生劳动争议，当事人可以依法申请调解、仲裁、提起诉讼，也可以协商解决。

调解原则适用于仲裁和诉讼程序。

第七十八条　解决劳动争议，应当根据合法、公正、及时处理的原则，依法维护劳动争议当事人的合法权益。

第七十九条　劳动争议发生后，当事人可以向本单位劳动争议调解委员会申请调解；调解不成，当事人一方要求仲裁的，可以向劳动争议仲裁委员会申请仲裁。当事人一方也可以直接向劳动争议仲裁委员会申请仲裁。对仲裁裁决不服的，可以向人民法院提起诉讼。

第八十条　在用人单位内，可以设立劳动争议调解委员会。劳动争议调解委员会由职工代表、用人单位代表和工会代表组成。劳动争议调解委员会主任由工会代表担任。

劳动争议经调解达成协议的，当事人应当履行。

第八十一条　劳动争议仲裁委员会由劳动行政部门代表、同级工会代表、用人单位方面的代表组成。劳动争议仲裁委员会主任由劳动行政部门代表担任。

第八十二条　提出仲裁要求的一方应当自劳动争议发生之日起60日内向劳动争议仲裁委员会提出书面申请。仲裁裁决一般应在收到仲裁申请的60日内作出。对仲裁裁决无异议的，当事人必须履行。

第八十三条　劳动争议当事人对仲裁裁决不服的，可以自收到仲裁裁决书之日起15日内向人民法院提起诉讼。一方当事人在法定期限内不起诉又不履行仲裁裁决的，另一方当事人可以申请人民法院强制执行。

第八十四条　因签订集体合同发生争议，当事人协商解决不成的，当地人民政府劳动行政部门可以组织有关各方协调处理。

因履行集体合同发生争议，当事人协商解决不成的，可以向劳动争议仲裁委员会申请仲裁；对仲裁裁决不服的，可以自收到仲裁裁决书之日起15日内向人民法院提起诉讼。

第十一章　监督检查

第八十五条　县级以上各级人民政府劳动行政部门依法对用人单位遵守劳动法律、法规的情况进行监督检查，对违反劳动法律、法规的行为有权制止，并责令改正。

第八十六条　县级以上各级人民政府劳动行政部门监督检查人员执行公务，有权进入用人单位了解执行劳动法律、法规的情况，查阅必要的资料，并对劳动场所进行检查。

县级以上各级人民政府劳动行政部门监督检查人员执行公务，必须出示证件，秉公执法并遵守有关规定。

第八十七条　县级以上各级人民政府有关部门在各自职责范围内，对用人单位遵守劳动法律、法规的情况进行监督。

第八十八条　各级工会依法维护劳动者的合法权益，对用人单位遵守劳动法律、法规的情况进行监督。

任何组织和个人对于违反劳动法律、法规的行为有权检举和控告。

第十二章　法律责任

第八十九条　用人单位制定的劳动规章制度违反法律、法规规定的，由劳动行政部门给予警告，责令改正；对劳动者造成损害的，应当承担赔偿责任。

第九十条　用人单位违反本法律规定，延长劳动者工作时间的，由劳动行政部门给予警告，责令改正，并可以处以罚款。

第九十一条　用人单位有下列侵害劳动者合法权益情形之一的，由劳动行政部门责令支付劳动者的工资报酬、经济补偿，并可以责令支付赔偿金：

（一）克扣或者无故拖欠劳动者工资的；

（二）拒不支付劳动者延长工作时间工资报酬的；

（三）低于当地最低工资标准支付劳动者工资的；

（四）解除劳动合同后，未依照本法规定给予劳动者经济补偿的。

第九十二条　用人单位的劳动安全设施和劳动卫生条件不符合国家规定或者未向劳动者提供必要的劳动防护用品和劳动保护设施的，由劳动行政部门或者有关部门责令改正，可以处以罚款；情节严重的，提请县级以上人民政府决定责令停产整顿；对事故隐患不采取措施，致使发生重大事故，造成劳动者生命和财产损失的，对责任人员比照刑法第一百八十七条的规定追究刑事责任。

第九十三条　用人单位强令劳动者违章冒险作业，发生重大伤亡事故，造成严重后果的，对责任人员依法追究刑事责任。

第九十四条　用人单位非法招用未满16周岁的未成年人的，由劳动行政部门责令改正，处以罚款；情节严重的，由工商行政管理部门吊销营业执照。

第九十五条　用人单位违反本法对女职工和未成年工的保护规定，侵害其合法权益的，由劳动行政部门责令改正，处以罚款；对女职工或者未成年工造成损害的，应当承担赔偿责任。

第九十六条　用人单位有下列行为之一，由公安机关对责任人员处以15日以下拘留、罚款或者警告；构成犯罪的，对责任人员依法追究刑事责任：

（一）以暴力、威胁或者非法限制人身自由的手段强迫劳动的；

（二）侮辱、体罚、殴打、非法搜查和拘禁劳动者的。

第九十七条　由于用人单位的原因订立的无效合同，对劳动者造成损害的，应当承担赔偿责任。

第九十八条　用人单位违反本法规定的条件解除劳动合同或者故意拖延不订立劳动合同的，由劳动行政部门责令改正；对劳动者造成损害的，应当承担赔偿责任。

第九十九条　用人单位招用尚未解除劳动合同的劳动者，对原用人单位造成经济损失的，该用人单位应当依法承担连带赔偿责任。

第一百条　用人单位无故不缴纳社会保险费的，由劳动行政部门责令其限期缴纳；逾期不缴的，可以加收滞纳金。

第一百零一条　用人单位无理阻挠劳动行政部门、有关部门及其工作人员行使监督检查权，打击报复举报人员的，由劳动行政部门或者有关部门处以罚款；构成犯罪的，对责任人员依法追究刑事责任。

第一百零二条　劳动者违反本法规定的条件解除劳动合同或者违反劳动合同中约定的保密事项，对用人单位造成经济损失的，应当依法承担赔偿责任。

第一百零三条　劳动行政部门或者有关部门的工作人员滥用职权、玩忽职守、徇私舞弊，构成犯罪的，依法追究刑事责任；不构成犯罪的，给予行政处分。

第一百零四条　国家工作人员和社会保险基金经办机构的工作人员挪用社会保险基金，构成犯罪的，依法追究刑事责任。

第一百零五条　违反本法规定侵害劳动者合法权益，其他法律、行政法规已规定处罚的，依照该法律、行政法规的规定处罚。

第十三章　附　则

第一百零六条　省、自治区、直辖市人民政府根据本法和本地区的实际情况，规定劳动合同制度的实施步骤，报国务院备案。

第一百零七条　本法自1995年1月1日起施行。

附录4　中华人民共和国劳动合同法

（2007年6月29日第十届全国人民代表大会常务委员会第二十八次会议通过）

第一章　总　则

第一条　为了完善劳动合同制度，明确劳动合同双方当事人的权利和义务，保护劳动者的合法权益，构建和发展和谐稳定的劳动关系，制定本法。

第二条　中华人民共和国境内的企业、个体经济组织、民办非企业单位等组织（以下称用人单位）与劳动者建立劳动关系，订立、履行、变更、解除或者终止劳动合同，适用本法。

国家机关、事业单位、社会团体和与其建立劳动关系的劳动者，订立、履行、变更、解除或者终止劳动合同，依照本法执行。

第三条　订立劳动合同，应当遵循合法、公平、平等自愿、协商一致、诚实信用的原则。

依法订立的劳动合同具有约束力，用人单位与劳动者应当履行劳动合同约定的义务。

第四条　用人单位应当依法建立和完善劳动规章制度，保障劳动者享有劳动权利、履行劳动义务。

用人单位在制定、修改或者决定有关劳动报酬、工作时间、休息休假、劳动安全卫生、保险福利、职工培训、劳动纪律以及劳动定额管理等直接涉及劳动者切身利益的规章制度或者重大事项时，应当经职工代表大会或者全体职工讨论，提出方案和意见，与工会或者职工代表平等协商确定。

在规章制度和重大事项决定实施过程中，工会或者职工认为不适当的，有权向用人单位提出，通过协商予以修改完善。

用人单位应当将直接涉及劳动者切身利益的规章制度和重大事项决定公示，或者告知劳动者。

第五条　县级以上人民政府劳动行政部门会同工会和企业方面代表，建立健全协调劳动关系三方机制，共同研究解决有关劳动关系的重大问题。

第六条　工会应当帮助、指导劳动者与用人单位依法订立和履行劳动合同，并与用人单位建立集体协商机制，维护劳动者的合法权益。

第二章　劳动合同的订立

第七条　用人单位自用工之日起即与劳动者建立劳动关系。用人单位应当建立职工名册备查。

第八条　用人单位招用劳动者时，应当如实告知劳动者工作内容、工作条件、工作地点、职业危害、安全生产状况、劳动报酬，以及劳动者要求了解的其他情况；用人单位有权了解劳动者与劳动合同直接相关的基本情况，劳动者应当如实说明。

第九条　用人单位招用劳动者，不得扣押劳动者的居民身份证和其他证件，不得要求劳动者提供担保或者以其他名义向劳动者收取财物。

第十条　建立劳动关系，应当订立书面劳动合同。

已建立劳动关系，未同时订立书面劳动合同的，应当自用工之日起一个月内订立书面劳动合同。

用人单位与劳动者在用工前订立劳动合同的，劳动关系自用工之日起建立。

第十一条　用人单位未在用工的同时订立书面劳动合同，与劳动者约定的劳动报酬不明确的，新招用的劳动者的劳动报酬按照集体合同规定的标准执行；没有集体合同或者集体合同未规定的，实行同工同酬。

第十二条 劳动合同分为固定期限劳动合同、无固定期限劳动合同和以完成一定工作任务为期限的劳动合同。

第十三条 固定期限劳动合同,是指用人单位与劳动者约定合同终止时间的劳动合同。

用人单位与劳动者协商一致,可以订立固定期限劳动合同。

第十四条 无固定期限劳动合同,是指用人单位与劳动者约定无确定终止时间的劳动合同。

用人单位与劳动者协商一致,可以订立无固定期限劳动合同。有下列情形之一,劳动者提出或者同意续订、订立劳动合同的,除劳动者提出订立固定期限劳动合同外,应当订立无固定期限劳动合同:

(一)劳动者在该用人单位连续工作满十年的;

(二)用人单位初次实行劳动合同制度或者国有企业改制重新订立劳动合同时,劳动者在该用人单位连续工作满十年且距法定退休年龄不足十年的;

(三)连续订立二次固定期限劳动合同,且劳动者没有本法第三十九条和第四十条第一项、第二项规定的情形,续订劳动合同的。

用人单位自用工之日起满一年不与劳动者订立书面劳动合同的,视为用人单位与劳动者已订立无固定期限劳动合同。

第十五条 以完成一定工作任务为期限的劳动合同,是指用人单位与劳动者约定以某项工作的完成为合同期限的劳动合同。

用人单位与劳动者协商一致,可以订立以完成一定工作任务为期限的劳动合同。

第十六条 劳动合同由用人单位与劳动者协商一致,并经用人单位与劳动者在劳动合同文本上签字或者盖章生效。

劳动合同文本由用人单位和劳动者各执一份。

第十七条 劳动合同应当具备以下条款:

(一)用人单位的名称、住所和法定代表人或者主要负责人;

(二)劳动者的姓名、住址和居民身份证或者其他有效身份证件号码;

(三)劳动合同期限;

(四)工作内容和工作地点;

(五)工作时间和休息休假;

(六)劳动报酬;

(七)社会保险;

(八)劳动保护、劳动条件和职业危害防护;

(九)法律、法规规定应当纳入劳动合同的其他事项。

劳动合同除前款规定的必备条款外,用人单位与劳动者可以约定试用期、培训、保守秘密、补充保险和福利待遇等其他事项。

第十八条 劳动合同对劳动报酬和劳动条件等标准约定不明确,引发争议的,用人单位与劳动者可以重新协商;协商不成的,适用集体合同规定;没有集体合同或者集体合同未规定劳动报酬的,实行同工同酬;没有集体合同或者集体合同未规定劳动条件等标准的,适用国家有关规定。

第十九条 劳动合同期限三个月以上不满一年的,试用期不得超过一个月;劳动合同期限一年以上不满三年的,试用期不得超过二个月;三年以上固定期限和无固定期限的劳动合同,试用期不得超过六个月。

同一用人单位与同一劳动者只能约定一次试用期。

以完成一定工作任务为期限的劳动合同或者劳动合同期限不满三个月的,不得约定试用期。

试用期包含在劳动合同期限内。劳动合同仅约定试用期的,试用期不成立,该期限为劳动合同期限。

第二十条　劳动者在试用期的工资不得低于本单位相同岗位最低档工资或者劳动合同约定工资的百分之八十，并不得低于用人单位所在地的最低工资标准。

第二十一条　在试用期中，除劳动者有本法第三十九条和第四十条第一项、第二项规定的情形外，用人单位不得解除劳动合同。用人单位在试用期解除劳动合同的，应当向劳动者说明理由。

第二十二条　用人单位为劳动者提供专项培训费用，对其进行专业技术培训的，可以与该劳动者订立协议，约定服务期。

劳动者违反服务期约定的，应当按照约定向用人单位支付违约金。违约金的数额不得超过用人单位提供的培训费用。用人单位要求劳动者支付的违约金不得超过服务期尚未履行部分所应分摊的培训费用。

用人单位与劳动者约定服务期的，不影响按照正常的工资调整机制提高劳动者在服务期期间的劳动报酬。

第二十三条　用人单位与劳动者可以在劳动合同中约定保守用人单位的商业秘密和与知识产权相关的保密事项。

对负有保密义务的劳动者，用人单位可以在劳动合同或者保密协议中与劳动者约定竞业限制条款，并约定在解除或者终止劳动合同后，在竞业限制期限内按月给予劳动者经济补偿。劳动者违反竞业限制约定的，应当按照约定向用人单位支付违约金。

第二十四条　竞业限制的人员限于用人单位的高级管理人员、高级技术人员和其他负有保密义务的人员。竞业限制的范围、地域、期限由用人单位与劳动者约定，竞业限制的约定不得违反法律、法规的规定。

在解除或者终止劳动合同后，前款规定的人员到与本单位生产或者经营同类产品、从事同类业务的有竞争关系的其他用人单位，或者自己开业生产或者经营同类产品、从事同类业务的竞业限制期限，不得超过二年。

第二十五条　除本法第二十二条和第二十三条规定的情形外，用人单位不得与劳动者约定由劳动者承担违约金。

第二十六条　下列劳动合同无效或者部分无效：

（一）以欺诈、胁迫的手段或者乘人之危，使对方在违背真实意思的情况下订立或者变更劳动合同的；

（二）用人单位免除自己的法定责任、排除劳动者权利的；

（三）违反法律、行政法规强制性规定的。

对劳动合同的无效或者部分无效有争议的，由劳动争议仲裁机构或者人民法院确认。

第二十七条　劳动合同部分无效，不影响其他部分效力的，其他部分仍然有效。

第二十八条　劳动合同被确认无效，劳动者已付出劳动的，用人单位应当向劳动者支付劳动报酬。劳动报酬的数额，参照本单位相同或者相近岗位劳动者的劳动报酬确定。

第三章　劳动合同的履行和变更

第二十九条　用人单位与劳动者应当按照劳动合同的约定，全面履行各自的义务。

第三十条　用人单位应当按照劳动合同约定和国家规定，向劳动者及时足额支付劳动报酬。

用人单位拖欠或者未足额支付劳动报酬的，劳动者可以依法向当地人民法院申请支付令，人民法院应当依法发出支付令。

第三十一条　用人单位应当严格执行劳动定额标准，不得强迫或者变相强迫劳动者加班。用人单位安排加班的，应当按照国家有关规定向劳动者支付加班费。

第三十二条　劳动者拒绝用人单位管理人员违章指挥、强令冒险作业的，不视为违反劳动合同。

劳动者对危害生命安全和身体健康的劳动条件，有权对用人单位提出批评、检举和控告。

第三十三条　用人单位变更名称、法定代表人、主要负责人或者投资人等事项，不影响劳动合同的履行。

第三十四条　用人单位发生合并或者分立等情况，原劳动合同继续有效，劳动合同由承继其权利和义务的用人单位继续履行。

第三十五条　用人单位与劳动者协商一致，可以变更劳动合同约定的内容。变更劳动合同，应当采用书面形式。

变更后的劳动合同文本由用人单位和劳动者各执一份。

第四章　劳动合同的解除和终止

第三十六条　用人单位与劳动者协商一致，可以解除劳动合同。

第三十七条　劳动者提前三十日以书面形式通知用人单位，可以解除劳动合同。劳动者在试用期内提前三日通知用人单位，可以解除劳动合同。

第三十八条　用人单位有下列情形之一的，劳动者可以解除劳动合同：

(一)未按照劳动合同约定提供劳动保护或者劳动条件的；

(二)未及时足额支付劳动报酬的；

(三)未依法为劳动者缴纳社会保险费的；

(四)用人单位的规章制度违反法律、法规的规定，损害劳动者权益的；

(五)因本法第二十六条第一款规定的情形致使劳动合同无效的；

(六)法律、行政法规规定劳动者可以解除劳动合同的其他情形。

用人单位以暴力、威胁或者非法限制人身自由的手段强迫劳动者劳动的，或者用人单位违章指挥、强令冒险作业危及劳动者人身安全的，劳动者可以立即解除劳动合同，不需事先告知用人单位。

第三十九条　劳动者有下列情形之一的，用人单位可以解除劳动合同：

(一)在试用期间被证明不符合录用条件的；

(二)严重违反用人单位的规章制度的；

(三)严重失职，营私舞弊，给用人单位造成重大损害的；

(四)劳动者同时与其他用人单位建立劳动关系，对完成本单位的工作任务造成严重影响，或者经用人单位提出，拒不改正的；

(五)因本法第二十六条第一款第一项规定的情形致使劳动合同无效的；

(六)被依法追究刑事责任的。

第四十条　有下列情形之一的，用人单位提前三十日以书面形式通知劳动者本人或者额外支付劳动者一个月工资后，可以解除劳动合同：

(一)劳动者患病或者非因工负伤，在规定的医疗期满后不能从事原工作，也不能从事由用人单位另行安排的工作的；

(二)劳动者不能胜任工作，经过培训或者调整工作岗位，仍不能胜任工作的；

(三)劳动合同订立时所依据的客观情况发生重大变化，致使劳动合同无法履行，经用人单位与劳动者协商，未能就变更劳动合同内容达成协议的。

第四十一条　有下列情形之一，需要裁减人员二十人以上或者裁减不足二十人但占企业职工总数百分之十以上的，用人单位提前三十日向工会或者全体职工说明情况，听取工会或者职工的意见后，裁减人员方案经向劳动行政部门报告，可以裁减人员：

(一)依照企业破产法规定进行重整的；

(二)生产经营发生严重困难的；

(三)企业转产、重大技术革新或者经营方式调整，经变更劳动合同后，仍需裁减人员的；

（四）其他因劳动合同订立时所依据的客观经济情况发生重大变化，致使劳动合同无法履行的。

裁减人员时，应当优先留用下列人员：

（一）与本单位订立较长期限的固定期限劳动合同的；

（二）与本单位订立无固定期限劳动合同的；

（三）家庭无其他就业人员，有需要扶养的老人或者未成年人的。

用人单位依照本条第一款规定裁减人员，在六个月内重新招用人员的，应当通知被裁减的人员，并在同等条件下优先招用被裁减的人员。

第四十二条　劳动者有下列情形之一的，用人单位不得依照本法第四十条、第四十一条的规定解除劳动合同：

（一）从事接触职业病危害作业的劳动者未进行离岗前职业健康检查，或者疑似职业病病人在诊断或者医学观察期间的；

（二）在本单位患职业病或者因工负伤并被确认丧失或者部分丧失劳动能力的；

（三）患病或者非因工负伤，在规定的医疗期内的；

（四）女职工在孕期、产期、哺乳期的；

（五）在本单位连续工作满十五年，且距法定退休年龄不足五年的；

（六）法律、行政法规规定的其他情形。

第四十三条　用人单位单方解除劳动合同，应当事先将理由通知工会。用人单位违反法律、行政法规规定或者劳动合同约定的，工会有权要求用人单位纠正。用人单位应当研究工会的意见，并将处理结果书面通知工会。

第四十四条　有下列情形之一的，劳动合同终止：

（一）劳动合同期满的；

（二）劳动者开始依法享受基本养老保险待遇的；

（三）劳动者死亡，或者被人民法院宣告死亡或者宣告失踪的；

（四）用人单位被依法宣告破产的；

（五）用人单位被吊销营业执照、责令关闭、撤销或者用人单位决定提前解散的；

（六）法律、行政法规规定的其他情形。

第四十五条　劳动合同期满，有本法第四十二条规定情形之一的，劳动合同应当续延至相应的情形消失时终止。但是，本法第四十二条第二项规定丧失或者部分丧失劳动能力劳动者的劳动合同的终止，按照国家有关工伤保险的规定执行。

第四十六条　有下列情形之一的，用人单位应当向劳动者支付经济补偿：

（一）劳动者依照本法第三十八条规定解除劳动合同的；

（二）用人单位依照本法第三十六条规定向劳动者提出解除劳动合同并与劳动者协商一致解除劳动合同的；

（三）用人单位依照本法第四十条规定解除劳动合同的；

（四）用人单位依照本法第四十一条第一款规定解除劳动合同的；

（五）除用人单位维持或者提高劳动合同约定条件续订劳动合同，劳动者不同意续订的情形外，依照本法第四十四条第一项规定终止固定期限劳动合同的；

（六）依照本法第四十四条第四项、第五项规定终止劳动合同的；

（七）法律、行政法规规定的其他情形。

第四十七条　经济补偿按劳动者在本单位工作的年限，每满一年支付一个月工资的标准向劳动者支付。六个月以上不满一年的，按一年计算；不满六个月的，向劳动者支付半个月工资的经济补偿。

劳动者月工资高于用人单位所在直辖市、设区的市级人民政府公布的本地区上年度职工月平均工资三倍的，向其支付经济补偿的标准按职工月平均工资三倍的数额支付，向其支付经济补偿的年限最高不超过十二年。

本条所称月工资是指劳动者在劳动合同解除或者终止前十二个月的平均工资。

第四十八条　用人单位违反本法规定解除或者终止劳动合同，劳动者要求继续履行劳动合同的，用人单位应当继续履行；劳动者不要求继续履行劳动合同或者劳动合同已经不能继续履行的，用人单位应当依照本法第八十七条规定支付赔偿金。

第四十九条　国家采取措施，建立健全劳动者社会保险关系跨地区转移接续制度。

第五十条　用人单位应当在解除或者终止劳动合同时出具解除或者终止劳动合同的证明，并在十五日内为劳动者办理档案和社会保险关系转移手续。

劳动者应当按照双方约定，办理工作交接。用人单位依照本法有关规定应当向劳动者支付经济补偿的，在办结工作交接时支付。

用人单位对已经解除或者终止的劳动合同的文本，至少保存二年备查。

第五章　特别规定

第一节　集体合同

第五十一条　企业职工一方与用人单位通过平等协商，可以就劳动报酬、工作时间、休息休假、劳动安全卫生、保险福利等事项订立集体合同。集体合同草案应当提交职工代表大会或者全体职工讨论通过。

集体合同由工会代表企业职工一方与用人单位订立；尚未建立工会的用人单位，由上级工会指导劳动者推举的代表与用人单位订立。

第五十二条　企业职工一方与用人单位可以订立劳动安全卫生、女职工权益保护、工资调整机制等专项集体合同。

第五十三条　在县级以下区域内，建筑业、采矿业、餐饮服务业等行业可以由工会与企业方面代表订立行业性集体合同，或者订立区域性集体合同。

第五十四条　集体合同订立后，应当报送劳动行政部门；劳动行政部门自收到集体合同文本之日起十五日内未提出异议的，集体合同即行生效。

依法订立的集体合同对用人单位和劳动者具有约束力。行业性、区域性集体合同对当地本行业、本区域的用人单位和劳动者具有约束力。

第五十五条　集体合同中劳动报酬和劳动条件等标准不得低于当地人民政府规定的最低标准；用人单位与劳动者订立的劳动合同中劳动报酬和劳动条件等标准不得低于集体合同规定的标准。

第五十六条　用人单位违反集体合同，侵犯职工劳动权益的，工会可以依法要求用人单位承担责任；因履行集体合同发生争议，经协商解决不成的，工会可以依法申请仲裁、提起诉讼。

第二节　劳务派遣

第五十七条　劳务派遣单位应当依照公司法的有关规定设立，注册资本不得少于五十万元。

第五十八条　劳务派遣单位是本法所称用人单位，应当履行用人单位对劳动者的义务。劳务派遣单位与被派遣劳动者订立的劳动合同，除应当载明本法第十七条规定的事项外，还应当载明被派遣劳动者的用工单位以及派遣期限、工作岗位等情况。

劳务派遣单位应当与被派遣劳动者订立二年以上的固定期限劳动合同，按月支付劳动报酬；被派遣劳动者在无工作期间，劳务派遣单位应当按照所在地人民政府规定的最低工资标准，向其按月支付报酬。

第五十九条　劳务派遣单位派遣劳动者应当与接受以劳务派遣形式用工的单位（以下称用工单位）订立劳务派遣协议。劳务派遣协议应当约定派遣岗位和人员数量、派遣期限、劳动报酬和社会保险费的数额与支付方式以及违反协议的责任。

用工单位应当根据工作岗位的实际需要与劳务派遣单位确定派遣期限，不得将连续用工期限分割订立数个短期劳务派遣协议。

第六十条　劳务派遣单位应当将劳务派遣协议的内容告知被派遣劳动者。

劳务派遣单位不得克扣用工单位按照劳务派遣协议支付给被派遣劳动者的劳动报酬。

劳务派遣单位和用工单位不得向被派遣劳动者收取费用。

第六十一条　劳务派遣单位跨地区派遣劳动者的，被派遣劳动者享有的劳动报酬和劳动条件，按照用工单位所在地的标准执行。

第六十二条　用工单位应当履行下列义务：

（一）执行国家劳动标准，提供相应的劳动条件和劳动保护；

（二）告知被派遣劳动者的工作要求和劳动报酬；

（三）支付加班费、绩效奖金，提供与工作岗位相关的福利待遇；

（四）对在岗被派遣劳动者进行工作岗位所必需的培训；

（五）连续用工的，实行正常的工资调整机制。

用工单位不得将被派遣劳动者再派遣到其他用人单位。

第六十三条　被派遣劳动者享有与用工单位的劳动者同工同酬的权利。用工单位无同类岗位劳动者的，参照用工单位所在地相同或者相近岗位劳动者的劳动报酬确定。

第六十四条　被派遣劳动者有权在劳务派遣单位或者用工单位依法参加或者组织工会，维护自身的合法权益。

第六十五条　被派遣劳动者可以依照本法第三十六条、第三十八条的规定与劳务派遣单位解除劳动合同。

被派遣劳动者有本法第三十九条和第四十条第一项、第二项规定情形的，用工单位可以将劳动者退回劳务派遣单位，劳务派遣单位依照本法有关规定，可以与劳动者解除劳动合同。

第六十六条　劳务派遣一般在临时性、辅助性或者替代性的工作岗位上实施。

第六十七条　用人单位不得设立劳务派遣单位向本单位或者所属单位派遣劳动者。

第三节　非全日制用工

第六十八条　非全日制用工，是指以小时计酬为主，劳动者在同一用人单位一般平均每日工作时间不超过四小时，每周工作时间累计不超过二十四小时的用工形式。

第六十九条　非全日制用工双方当事人可以订立口头协议。

从事非全日制用工的劳动者可以与一个或者一个以上用人单位订立劳动合同；但是，后订立的劳动合同不得影响先订立的劳动合同的履行。

第七十条　非全日制用工双方当事人不得约定试用期。

第七十一条　非全日制用工双方当事人任何一方都可以随时通知对方终止用工。终止用工，用人单位不向劳动者支付经济补偿。

第七十二条　非全日制用工小时计酬标准不得低于用人单位所在地人民政府规定的最低小时工资标准。

非全日制用工劳动报酬结算支付周期最长不得超过十五日。

第六章　监督检查

第七十三条　国务院劳动行政部门负责全国劳动合同制度实施的监督管理。

县级以上地方人民政府劳动行政部门负责本行政区域内劳动合同制度实施的监督管理。

县级以上各级人民政府劳动行政部门在劳动合同制度实施的监督管理工作中，应当听取工会、企业方面代表以及有关行业主管部门的意见。

第七十四条 县级以上地方人民政府劳动行政部门依法对下列实施劳动合同制度的情况进行监督检查：

(一)用人单位制定直接涉及劳动者切身利益的规章制度及其执行的情况；

(二)用人单位与劳动者订立和解除劳动合同的情况；

(三)劳务派遣单位和用工单位遵守劳务派遣有关规定的情况；

(四)用人单位遵守国家关于劳动者工作时间和休息休假规定的情况；

(五)用人单位支付劳动合同约定的劳动报酬和执行最低工资标准的情况；

(六)用人单位参加各项社会保险和缴纳社会保险费的情况；

(七)法律、法规规定的其他劳动监察事项。

第七十五条 县级以上地方人民政府劳动行政部门实施监督检查时,有权查阅与劳动合同、集体合同有关的材料,有权对劳动场所进行实地检查,用人单位和劳动者都应当如实提供有关情况和材料。

劳动行政部门的工作人员进行监督检查,应当出示证件,依法行使职权,文明执法。

第七十六条 县级以上人民政府建设、卫生、安全生产监督管理等有关主管部门在各自职责范围内,对用人单位执行劳动合同制度的情况进行监督管理。

第七十七条 劳动者合法权益受到侵害的,有权要求有关部门依法处理,或者依法申请仲裁、提起诉讼。

第七十八条 工会依法维护劳动者的合法权益,对用人单位履行劳动合同、集体合同的情况进行监督。用人单位违反劳动法律、法规和劳动合同、集体合同的,工会有权提出意见或者要求纠正；劳动者申请仲裁、提起诉讼的,工会依法给予支持和帮助。

第七十九条 任何组织或者个人对违反本法的行为都有权举报,县级以上人民政府劳动行政部门应当及时核实、处理,并对举报有功人员给予奖励。

第七章 法律责任

第八十条 用人单位直接涉及劳动者切身利益的规章制度违反法律、法规规定的,由劳动行政部门责令改正,给予警告；给劳动者造成损害的,应当承担赔偿责任。

第八十一条 用人单位提供的劳动合同文本未载明本法规定的劳动合同必备条款或者用人单位未将劳动合同文本交付劳动者的,由劳动行政部门责令改正；给劳动者造成损害的,应当承担赔偿责任。

第八十二条 用人单位自用工之日起超过一个月不满一年未与劳动者订立书面劳动合同的,应当向劳动者每月支付二倍的工资。

用人单位违反本法规定不与劳动者订立无固定期限劳动合同的,自应当订立无固定期限劳动合同之日起向劳动者每月支付二倍的工资。

第八十三条 用人单位违反本法规定与劳动者约定试用期的,由劳动行政部门责令改正；违法约定的试用期已经履行的,由用人单位以劳动者试用期满月工资为标准,按已经履行的超过法定试用期的期间向劳动者支付赔偿金。

第八十四条 用人单位违反本法规定,扣押劳动者居民身份证等证件的,由劳动行政部门责令限期退还劳动者本人,并依照有关法律规定给予处罚。

用人单位违反本法规定,以担保或者其他名义向劳动者收取财物的,由劳动行政部门责令限期退还劳动者本人,并以每人五百元以上二千元以下的标准处以罚款；给劳动者造成损害的,应当承担赔偿责任。

劳动者依法解除或者终止劳动合同,用人单位扣押劳动者档案或者其他物品的,依照前款规定处罚。

第八十五条 用人单位有下列情形之一的,由劳动行政部门责令限期支付劳动报酬、加班费或者经济补偿；劳动报酬低于当地最低工资标准的,应当支付其差额部分；逾期不支付的,责令用人单位按应付金额百分之五十以上百分之一百以下的标准向劳动者加付赔偿金：

(一)未按照劳动合同的约定或者国家规定及时足额支付劳动者劳动报酬的;

(二)低于当地最低工资标准支付劳动者工资的;

(三)安排加班不支付加班费的;

(四)解除或者终止劳动合同,未依照本法规定向劳动者支付经济补偿的。

第八十六条　劳动合同依照本法第二十六条规定被确认无效,给对方造成损害的,有过错的一方应当承担赔偿责任。

第八十七条　用人单位违反本法规定解除或者终止劳动合同的,应当依照本法第四十七条规定的经济补偿标准的二倍向劳动者支付赔偿金。

第八十八条　用人单位有下列情形之一的,依法给予行政处罚;构成犯罪的,依法追究刑事责任;给劳动者造成损害的,应当承担赔偿责任:

(一)以暴力、威胁或者非法限制人身自由的手段强迫劳动的;

(二)违章指挥或者强令冒险作业危及劳动者人身安全的;

(三)侮辱、体罚、殴打、非法搜查或者拘禁劳动者的;

(四)劳动条件恶劣、环境污染严重,给劳动者身心健康造成严重损害的。

第八十九条　用人单位违反本法规定未向劳动者出具解除或者终止劳动合同的书面证明,由劳动行政部门责令改正;给劳动者造成损害的,应当承担赔偿责任。

第九十条　劳动者违反本法规定解除劳动合同,或者违反劳动合同中约定的保密义务或者竞业限制,给用人单位造成损失的,应当承担赔偿责任。

第九十一条　用人单位招用与其他用人单位尚未解除或者终止劳动合同的劳动者,给其他用人单位造成损失的,应当承担连带赔偿责任。

第九十二条　劳务派遣单位违反本法规定的,由劳动行政部门和其他有关主管部门责令改正;情节严重的,以每人一千元以上五千元以下的标准处以罚款,并由工商行政管理部门吊销营业执照;给被派遣劳动者造成损害的,劳务派遣单位与用工单位承担连带赔偿责任。

第九十三条　对不具备合法经营资格的用人单位的违法犯罪行为,依法追究法律责任;劳动者已经付出劳动的,该单位或者其出资人应当依照本法有关规定向劳动者支付劳动报酬、经济补偿、赔偿金;给劳动者造成损害的,应当承担赔偿责任。

第九十四条　个人承包经营违反本法规定招用劳动者,给劳动者造成损害的,发包的组织与个人承包经营者承担连带赔偿责任。

第九十五条　劳动行政部门和其他有关主管部门及其工作人员玩忽职守、不履行法定职责,或者违法行使职权,给劳动者或者用人单位造成损害的,应当承担赔偿责任;对直接负责的主管人员和其他直接责任人员,依法给予行政处分;构成犯罪的,依法追究刑事责任。

第八章　附　则

第九十六条　事业单位与实行聘用制的工作人员订立、履行、变更、解除或者终止劳动合同,法律、行政法规或者国务院另有规定的,依照其规定;未作规定的,依照本法有关规定执行。

第九十七条　本法施行前已依法订立且在本法施行之日存续的劳动合同,继续履行;本法第十四条第二款第三项规定连续订立固定期限劳动合同的次数,自本法施行后续订固定期限劳动合同时开始计算。

本法施行前已建立劳动关系,尚未订立书面劳动合同的,应当自本法施行之日起一个月内订立。

本法施行之日存续的劳动合同在本法施行后解除或者终止,依照本法第四十六条规定应当支付经济补偿的,经济补偿年限自本法施行之日起计算;本法施行前按照当时有关规定,用人单位应当向劳动者支付经济补偿的,按照当时有关规定执行。

第九十八条　本法自2008年1月1日起施行。

附录5 中华人民共和国就业促进法

（2007年8月30日第十届全国人民代表大会常务委员会第二十九次会议通过）

第一章 总 则

第一条 为了促进就业，促进经济发展与扩大就业相协调，促进社会和谐稳定，制定本法。

第二条 国家把扩大就业放在经济社会发展的突出位置，实施积极的就业政策，坚持劳动者自主择业、市场调节就业、政府促进就业的方针，多渠道扩大就业。

第三条 劳动者依法享有平等就业和自主择业的权利。

劳动者就业，不因民族、种族、性别、宗教信仰等不同而受歧视。

第四条 县级以上人民政府把扩大就业作为经济和社会发展的重要目标，纳入国民经济和社会发展规划，并制定促进就业的中长期规划和年度工作计划。

第五条 县级以上人民政府通过发展经济和调整产业结构、规范人力资源市场、完善就业服务、加强职业教育和培训、提供就业援助等措施，创造就业条件，扩大就业。

第六条 国务院建立全国促进就业工作协调机制，研究就业工作中的重大问题，协调推动全国的促进就业工作。国务院劳动行政部门具体负责全国的促进就业工作。

省、自治区、直辖市人民政府根据促进就业工作的需要，建立促进就业工作协调机制，协调解决本行政区域就业工作中的重大问题。

县级以上人民政府有关部门按照各自的职责分工，共同做好促进就业工作。

第七条 国家倡导劳动者树立正确的择业观念，提高就业能力和创业能力；鼓励劳动者自主创业、自谋职业。

各级人民政府和有关部门应当简化程序，提高效率，为劳动者自主创业、自谋职业提供便利。

第八条 用人单位依法享有自主用人的权利。

用人单位应当依照本法以及其他法律、法规的规定，保障劳动者的合法权益。

第九条 工会、共产主义青年团、妇女联合会、残疾人联合会以及其他社会组织，协助人民政府开展促进就业工作，依法维护劳动者的劳动权利。

第十条 各级人民政府和有关部门对在促进就业工作中作出显著成绩的单位和个人，给予表彰和奖励。

第二章 政策支持

第十一条 县级以上人民政府应当把扩大就业作为重要职责，统筹协调产业政策与就业政策。

第十二条 国家鼓励各类企业在法律、法规规定的范围内，通过兴办产业或者拓展经营，增加就业岗位。

国家鼓励发展劳动密集型产业、服务业，扶持中小企业，多渠道、多方式增加就业岗位。

国家鼓励、支持、引导非公有制经济发展，扩大就业，增加就业岗位。

第十三条 国家发展国内外贸易和国际经济合作，拓宽就业渠道。

第十四条 县级以上人民政府在安排政府投资和确定重大建设项目时，应当发挥投资和重大建设项目带动就业的作用，增加就业岗位。

第十五条 国家实行有利于促进就业的财政政策，加大资金投入，改善就业环境，扩大就业。

县级以上人民政府应当根据就业状况和就业工作目标，在财政预算中安排就业专项资金用于促进就业工作。

就业专项资金用于职业介绍、职业培训、公益性岗位、职业技能鉴定、特定就业政策和社会保险等的补贴，小额贷款担保基金和微利项目的小额担保贷款贴息，以及扶持公共就业服务等。就业专项资金的使用管理办法由国务院财政部门和劳动行政部门规定。

第十六条　国家建立健全失业保险制度，依法确保失业人员的基本生活，并促进其实现就业。

第十七条　国家鼓励企业增加就业岗位，扶持失业人员和残疾人就业，对下列企业、人员依法给予税收优惠：

（一）吸纳符合国家规定条件的失业人员达到规定要求的企业；

（二）失业人员创办的中小企业；

（三）安置残疾人员达到规定比例或者集中使用残疾人的企业；

（四）从事个体经营的符合国家规定条件的失业人员；

（五）从事个体经营的残疾人；

（六）国务院规定给予税收优惠的其他企业、人员。

第十八条　对本法第十七条第四项、第五项规定的人员，有关部门应当在经营场地等方面给予照顾，免除行政事业性收费。

第十九条　国家实行有利于促进就业的金融政策，增加中小企业的融资渠道；鼓励金融机构改进金融服务，加大对中小企业的信贷支持，并对自主创业人员在一定期限内给予小额信贷等扶持。

第二十条　国家实行城乡统筹的就业政策，建立健全城乡劳动者平等就业的制度，引导农业富余劳动力有序转移就业。

县级以上地方人民政府推进小城镇建设和加快县域经济发展，引导农业富余劳动力就地就近转移就业；在制定小城镇规划时，将本地区农业富余劳动力转移就业作为重要内容。

县级以上地方人民政府引导农业富余劳动力有序向城市异地转移就业；劳动力输出地和输入地人民政府应当互相配合，改善农村劳动者进城就业的环境和条件。

第二十一条　国家支持区域经济发展，鼓励区域协作，统筹协调不同地区就业的均衡增长。

国家支持民族地区发展经济，扩大就业。

第二十二条　各级人民政府统筹做好城镇新增劳动力就业、农业富余劳动力转移就业和失业人员就业工作。

第二十三条　各级人民政府采取措施，逐步完善和实施与非全日制用工等灵活就业相适应的劳动和社会保险政策，为灵活就业人员提供帮助和服务。

第二十四条　地方各级人民政府和有关部门应当加强对失业人员从事个体经营的指导，提供政策咨询、就业培训和开业指导等服务。

第三章　公平就业

第二十五条　各级人民政府创造公平就业的环境，消除就业歧视，制定政策并采取措施对就业困难人员给予扶持和援助。

第二十六条　用人单位招用人员、职业中介机构从事职业中介活动，应当向劳动者提供平等的就业机会和公平的就业条件，不得实施就业歧视。

第二十七条　国家保障妇女享有与男子平等的劳动权利。

用人单位招用人员，除国家规定的不适合妇女的工种或者岗位外，不得以性别为由拒绝录用妇女或者提高对妇女的录用标准。

用人单位录用女职工，不得在劳动合同中规定限制女职工结婚、生育的内容。

第二十八条 各民族劳动者享有平等的劳动权利。

用人单位招用人员,应当依法对少数民族劳动者给予适当照顾。

第二十九条 国家保障残疾人的劳动权利。

各级人民政府应当对残疾人就业统筹规划,为残疾人创造就业条件。

用人单位招用人员,不得歧视残疾人。

第三十条 用人单位招用人员,不得以是传染病病原携带者为由拒绝录用。但是,经医学鉴定传染病病原携带者在治愈前或者排除传染嫌疑前,不得从事法律、行政法规和国务院卫生行政部门规定禁止从事的易使传染病扩散的工作。

第三十一条 农村劳动者进城就业享有与城镇劳动者平等的劳动权利,不得对农村劳动者进城就业设置歧视性限制。

第四章 就业服务和管理

第三十二条 县级以上人民政府培育和完善统一开放、竞争有序的人力资源市场,为劳动者就业提供服务。

第三十三条 县级以上人民政府鼓励社会各方面依法开展就业服务活动,加强对公共就业服务和职业中介服务的指导和监督,逐步完善覆盖城乡的就业服务体系。

第三十四条 县级以上人民政府加强人力资源市场信息网络及相关设施建设,建立健全人力资源市场信息服务体系,完善市场信息发布制度。

第三十五条 县级以上人民政府建立健全公共就业服务体系,设立公共就业服务机构,为劳动者免费提供下列服务:

(一)就业政策法规咨询;

(二)职业供求信息、市场工资指导价位信息和职业培训信息发布;

(三)职业指导和职业介绍;

(四)对就业困难人员实施就业援助;

(五)办理就业登记、失业登记等事务;

(六)其他公共就业服务。

公共就业服务机构应当不断提高服务的质量和效率,不得从事经营性活动。

公共就业服务经费纳入同级财政预算。

第三十六条 县级以上地方人民政府对职业中介机构提供公益性就业服务的,按照规定给予补贴。

国家鼓励社会各界为公益性就业服务提供捐赠、资助。

第三十七条 地方各级人民政府和有关部门不得举办或者与他人联合举办经营性的职业中介机构。

地方各级人民政府和有关部门、公共就业服务机构举办的招聘会,不得向劳动者收取费用。

第三十八条 县级以上人民政府和有关部门加强对职业中介机构的管理,鼓励其提高服务质量,发挥其在促进就业中的作用。

第三十九条 从事职业中介活动,应当遵循合法、诚实信用、公平、公开的原则。

用人单位通过职业中介机构招用人员,应当如实向职业中介机构提供岗位需求信息。禁止任何组织或者个人利用职业中介活动侵害劳动者的合法权益。

第四十条 设立职业中介机构应当具备下列条件:

(一)有明确的章程和管理制度;

(二)有开展业务必备的固定场所、办公设施和一定数额的开办资金;

(三)有一定数量具备相应职业资格的专职工作人员;

（四）法律、法规规定的其他条件。

设立职业中介机构，应当依法办理行政许可。经许可的职业中介机构，应当向工商行政部门办理登记。

未经依法许可和登记的机构，不得从事职业中介活动。

国家对外商投资职业中介机构和向劳动者提供境外就业服务的职业中介机构另有规定的，依照其规定。

第四十一条 职业中介机构不得有下列行为：

（一）提供虚假就业信息；

（二）为无合法证照的用人单位提供职业中介服务；

（三）伪造、涂改、转让职业中介许可证；

（四）扣押劳动者的居民身份证和其他证件，或者向劳动者收取押金；

（五）其他违反法律、法规规定的行为。

第四十二条 县级以上人民政府建立失业预警制度，对可能出现的较大规模的失业，实施预防、调节和控制。

第四十三条 国家建立劳动力调查统计制度和就业登记、失业登记制度，开展劳动力资源和就业、失业状况调查统计，并公布调查统计结果。

统计部门和劳动行政部门进行劳动力调查统计和就业、失业登记时，用人单位和个人应当如实提供调查统计和登记所需要的情况。

第五章 职业教育和培训

第四十四条 国家依法发展职业教育，鼓励开展职业培训，促进劳动者提高职业技能，增强就业能力和创业能力。

第四十五条 县级以上人民政府根据经济社会发展和市场需求，制定并实施职业能力开发计划。

第四十六条 县级以上人民政府加强统筹协调，鼓励和支持各类职业院校、职业技能培训机构和用人单位依法开展就业前培训、在职培训、再就业培训和创业培训；鼓励劳动者参加各种形式的培训。

第四十七条 县级以上地方人民政府和有关部门根据市场需求和产业发展方向，鼓励、指导企业加强职业教育和培训。

职业院校、职业技能培训机构与企业应当密切联系，实行产教结合，为经济建设服务，培养实用人才和熟练劳动者。

企业应当按照国家有关规定提取职工教育经费，对劳动者进行职业技能培训和继续教育培训。

第四十八条 国家采取措施建立健全劳动预备制度，县级以上地方人民政府对有就业要求的初高中毕业生实行一定期限的职业教育和培训，使其取得相应的职业资格或者掌握一定的职业技能。

第四十九条 地方各级人民政府鼓励和支持开展就业培训，帮助失业人员提高职业技能，增强其就业能力和创业能力。失业人员参加就业培训的，按照有关规定享受政府培训补贴。

第五十条 地方各级人民政府采取有效措施，组织和引导进城就业的农村劳动者参加技能培训，鼓励各类培训机构为进城就业的农村劳动者提供技能培训，增强其就业能力和创业能力。

第五十一条 国家对从事涉及公共安全、人身健康、生命财产安全等特殊工种的劳动者，实行职业资格证书制度，具体办法由国务院规定。

第六章 就业援助

第五十二条 各级人民政府建立健全就业援助制度，采取税费减免、贷款贴息、社会保险补贴、岗位补贴等办法，通过公益性岗位安置等途径，对就业困难人员实行优先扶持和重点帮助。

就业困难人员是指因身体状况、技能水平、家庭因素、失去土地等原因难以实现就业,以及连续失业一定时间仍未能实现就业的人员。就业困难人员的具体范围,由省、自治区、直辖市人民政府根据本行政区域的实际情况规定。

第五十三条 政府投资开发的公益性岗位,应当优先安排符合岗位要求的就业困难人员。被安排在公益性岗位工作的,按照国家规定给予岗位补贴。

第五十四条 地方各级人民政府加强基层就业援助服务工作,对就业困难人员实施重点帮助,提供有针对性的就业服务和公益性岗位援助。

地方各级人民政府鼓励和支持社会各方面为就业困难人员提供技能培训、岗位信息等服务。

第五十五条 各级人民政府采取特别扶助措施,促进残疾人就业。

用人单位应当按照国家规定安排残疾人就业,具体办法由国务院规定。

第五十六条 县级以上地方人民政府采取多种就业形式,拓宽公益性岗位范围,开发就业岗位,确保城市有就业需求的家庭至少有一人实现就业。

法定劳动年龄内的家庭人员均处于失业状况的城市居民家庭,可以向住所地街道、社区公共就业服务机构申请就业援助。街道、社区公共就业服务机构经确认属实的,应当为该家庭中至少一人提供适当的就业岗位。

第五十七条 国家鼓励资源开采型城市和独立工矿区发展与市场需求相适应的产业,引导劳动者转移就业。

对因资源枯竭或者经济结构调整等原因造成就业困难人员集中的地区,上级人民政府应当给予必要的扶持和帮助。

第七章 监督检查

第五十八条 各级人民政府和有关部门应当建立促进就业的目标责任制度。县级以上人民政府按照促进就业目标责任制的要求,对所属的有关部门和下一级人民政府进行考核和监督。

第五十九条 审计机关、财政部门应当依法对就业专项资金的管理和使用情况进行监督检查。

第六十条 劳动行政部门应当对本法实施情况进行监督检查,建立举报制度,受理对违反本法行为的举报,并及时予以核实处理。

第八章 法律责任

第六十一条 违反本法规定,劳动行政等有关部门及其工作人员滥用职权、玩忽职守、徇私舞弊的,对直接负责的主管人员和其他直接责任人员依法给予处分。

第六十二条 违反本法规定,实施就业歧视的,劳动者可以向人民法院提起诉讼。

第六十三条 违反本法规定,地方各级人民政府和有关部门、公共就业服务机构举办经营性的职业中介机构,从事经营性职业中介活动,向劳动者收取费用的,由上级主管机关责令限期改正,将违法收取的费用退还劳动者,并对直接负责的主管人员和其他直接责任人员依法给予处分。

第六十四条 违反本法规定,未经许可和登记,擅自从事职业中介活动的,由劳动行政部门或者其他主管部门依法予以关闭;有违法所得的,没收违法所得,并处一万元以上五万元以下的罚款。

第六十五条 违反本法规定,职业中介机构提供虚假就业信息,为无合法证照的用人单位提供职业中介服务,伪造、涂改、转让职业中介许可证的,由劳动行政部门或者其他主管部门责令改正;有违法所得的,没收违法所得,并处一万元以上五万元以下的罚款;情节严重的,吊销职业中介许可证。

第六十六条 违反本法规定,职业中介机构扣押劳动者居民身份证等证件的,由劳动行政部门责令限期退还劳动者,并依照有关法律规定给予处罚。

违反本法规定,职业中介机构向劳动者收取押金的,由劳动行政部门责令限期退还劳动者,并以每人五百元以上二千元以下的标准处以罚款。

第六十七条　违反本法规定,企业未按照国家规定提取职工教育经费,或者挪用职工教育经费的,由劳动行政部门责令改正,并依法给予处罚。

第六十八条　违反本法规定,侵害劳动者合法权益,造成财产损失或者其他损害的,依法承担民事责任;构成犯罪的,依法追究刑事责任。

第九章　附　则

第六十九条　本法自2008年1月1日起施行。

参考文献

[1] 孙权,王滨. 高职大学生就业指导[M]. 北京:北京邮电大学出版社,2008.
[2] 张洪霖. 职业学教程[M]. 北京:北京工业大学出版社,2008.
[3] 吴二利,李丁. 大学生职业生涯规划[M]. 北京:中国经济出版社,2009.
[4] 高桥,葛海燕. 大学生就业指导[M]. 北京:清华大学出版社,2009.
[5] 万清祥,张烈文,刘世勇. 大学生职业发展[M]. 武汉:中国地质大学出版社,2007.
[6] 韩洪建. 高职大学生职业发展与指导教程[M]. 北京:中国水利水电出版社,2008.
[7] 韩洪建,王武宁,甘齐顺. 大学生入学导论[M]. 武汉:武汉理工大学出版社,2008.
[8] 邓长青,李斌成,王燕. 大学生就业指导概论[M]. 武汉:华中科技大学出版社,2005.
[9] 陆红,索桂芝. 大学生职业生涯规划指南[M]. 沈阳:东北财经大学出版社,2009.
[10] 夏光. 大学生职业发展与就业指导[M]. 北京:机械工业出版社,2009.
[11] 仝广东. 大学生职业生涯指导[M]. 南京:东南大学出版社,2009.
[12] 初明利,于俊如. 创业学导论[M]. 北京:经济科学出版社,2009.
[13] 韩国文. 创业学[M]. 武汉:武汉大学出版社,2007.
[14] 罗天虎. 创业学教程[M]. 西安:西北工业大学出版社,2004.
[15] 杨艳萍. 创业学[M]. 长沙:湖南大学出版社,2004.
[16] 唐晓林. 大学生职业生涯规划与就业指导[M]. 北京:中国言实出版社,2006.
[17] 赵北平. 大学生职业生涯规划教程[M]. 武汉:武汉理工大学出版社,2007.
[18] 中国大学生就业. 2007 年第 15 期.
[19] 何祥林,谢守成. 大学生职业生涯规划与就业指导[M]. 武汉:华中师范大学出版社,2006.
[20] 高桂娟. 职业与生涯及规划[J]. 淮阴工学院学报,2006(12).
[21] 夏建尧. 创业教育:高职教育发展的新方向[J]. 教育与职业,2005(25).
[22] 王文. 构建完整的创业教育课程体系[J]. 中国大学生就业,2008(12).
[23] 韦进. 适应与超越之间:大学生创业教育[J]. 中国高教研究,2004(4).